轴向移位变凸度技术

杨光辉　张 杰　曹建国　李洪波　编著

北 京
冶 金 工 业 出 版 社
2016

内 容 提 要

本书主要以轴向移位变凸度技术为研究对象，结合国内外使用轴向移位变凸度技术有代表性的热轧机和冷轧机，详细地介绍和分析了目前具有代表性的轴向移位变凸度技术，如 CVC、SmartCrown、UPC 等技术，以及与其相关的配套技术和设备结构。全书共分6章。第1章主要介绍板形控制技术综述；第2章主要介绍轴向移位变凸度技术；第3章主要介绍不同轴向移位变凸度技术应用研究；第4章主要介绍轴向移位变凸度轧辊配套支持辊的设计研究；第5章主要介绍轴向移位变凸度技术的新发展；第6章主要介绍轴向移位变凸度轧机弯窜系统。

本书适合轧钢工程技术人员、研发人员阅读，也可作为高等工科院校冶金、机械及自动化等相关专业本科生和研究生的教学用书。

图书在版编目(CIP)数据

轴向移位变凸度技术/杨光辉等编著.—北京：冶金工业出版社，2016.1

ISBN 978-7-5024-7117-0

Ⅰ.①轴…　Ⅱ.①杨…　Ⅲ.①轴向位移—凸度—技术　Ⅳ.①TG115.5

中国版本图书馆 CIP 数据核字(2015) 第 303923 号

出 版 人　谭学余
地　　址　北京市东城区嵩祝院北巷39号　邮编　100009　电话　(010)64027926
网　　址　www.cnmip.com.cn　电子信箱　yjcbs@cnmip.com.cn
责任编辑　常国平　美术编辑　彭子赫　版式设计　孙跃红
责任校对　卿文春　责任印制　牛晓波
ISBN 978-7-5024-7117-0
冶金工业出版社出版发行；各地新华书店经销；三河市双峰印刷装订有限公司印刷
2016年1月第1版，2016年1月第1次印刷
787mm×1092mm　1/16；13.75印张；332千字；210页
47.00元

冶金工业出版社　投稿电话　(010)64027932　投稿信箱　tougao@cnmip.com.cn
冶金工业出版社营销中心　电话　(010)64044283　传真　(010)64027893
冶金书店　地址　北京市东四西大街46号(100010)　电话　(010)65289081(兼传真)
冶金工业出版社天猫旗舰店　yjgycbs.tmall.com
（本书如有印装质量问题，本社营销中心负责退换）

前　言

板形控制技术是宽带钢热、冷轧机的核心技术之一，在轧机机型确定的情况下，辊形技术是板形控制中最直接、最活跃的因素。机型是机座、辊形、控制模型的统一体，国际上知名的连续变凸度（Continuously Variable Crown，CVC）、智能凸度控制（Sine Contour Mathematically Adjusted and Reshaped by Tilting，SmartCrown）、万能凸度控制（Universal Profile Control，UPC）等机型的开发，均在于辊形的创新。CVC 技术是最早使用的轴向移位变凸度（Variable Crown by Axial Shifting，VCAS）技术之一，CVC 技术的核心即为 CVC 辊形及其相应的窜辊策略。采用 CVC 辊形的轧机，即 CVC 轧机，是联邦德国西马克 SMS（Schloemann-Siemag）公司于1982 年开发的一种连续变凸度轧机。宝钢于20 世纪80 年代末从联邦德国引进了采用 CVC 技术的 2050mm 热连轧机和 2030mm 冷连轧机并投入实际生产，取得了较好的经济效益。

经过近 30 年的研究与发展，CVC 轧机已成为宽带钢生产的主流机型，并普遍采用三次 CVC 辊形曲线。一般来讲，2000mm 以上的带钢轧机可定义为超宽带钢轧机。目前，在国内建成投产的超宽带钢热连轧机有宝钢 2050mm、武钢 2250mm、鞍钢 2150mmASP、太钢 2250mm、马钢 2250mm 等。除了鞍钢 2150mmASP 外，其他的轧机均由德国西马克 SMS 公司供货，并采用 CVC 板形控制技术，取得了较好的控制效果。但是，经过多年的研究发现，三次 CVC 辊形并不具备对高次浪形的控制能力，而对于目前越来越多的宽带钢轧机，尤其是 2000mm 以上的超宽带钢轧机，边中复合浪、1/4 浪、斜浪、小边浪、起筋浪等复杂浪形已逐渐成为生产中常见的浪形；另外，三次 CVC 辊形的凸度控制能力与带钢宽度之间呈抛物线关系，随带钢宽度减小，凸度控制能力下降较快，使得宽带钢轧机尤其是超宽带钢轧机在轧制窄带钢时表现出凸度控制能力的不足。

近年来，国内外学者在三次 CVC 辊形基础上不断地探索研究五次 CVC 辊形的板形控制特性并取得了一定的研究成果。奥钢联 VAI（Voestalpine）基于提供CVC技术的经验研究开发设计了SmartCrown工作辊及其相关技术。SmartCrown技术已经成功应用于铝带轧机，在武钢1700mm冷连轧机上应用该技术轧制宽带钢尚属首次工业应用，并已向热轧、中厚板轧制推广使用，取得良好效果。北京科技大学和鞍钢联合开发了线性变凸度（Linear Variable Crown，LVC）辊形技术，在鞍钢2150mm ASP热连轧机上成功应用。后来，我国的学者又先后提出了混合变凸度（Mixed Variable Crown，MVC）、先进变凸度（Advanced Variable Crown，AVC）、高性能变凸度（High-performance Variable Crown，HVC）等辊形技术，促进了轴向移位变凸度技术的进一步发展。

本书主要以轴向移位变凸度技术为研究对象，结合国内外使用轴向移位变凸度技术的有代表性的热轧机和冷轧机，详细介绍和分析了目前具有代表性的轴向移位变凸度技术，如CVC、SmartCrown、UPC等及其相关的配套技术和设备结构，体现了一定的技术先进性。希望本书能对我们掌握当今世界上先进的板形控制技术有所帮助和指导。本书中所分析和研究的内容既可作为设计同类轧机时选型的依据，也可作为同类轧机更新改造的样板，体现了较强的实用性。

本书参阅了大量国内外文献资料，特别是近几年的最新研究进展，结合作者本人的研究成果撰写而成，在此对相关著作和文献的作者表示感谢。编者在求学和工作期间，得到了武汉钢铁集团多位领导、技术人员和工人师傅的大力支持，在此表示由衷的感谢。编者所在课题组的老师、博士和硕士为本书的编写付出了大量的辛勤劳动，在此一并表示感谢。

参加本书编写的有杨光辉、张杰、曹建国、李洪波，杨光辉负责全书统稿工作。本书的编写得到了“北京高等学校青年英才计划（YETP0369）”和“中央高校基本科研业务费专项资金资助（FRF-BR-15-047A）”的大力支持，在此特别表示感谢。

限于编者的水平，不足之处在所难免，恳请读者批评指正。

编著者

2015年8月于北京科技大学

目　　录

1 板形控制技术综述

我国钢铁行业经过近十几年的飞速发展，粗钢产量从2005年的3.53亿吨增加到2013年7.79亿吨，约占全球总产量的48.5%。到2010年年底，我国已建成投产宽带钢冷连轧轧机（含酸洗轧机联合机组）50余条，可逆式冷轧机150余条。

板带材是广泛应用于国民经济各部门的重要材料，是钢铁工业的主干产品。随着制造业的迅速发展，用户对优质钢板的需求量越来越大，同时对钢板综合质量的要求也越来越高。钢板的综合质量除包括力学性能外，几何外观参数也是一个重要因素。板带的几何特性在宏观上讲，包括板带的厚度、宽度；在微观上讲，包括带钢的凸度、平坦度、楔形及板廓形状。板带的几何参数直观反映了带钢的质量，是最易得到的数据，因此，对板带几何特性的控制是对板带质量控制的基础。目前，板厚控制精度已经达到令人满意的效果，厚度控制技术可以将板带的纵向厚差稳定地控制在成品厚度的±1%或±5μm甚至±2μm的范围内，而板形控制技术尚未达到稳定成熟的地步。

良好的板形不仅是带钢用户的永恒要求，也是保证生产过程中带钢在各条连续生产线上顺利通行的要求。改善带钢产品的板形一直是板带生产的关注重点，板形理论和板形控制设备及技术的研究在近几十年来一直是本领域中的热点课题，并已经取得长足的进展。在板带钢生产中，轧制钢板的宽度越大，成品板的厚度越薄，则带钢的板形缺陷越严重；尤其用户对汽车钢板、镀锡钢板、硅钢板以及航空铝板等冷轧薄板的平坦度又有很高的要求。因此在这些薄板生产中，除了采用计算机实现板厚控制、速度控制、位置控制、温度控制以外，板形控制也是一个不可缺少的环节。板形不仅是衡量带钢产品质量的一个重要方面，而且直接关系到热轧和冷轧带钢产品的市场竞争力。存在板形缺陷的带钢不仅不美观，还会对后续工序，如连续退火、冲压等生产的稳定性、带钢的表面质量等造成不利影响。图1-1为某钢厂生产工艺流程。

近几年我国已成为世界最大钢材出口国，但在不锈钢、镀锌板、特殊冷轧薄板等高端冷轧板带产品方面仍大量依赖进口。出现这种现象的原因很大一部分是由于我国大部分的冷轧生产设备均为国外引进，也正处于消化吸收阶段，虽然有国际领先的装备水平，但工艺技术却没有达到国际领先水准。国产冷轧带钢多出现板形及表面质量不稳定、通卷性能不均等问题，这也从侧面说明了对先进生产技术掌握还不够，要想改变这种局面就必须大力提高冷轧生产技术水平，尤其是板形综合控制技术水平。

1.1 轧钢生产工艺过程

由钢锭或钢坯轧制成具有一定规格和性能的钢材的一系列加工工序的组合，称为轧钢生产工艺过程。合理的轧制生产工艺能够达到高产、优质和低耗的目的。从轧钢生产过程的各个阶段来看，可分为轧制前的准备、加热、轧制、精整及热处理等工序。图1-2所示为碳素钢和低合金钢的一般生产工艺流程，图1-3所示为合金钢的一般生产工艺流程（带*的工序有时可略去）。

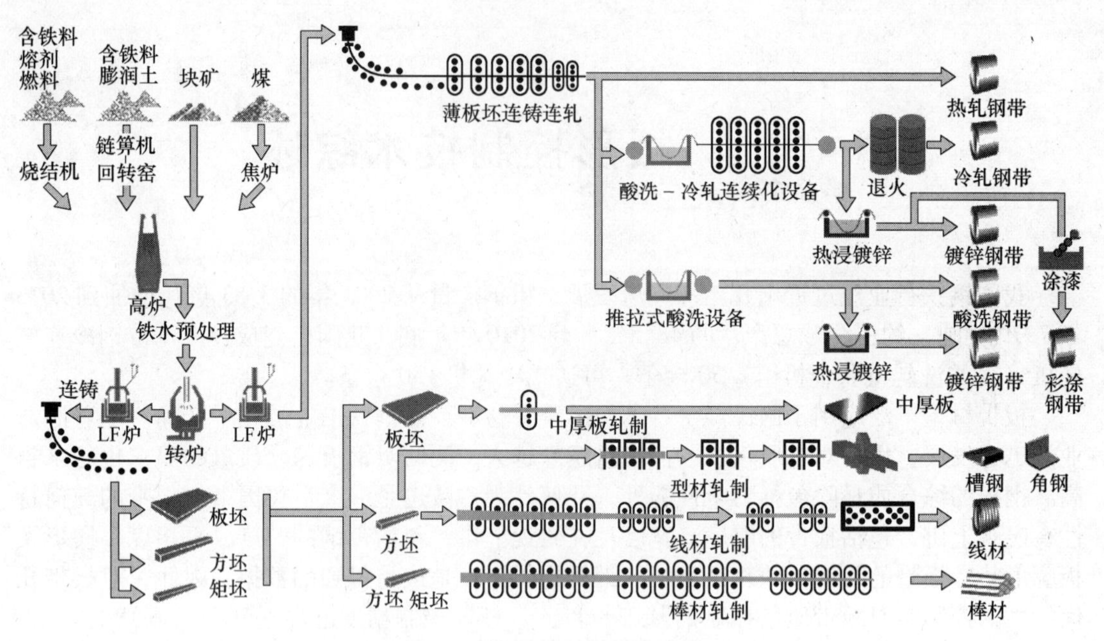

图 1-1　某钢厂生产工艺流程

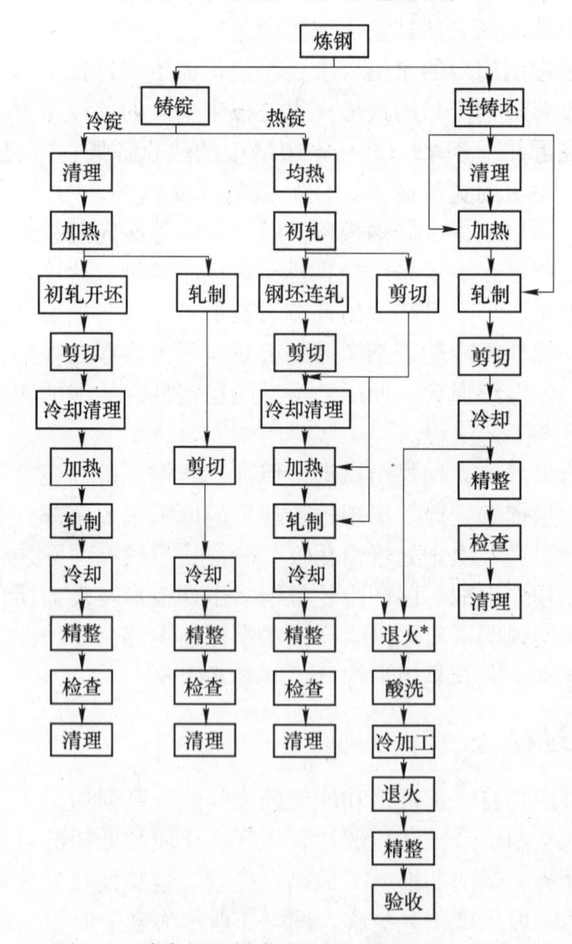

图 1-2　碳素钢和低合金钢的一般生产工艺流程

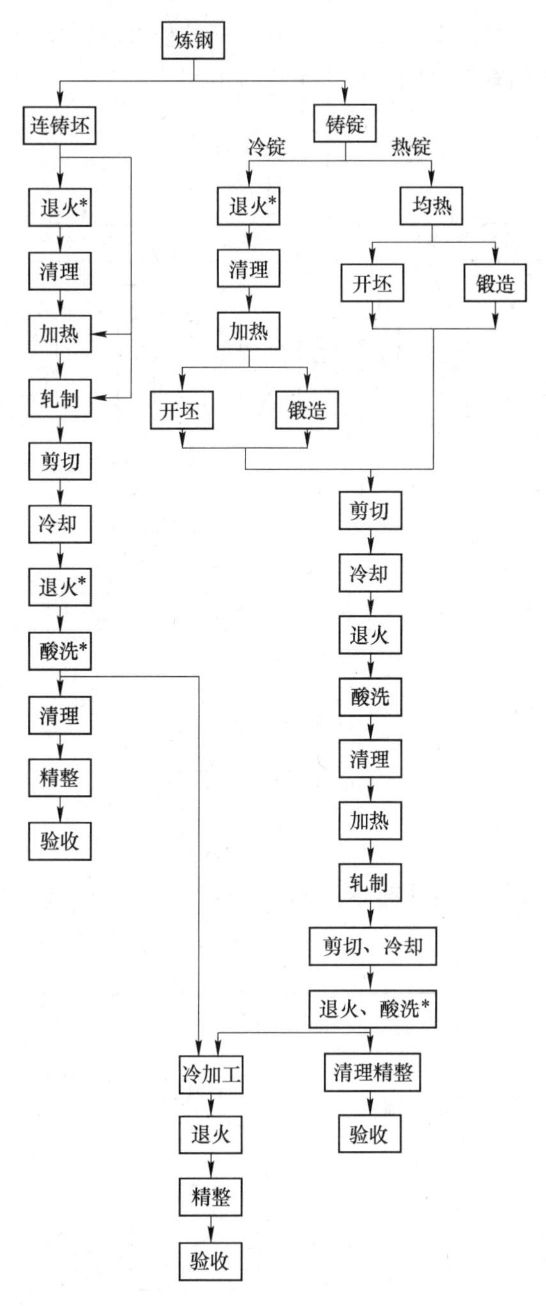

图 1-3 合金钢的一般生产工艺流程

1.2 板形缺陷分类

广义的带钢板形包括沿轧制方向的平坦度及沿带钢横截面方向的板廓两个方面，在冷轧生产过程中，狭义的带钢板形缺陷一般指平坦性缺陷。实际生产中带钢出现的板形缺陷形式多种多样，Gert Mücke 等德国学者在其研究中将板形缺陷分为平坦性与纵直度缺陷两类，且将带钢横向厚度差（即板廓）列入了平坦性缺陷。国内学者按板形的基本含义，将板形缺陷分为平坦性和横向厚差两类。如国内学者在 Gert Mücke 等人的研究基础上，将横截面轮廓缺陷列为与平坦性缺陷和纵直性缺陷并列的板形缺陷类型，并对平坦性缺陷中的瓢曲和翘曲进行了更为细致的分类，如图 1-4 所示。

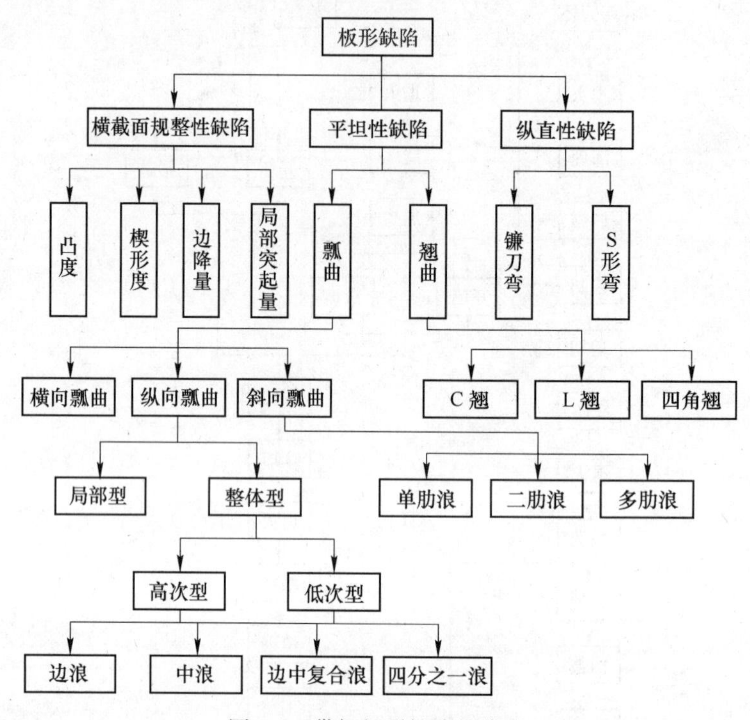

图 1-4　带钢板形缺陷的分类

板形缺陷的实质是轧制过程中带钢内部产生残余应力沿宽度方向的不均匀分布，其包含超过屈曲极限的带钢所表现出来的“明板形”，以及未显现出来的“暗板形”。不同的应力分布形式会导致不同的浪形，以往的研究与应用过程一般常将冷轧浪形缺陷划分为单侧边浪、双侧边浪、中浪、四分之一浪和边中复合浪这 5 种基本浪形，其基本张应力分布形式和对应辊缝形状如图 1-5 所示，且认为任何复杂浪形均由简单浪形线性叠加而成，这也是板形分析和板形控制的重要基础之一。

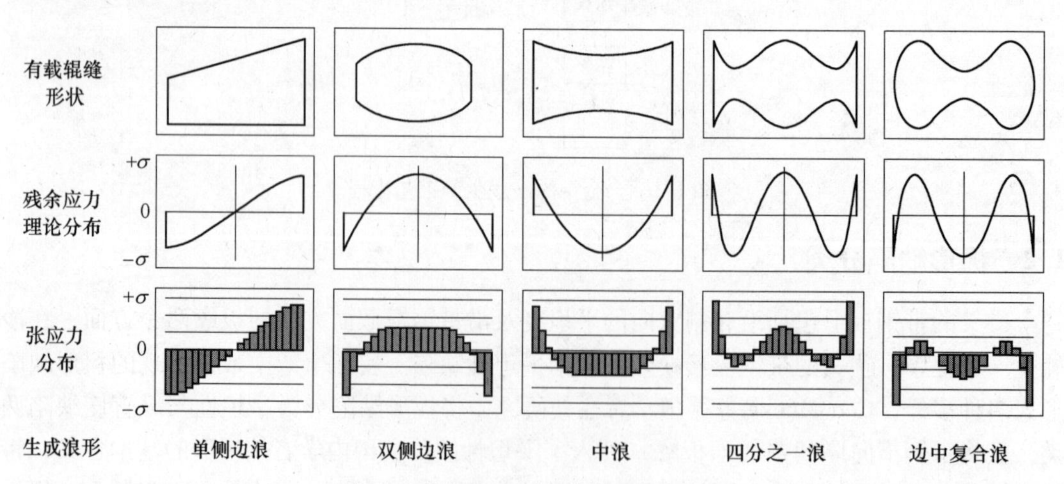

图 1-5　带钢的张应力分布和板形缺陷

在生产过程中，使用传统的5种浪形分类仍无法全面地描述板形缺陷的具体形式，有学者尝试对同一种浪形形式进行更为细致的划分，V. B. Ginzburg 在其著作中给出了表观板形缺陷形式与带钢横截面伸长率分布的对应关系，主要包括镰刀弯、小中浪、中浪、边浪、小边浪、二肋浪，如图1-6所示。Chiran Andrei 等在其研究中描述了宽幅不锈钢生产过程中的常见浪形，包括常见的中浪、边浪等基本浪形，以及斜浪、全板的口袋形浪形等，如图1-7所示，并对这些板形缺陷的产生原因进行了分析，进而给出控制方法。

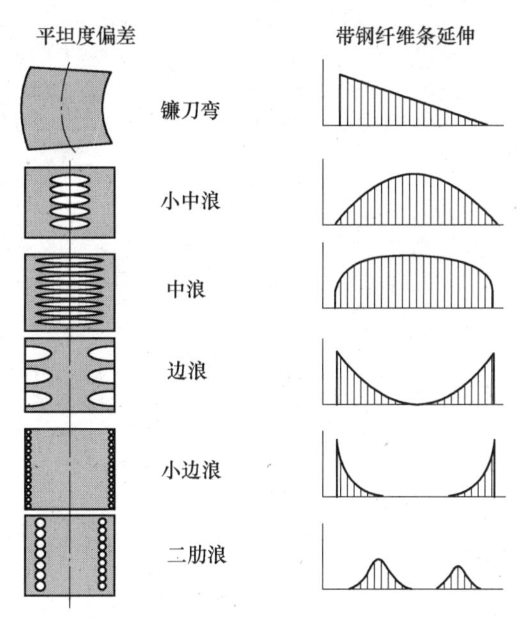

图1-6　表观板形缺陷的分类

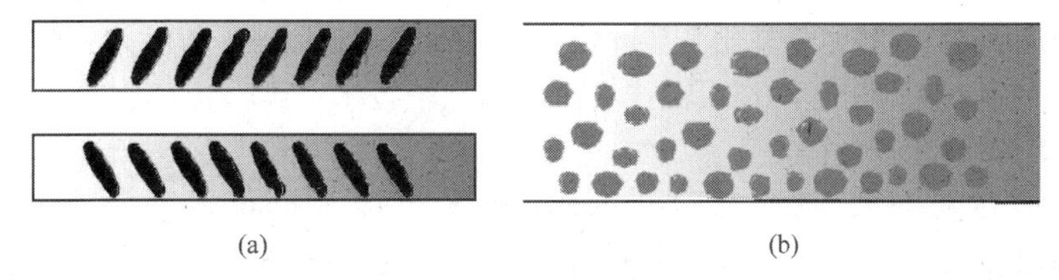

(a)　(b)

图1-7　非基本浪形表现形式

(a) 斜浪；(b) 口袋形浪形

普通宽带钢冷轧机产品宽度一般在1800mm以下，宽厚比不超过3800，工作辊辊身长度在1900mm以下。例如，具有代表性的武钢1700mm冷连轧机，其工作辊辊身长度为1700mm，产品最大宽度为1570mm，最大宽厚比接近2700。近年来，随着市场上对宽幅冷轧带钢需求的增大，国内新建了一些可轧制宽度在1800mm以上的冷连轧机，如武钢2180mm轧机，其工作辊辊身长度达到2180mm，产品最大宽度为2080mm，最大宽厚比超过4000，较1700mm轧机增加了48%。此类型的超宽轧机在可轧制宽度、辊身长度均明显增加的同时，所轧带钢厚度和轧辊直径差别却不大。宽厚比大的带钢更容易起浪，且易出现复杂浪形，而长径比大的轧辊在载荷作用下更易弯曲变形，无疑加大了超宽轧机板形控制难度，给冷轧板形控制提出了新的问题。

相比于普通宽带钢，超宽带钢的宽厚比更大，起浪形式更加多样，如图 1-8 所示。同时，随着板形控制技术的进步及用户对产品质量需求的提高，现场轧制生产过程中对板形缺陷控制的要求也水涨船高，传统的简单分类方法已经无法满足当前对超宽带钢冷连轧机板形缺陷特征精准分析的需求，如何更为准确地描述超宽带钢复杂的板形缺陷形式，成为分析与解决板形问题的基础。

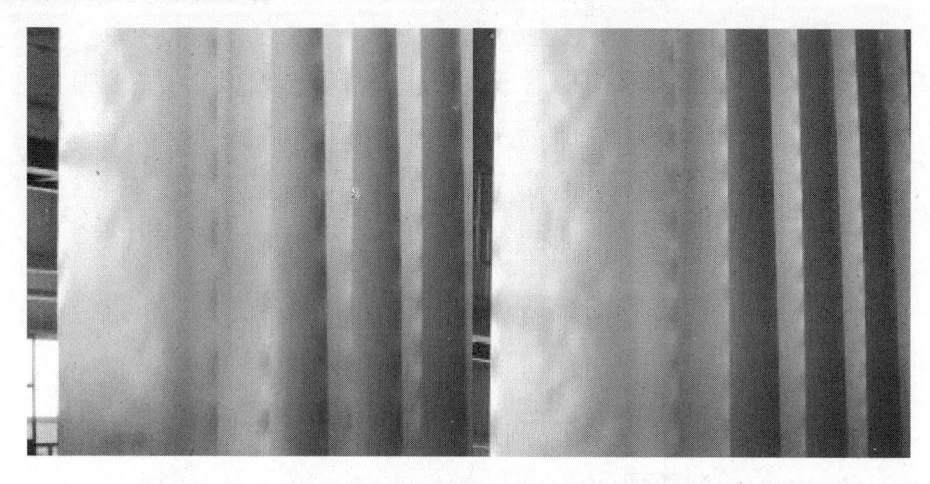

图 1-8　超宽带钢实物板形质量

1.3　新型轧机机型

从 20 世纪 50 年代末采用液压弯辊技术控制板形以来，改进设备成为控制板形的主要手段。世界各国先后开发了许多种控制板形的技术，使板形实物水平得到不断提高，从这些技术特点来看，主要有以下几方面：垂直平面弯辊系统；水平面工作辊弯辊系统；轧辊交叉系统；阶梯支持辊技术；轧辊分段冷却技术；轴向移动柱形轧辊技术；轴向移动非柱形轧辊技术；轴向移动带辊套的轧辊技术；柔性轧辊技术；柔性边部支持辊控制板形技术；轧辊边部热喷淋技术等。

带钢板形包括横截面外形（Profile）和平坦度（Flatness）两个指标。凸度（Crown）和边部减薄（Edge Drop）是横截面外形的主要参数。板形控制系统的主要功能是在不超出带钢要求的平坦度精度范围内轧制出期望的横截面形状。20 世纪 50 年代末出现了液压弯辊装置；60 年代末出现了阶梯支持辊；自 70 年代以来，国际上涌现出各种形式的新型轧机和轧辊，如日本日立公司开发的 HC（High Crown Control Mill）六辊轧机（图 1-9（a））、德国西马克 SMS 公司发明的连续变凸度的 CVC 轧机（图 1-9（b）和图 1-10）、奥钢联发明的连续变凸度的 SmartCrown 轧机、日本三菱发明的双辊交叉 PC（Pair Cross）轧机（图 1-11）、欧洲开发的 DSR（Dynamic Shape Roll）轧辊（图 1-12）、日本住友公司发明的 VC（Variable Crown Roll System，凸度可变式轧辊系统）轧辊（图 1-13）、北京科技大学与武钢和宝钢合作开发的 VCR 支持辊（图 1-14）等，其重点都主要突出在板形控制装备和技术的进步方面。从表 1-1 可以看出各个代表轧机的基本特征和主要差异。

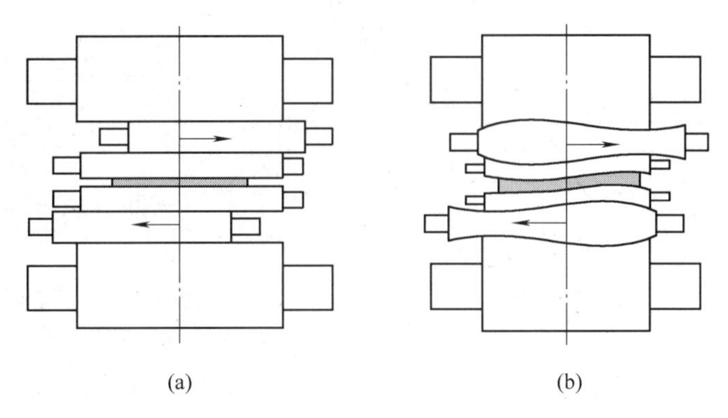

图 1-9　六辊轧机
(a) HC；(b) CVC

图 1-10　SMS 轧机示意图

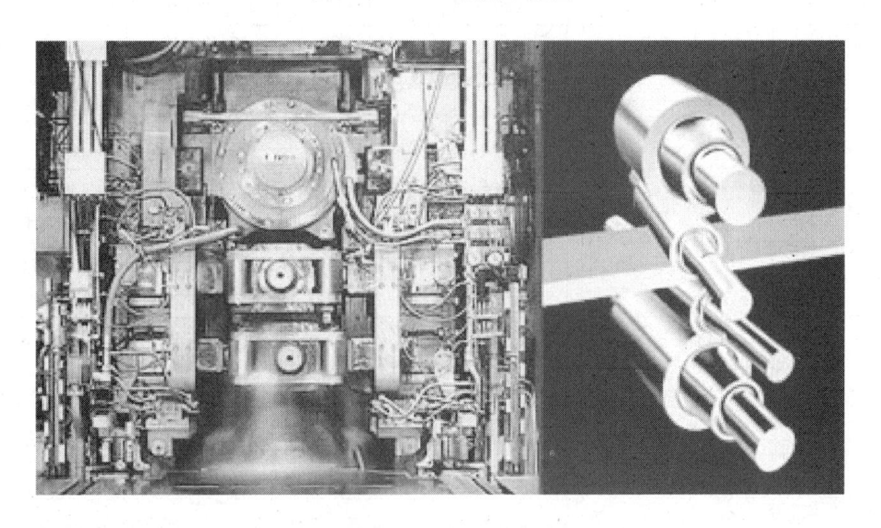

图 1-11　PC 轧机示意图

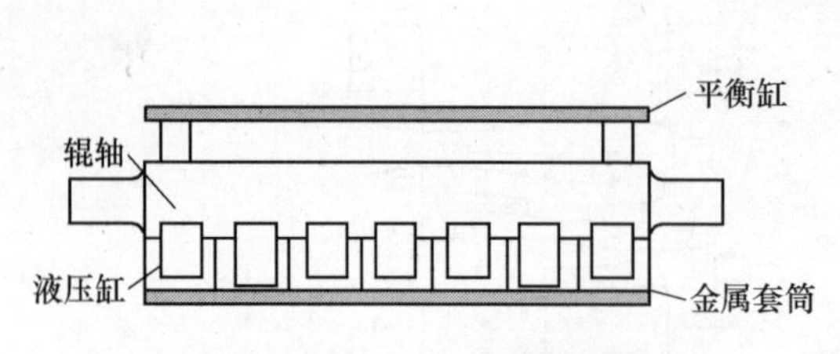

图 1-12　DSR 辊结构示意图

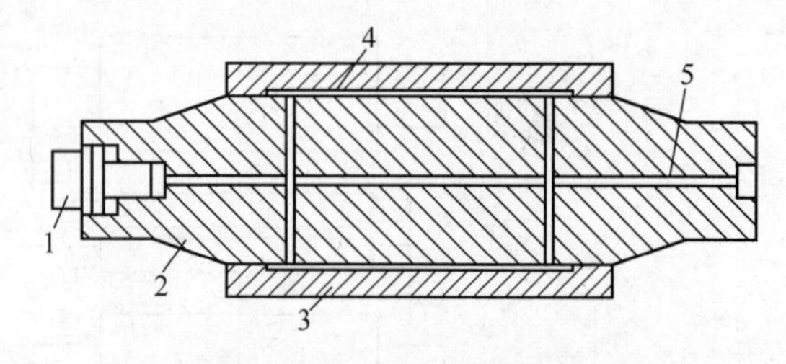

图 1-13　VC 轧辊结构图

1—旋转接头；2—芯轴；3—套筒；4—油腔；5—孔道

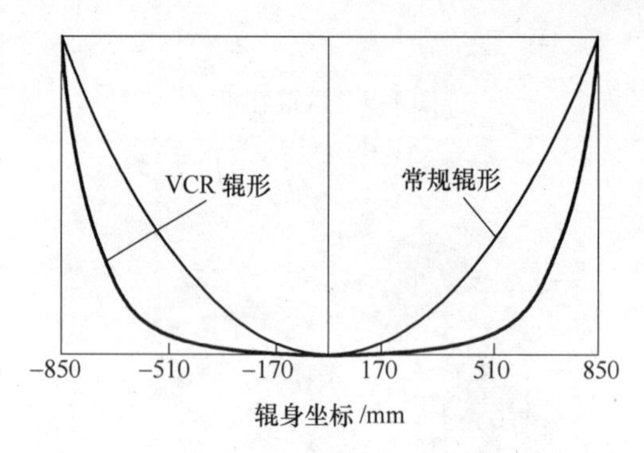

图 1-14　VCR 辊形曲线

表 1-1　具有代表性轧机的比较

轧　机	名　称	基 本 特 点
HC	HC 轧机	通过中间辊或工作辊轴向窜移来有效减少和消除"有害接触区"，从而使辊缝刚度增大，保证在轧制条件（来料板形、轧制品种规格、轧制压力……）变化时辊缝的形状和尺寸保持稳定，以轧出良好的板形
HCW	（HC 系列）	四辊轧机：工作辊窜移 + 工作辊弯辊
HCM	（HC 系列）	六辊轧机：中间辊窜移 + 工作辊弯辊
HCMW	（HC 系列）	六辊轧机：工作辊窜移 + 中间辊窜移 + 工作辊弯辊
UCM	（HC 系列）	六辊轧机：中间辊窜移 + 工作辊弯辊 + 中间辊弯辊
UCMW	（HC 系列）	六辊轧机：工作辊窜移 + 中间辊窜移 + 工作辊弯辊 + 中间辊弯辊
K-WRS	锥形工作辊抽动轧机	其工作辊辊形一端为锥形（Taper），上下工作辊反对称布置，根据带钢的宽度调节工作辊窜动的位置，从而降低带钢凸度、减少边部减损，达到调节板形的目的
UPC	万能凸度轧机	工作辊磨削成雪茄形（Cigar Shape）形，上、下工作辊反对称。通过抽动工作辊来改变辊缝的形状，从而来达到调节板形的目的
CVC	可连续变动轧辊凸度轧机	工作辊磨削成纺锤形（或称 S 形），上、下工作辊反对称。通过抽动工作辊来改变辊缝的形状，从而来达到调节板形的目的
SmartCrown	可连续变动轧辊凸度轧机	工作辊磨削成纺锤形（或称 S 形），上、下工作辊反对称。通过抽动工作辊来改变辊缝的形状，从而来达到调节板形的目的
PC	对辊交叉四辊轧机	上支持辊和上工作辊为一组，轴线平行；下支持辊和下工作辊为一组，轴线平行。上、下两组轧辊相互交叉成一定的角度。改变轧辊的交叉角度，就可以改变辊缝形状，所以可以改变板凸度和板形
VC	可变凸度轧辊轧机	向轧辊轴与辊套间缝隙处注入高压油，通过液压装置调节液体压力变化，从而来补偿轧辊凸度达到控制板形的目的

续表 1-1

轧 机	名 称	基 本 特 点
VCR	变接触长度轧辊轧机	利用研制的一种新型特殊的支持辊轮廓曲线，使其辊系在受轧制力作用时工作辊与支持辊之间的接触线的长度能与带钢宽度的变化自动适应，以减少和消除辊间两端部的有害接触，使辊缝形状对轧制压力的波动表现出较高的刚性，而对弯辊力的调节表现较大的灵敏性，从而达到增加板形调控能力和改善板形的目的
SC	自补偿轧辊轧机	其轧辊由一轴套（Sleeve）紧套在轴芯（Arbor）上。在轧辊的中部，轴套、轴芯密合无隙。在轧辊的端部，轴芯和轴套的缝隙逐渐递增。当轧辊受到载荷时，轴芯和轴套之间的缝隙会自动减小以补偿轧辊变形挠度，改变轧辊凸度从而达到调节板形的目的
NIPCO	辊缝控制轧辊轧机	由固定轴、自由回转辊套、静压轴承（支撑垫）构成控制轧辊，在各个支撑垫工作压力的作用下，固定轴发生弯曲，改变轧制总压力和压力分布来达到调节板形的目的
DSR	辊缝控制轧辊轧机	其板形控制思想及结构均与 NIPCO 相似。DSR 技术的核心是动态板形支持辊，由旋转的辊套、固定芯轴、几个压块（一般为 7 个）。这 7 个压块既是压下机构，又是板形调节机构。芯轴和压块之间通过液压缸相连接，液压缸的压力通过压块与辊套内壁之间的动压油膜传递到辊套来实现支持辊对工作辊支承力的调控
SRM	三菱套辊轧机	其支持辊中有一偏心轴，上面依据不同的偏心量安装有 5 个轴承，轴承外面即为支持辊辊面的薄壁套筒。通过液压调节偏心量来有效控制平坦度
CR	组合配辊 + 弯辊轧机	上下共有 12 个轧辊，其中每个支持辊均由 5 个辊片组成。通过支持辊片不同偏心压下调节辊缝形状，从而使得各种板形得到改善
MC	多凸度轧机	其板形的控制原理与 CR 轧机相似，其支持辊结构类似于 VC 轧机。整机外形与普通四辊轧机类似，在上下支持辊的传动侧增加了一对扭转装置。MC 轧机采用支持辊的偏心轴来改变辊形来达到调节板形的目的
IC	可变凸度轧辊轧机	IC 技术的核心也是 IC 轧辊，一般是支持辊。和 VC 轧辊相似，IC 轧辊也是采用中空的结构。轧辊的外层辊套热装到芯轴上，内层一更薄辊套或衬焊接在外层辊套上，这样，在两层辊套之间形成一空腔。通过辊径处的增压器将低压油转换成高压油注入空腔中。外层辊套在高压油作用下膨胀，产生所需要的轧辊凸度。基于 IC 技术的思想，开发了自充液的液压可胀凸度辊（ICHC）和液压机械式可胀凸度辊（ICHM）

随着板形基础理论研究的不断深入及用户对板形质量要求的不断提高，板形控制技术经历了辊形配置、轧辊冷却、可变凸度轧辊、轧辊横移及轧辊交叉等发展阶段，从 20 世纪 80 年代起开始进入实用阶段，开发出了各种各样的新型轧机。表 1-2 为国内主要热轧带钢厂的板形控制手段。表 1-3 为国内主要冷轧带钢酸轧联合机组概况。可以看出，以 HC 轧机、CVC 轧机和 PC 轧机三大机型为代表的多种不同类型的轧机得以同时并存并互相竞争，说明每种类型既有其长，又有其短，均不具有独家优势。那么，究竟什么样的冷

连轧机机型配置更好一些，也就是说，既能够满足板形控制性能的要求，又能够节省投资成本，降低生产费用，这样一个关键问题摆在各生产方面前。科学的轧机选型应该是在掌握板形控制规律和现有各种板形控制性能特点的前提下，在现有全部可能的配置方案中选择最能满足选择目标的机型方案，所选的方案可以是供货商推荐的固定模式，也可以不是供货商推荐的固定模式而是各种现有要素的新组合，此时的新组合也就是生产方对于机型的组合式创新，并且所选的机型能够节省投资成本，降低生产费用，适合现场的使用。表1-4 为主要轧机的型式与特点。

表 1-2　国内主要热轧带钢厂的板形控制手段

国内主要热轧厂	板形控制手段	投产年份
宝钢 2050mm 热轧厂	CVC 轧机 + 弯辊	1990
宝钢 1780mm 热轧厂（上钢一厂）	PC 轧机 + 弯辊	2003
宝钢 1580mm 热轧厂	F2 ~ F7 机架 PC 轧机 + 弯辊	1997
鞍钢 1780mm 热轧厂	PC 轧机 + 弯辊、F4 ~ F7 机架在线 ORG	1999
武钢 2250mm 热轧厂	CVC 轧机 + 弯辊	2003
武钢 1700mm 热轧厂	WRS 辊 + 弯辊	1979
本钢 1700mm 热轧厂	CVC 轧机 + 弯辊	1980/2001（改造）
太钢 1549mm 热轧厂	弯辊	1995/2002（改造）
宝钢 1422mm 热轧厂（梅钢）	F1 ~ F3 机架 CVC 轧机 + 弯辊	1995/2002（改造）
唐钢 1680mm 热轧厂	PC 轧机 + 弯辊	2003
首钢 2160mm 热轧厂（迁钢）	CVC 轧机 + 弯辊	2006
马钢 1750mm 热轧厂	CVC 轧机 + 弯辊	2004
珠钢 1350mmCSP 厂	CVC 轧机 + 弯辊	1999
邯钢 1680mm 热轧厂	CVC 轧机 + 弯辊	2002
包钢 1560mm 热轧厂	CVC 轧机 + 弯辊	2001
涟钢 1600mm 热轧厂	CVC 轧机 + 弯辊	2004
日钢 1580mm 热轧厂	WRS 辊 + 弯辊	2006

表 1-3　国内主要冷轧带钢酸轧联合机组概况

序号	冷轧厂	冷连轧机组	轧机规格/mm	设计能力/万吨·年$^{-1}$	投产/改造年份 轧机型式	主要产品及产量/万吨
1	宝钢	5 机架四辊	2030	210	1989 全连续式连轧机组	冷轧产品 150，热镀锌产品 25，电镀锌产品 9，彩涂板 16，压型板 10
		1 ~ 3 架四辊 + 4 ~ 5 架六辊 CVC4 + CVC6	1420	72.28	1994 酸-轧联合机组	电镀锡产品 40，冷硬卷产品 32.28
		5 机架六辊 UCMW	1550	140	2000 酸-轧联合机组	冷轧产品 45，热镀锌产品 35，电镀锌产品 25，电工钢产品 35

续表 1-3

序号	冷轧厂	冷连轧机组	轧机规格/mm	设计能力/万吨·年$^{-1}$	投产/改造年份 轧机型式	主要产品及产量/万吨
1	宝钢	5 机架六辊 UCM	1800	170	2005 酸-轧联合机组	冷轧产品 90，热镀锌产品 80
		5 机架四辊 1 架 WRC 和 WRS	1220	70	1984/2000 常规冷连轧机组	冷轧产品 61，电镀锡产品 16
2	武钢	5 机架四辊（改造）	1700	178	1978/2003 酸-轧联合机组	普通冷轧板 115，热镀锌板 25，电工钢 20
		5 机架六辊 CVC6	2230	215	2005 酸-轧联合机组	汽车板卷 90，热镀锌板卷 105，彩涂板 20
3	鞍钢	1 架六辊（1700）+4 架四辊（1676 改造） HCM + 四辊	1676	180	1990/2000 酸-轧联合机组	冷轧产品 100，热镀锌产品 50，彩涂产品 30
		5 机架六辊 UCM	1780	150	2003 酸-轧联合机组	冷轧产品 70，热镀锌产品 80
		5 机架六辊 UCM	1500	100	2005 酸-轧联合机组	中、低牌号无取向硅钢 80，冷硬卷产品 20
		1、5 架六辊（UCM）+2~4 架四辊（HCW）	2130	200	2006 酸-轧联合机组	冷轧产品 97，冷硬卷 103
4	本钢	4 机架四辊 （改造）	1676	120	1995/2004 酸-轧联合机组	冷轧产品 70，热镀锌产品 43，彩涂产品 17
		5 机架六辊 UCM	1970	190	2005 酸-轧联合机组	冷轧卷 90，热镀锌产品 60，彩涂产品 20，冷硬卷 20
5	包钢	5 机架六辊 CVC6	1700	130	2005 酸-轧联合机组	冷轧产品 90，热镀锌产品 30，彩涂产品 10
6	攀钢	4 机架六辊 UCM	1220	100	1995/2003 酸-轧联合机组	冷轧产品 50，热镀锌产品 50
7	马钢	4 机架六辊 UCM	1720	150	2004 酸-轧联合机组	冷轧产品 80，热镀锌产品 70
8	涟钢	4 机架六辊 UCM	1750	150	2005 酸-轧联合机组	冷轧产品 80，热镀锌产品 55，彩涂板 15

续表 1-3

序号	冷轧厂	冷连轧机组	轧机规格/mm	设计能力/万吨·年$^{-1}$	投产/改造年份 轧机型式	主要产品及产量/万吨
9	邯钢	5机架六辊 CVC6	1780	137	2005 酸-轧联合机组	冷轧产品80，热镀锌产品36，彩涂板12，冷硬卷15
10	唐钢	5机架六辊 UCM	1750	200	2006 酸-轧联合机组	冷轧产品35，热镀锌产品135，彩涂板30

表1-4 主要轧机的型式与特点

机 型	森吉米尔	HCW	HCM	HCMW	UC	CVC	UPC
轧辊数量	12、18、20	4	6	6	6	2、4、6	4
移动辊	一中间辊	工作辊	一中间辊	工作辊及中间辊	中间辊	工作辊及中间辊	工作辊
弯辊形式	支持辊轴承ASU调节	工作辊液压弯辊	工作辊液压弯辊	工作辊液压弯辊	工作辊、中间辊	工作辊液压弯辊	工作辊液压弯辊
传动辊	二中间辊	支持辊	工作辊中间辊	工作辊	工作辊	工作辊	工作辊
典型产品	冷轧不锈钢、硅钢、特种钢及超薄	热轧中厚板及各钢种	冷、热轧不锈钢，硅钢，特种钢，低碳钢及有色金属	热轧中厚板及各钢种	冷、热轧不锈钢，硅钢，特种钢，低碳钢及有色金属	冷、热轧不锈钢，硅钢，特种钢，低碳钢及有色金属	冷、热轧不锈钢，硅钢，特种钢低碳钢
轧机布置形式	单机可逆	热连轧机	单机可逆、平整及连轧机组	热连轧机	单机可逆、平整及连轧机组	单机可逆、平整及连轧机组	单机可逆、平整及连轧机组
结构特点	结构复杂	结构简单	结构简单	结构复杂	结构较复杂	结构简单、磨辊复杂	结构简单、磨辊较复杂

根据轧机辊缝的柔性和刚性以及能否均匀磨损，可以把轧机分为以下四类：

（1）柔性辊缝型。CVC轧机与PC轧机（图1-15）从板形控制原理看，它们提供的是同等性能的宽调节域、低刚度的辊缝，同属柔性辊缝型。在工程及实际应用方面，PC轧机与CVC轧机比较，其机械结构较为复杂，其工作辊需承受由于交叉引起的较大的轴向力；更重要的是，为了防止交叉引起轧件跑偏，交叉点必须严格重合在轧制宽度中心线上，因此，加重了对机械维修和调整工作的要求。在运行行为方面，CVC轧机的缺点是在轧制进程中工作辊辊形不可避免的磨损和热变形将影响其调控性能偏离初始设定的要求；由于CVC工作辊与支持辊之间接触压力的分布呈S形，使磨损后的支持辊辊廓也成为S形，如不及时换辊，也将使其调控性能恶化。PC轧机由于使用常规平辊，在运行行为方面等同于常规四辊轧机，不存在上述CVC辊形带来的问题，磨辊工作也比

CVC 辊形简易。

常见的 PC 轧机轧辊交叉系统有：只有工作辊交叉的工作辊交叉系统（图 1-15（a））；只有支持辊交叉的支持辊交叉系统（图 1-15（b））；只有中间辊交叉的中间辊交叉系统（图 1-15（c））；每组工作辊与支持辊的轴线平行，而上、下辊系交叉的对辊交叉系统（图 1-15（d））。

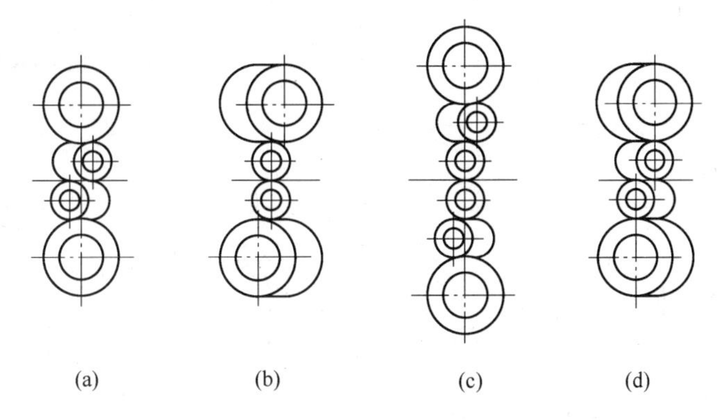

图 1-15 不同轧辊交叉方式的 PC 机型

（2）刚性辊缝型。工作辊变接触窜移型的轧机，如 HC 轧机（图 1-16），其工作辊的轴向窜移机构虽与 CVC 轧机相同，但窜移的目的则完全不同。对 CVC、PC 或常规四辊轧机而言，工作辊与支持辊之间的接触线都存在着“有害接触区”。工作辊变接触窜移型的轧机能通过窜移改变接触长度以消除这一有害接触区，从而有效地降低辊缝凸度，同时增强辊缝刚度。从板形控制原理看，它提供的是低凸度、高刚度的辊缝，属刚性辊缝型。工作辊变接触窜移型的轧机由于消除了有害接触区，辊间接触线长度必然缩短，加之接触压力呈三角形分布，致使辊端出现较大的接触压力尖峰，从而导致辊面的剥落，增大辊耗和换辊次数。此一缺点为其工作原理所固有，因而难以消除。

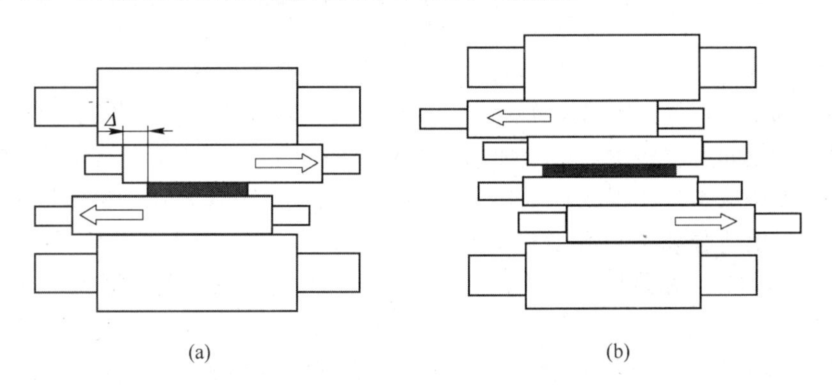

图 1-16 HC 轧机

（a）四辊轧机；（b）六辊轧机

但使用常规平辊的 WRS 轧机（图 1-17），对板形控制无特定作用，但若采用一些具有特殊辊廓曲线的支持辊和工作辊，如变接触辊（Variable Contact Roll，VCR）支持辊（图 1-18）或动态板形辊（Dynamic Shape Roll，DSR）支持辊（图 1-19），则兼有了“刚性辊缝”与“柔性辊缝”的双重效果。

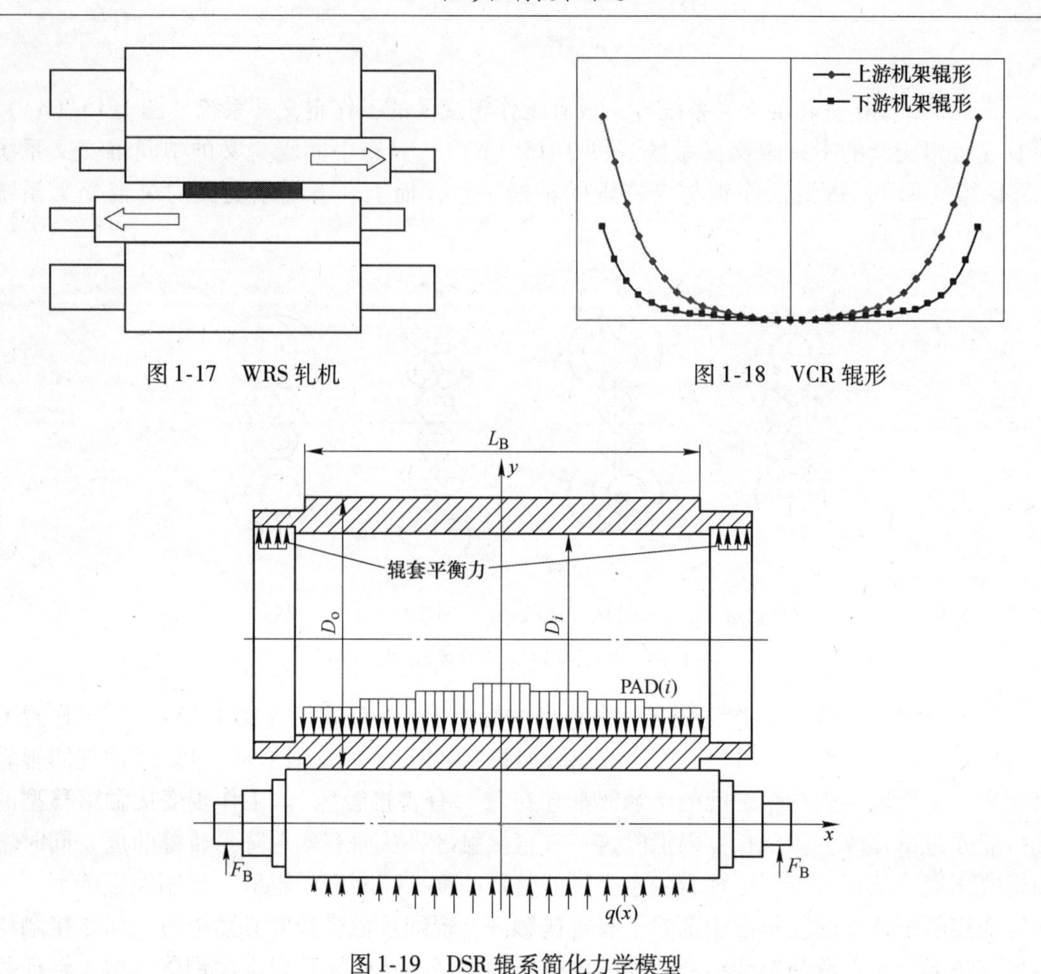

图 1-17　WRS 轧机

图 1-18　VCR 辊形

图 1-19　DSR 辊系简化力学模型

（3）刚柔辊缝兼备型。(Varying Contact Roll, VCR) 变接触支持辊是通过特殊设计的支持辊辊廓曲线（图 1-18）。它是基于辊系弹性变形特性，使在受力状态下支持辊与工作辊之间的接触线长度能与轧制宽度自动适应，以消除“有害接触区”，增大辊缝刚度，同时在此曲线辊廓下，弯辊力可以发挥更大的调节作用。VCR 支持辊利用特殊的辊形曲线，可以减少或消除辊间有害接触区，增加承载辊缝的横向刚度，VCR 支持辊通过合理的辊形，改变辊间接触状态，使得工作辊换辊周期内接触压力的峰值和变化幅度都下降。所以，在热连轧机上适合采用 VCR 变接触支持辊及根据其原理设计的支持辊。

（4）磨损均匀型。在热轧过程中，工作辊辊面与轧件直接接触的部分将不断发生磨损，形成与轧件宽度对应的尖锐凹槽，同时在轧件边缘处产生“猫耳形”局部磨损，严重影响轧出成品的质量。上述几种机型，对化解此种约束均无能为力。工作辊长行程窜移型的轧机（如 WRS 轧机），当使用常规平辊时，能通过有节律的窜移，使磨损分散化和平缓化，从而为“自由轧制”创造条件。此种机型工作辊辊身长度等于支持辊辊身长度与窜移总行程之和，在窜移过程中辊间接触长度不变，不存在变接触机型因窜移带来的缺点。由于工作辊磨损问题在上游机架较不严重，此种使磨损分散化、平缓化的功能主要用于下游机架。使用常规平辊的长行程窜移型轧机，对板形控制无特定作用。但如采用具有特殊辊廓曲线的工作辊，则能兼有板形控制的功能。

表1-5为各种板带轧机板形综合控制性能比较。

表1-5 各种板带轧机板形综合控制性能比较

项 目	常规四辊	CVC	HC（UC）	PC	WRS	VCR	DSR
轧辊是否抽动	否	是	是	交叉	是	否	否
辊缝形状调节域	C	A	A	A	C	B	A
辊缝横向刚度	C	C	A	C	C	A	A
辊形自保持性	C	C	C	C	B	A	B
轧件行进稳定性	B	B	B	C	B	A	A
辊 耗	A	C	C	B	B	A	C
实现自由轧制	C	C	B	C	A	A	C
结构及维护简易	A	B	B	C	B	B	C
避免过大轴向力	A	B	B	C	B	A	A
轧辊及磨损简易	A	C	B	A	A	C	A

注：A—优；B—良；C— 一般。

1.4 新型轧机的机械构成

一般轧机由工作机架、辊系、压下装置、驱动装置几部分组成。

（1）机架。机架是一个非更换的永久性零件，设计时除保证其使用寿命外，还要使制造工艺简化，成本降低，能满足轧钢生产中工艺和产品方面的要求，以保证生产的可靠性。在设计机架时一般遵循以下规则：

1）按照轧制工艺规程及对照比较，详尽计算载荷；

2）保证足够的强度；

3）保证一定的刚度；

4）结构上合理，制造上经济。

一般的机架分为开式和闭式两大类。闭式机架，一般是整体的铸钢件，具有较高的强度和刚度，在承受较大的轧制压力时变形较小。但这种机架需设置专用换辊装备。开式机架由机架本体和上盖两部分组成，用螺栓和键楔加以固接，刚度较差，但是制造简单、换辊方便，如图1-20所示。

（2）辊系。轧钢过程主要是工作辊对钢板的压制过程（图1-21），但实际过程中为了配合工作辊运动和减少形变，设计了中间辊、支持辊等数个辊子（图1-22）。另外，为了保证板形控制的精度，达到生产质量要求，设计了配合工作辊变形的弯辊、窜辊装置，这些设备的组合称为辊系。

（3）压下装置。压下装置是轧机的主要工作设备，目前压下装置主要为电动或者液压驱动，其中液压驱动占绝大部分。电动压下装置适用于板坯轧机、中厚板轧机等辊缝调整范围大、压下速度快的轧机。其缺点是运动部分的惯性大，因而在辊缝调节过程中反应慢、精度低，对现代化的高速度、高精度轧机已不适应。为了提高压下装置响应速度，就

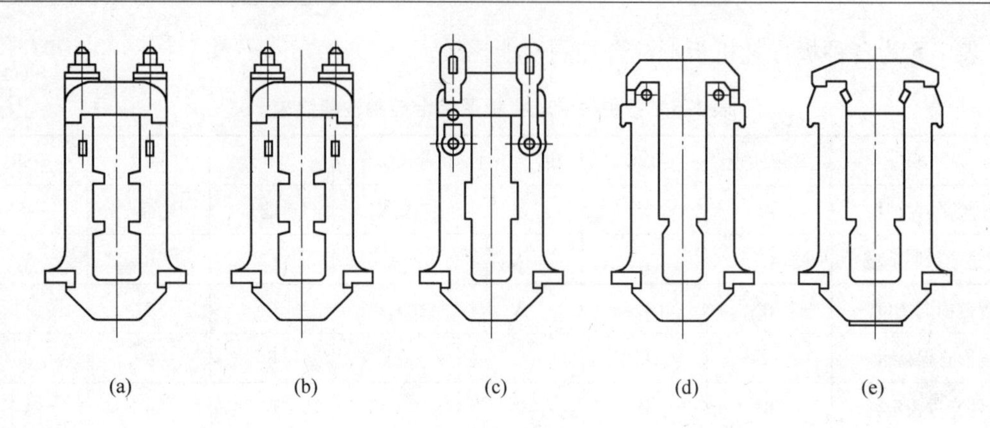

图 1-20　开式机架简图
（a）螺栓连接；（b）立销和斜楔连接；（c）套环和斜楔连接；
（d）横销和斜楔连接；（e）斜楔连接

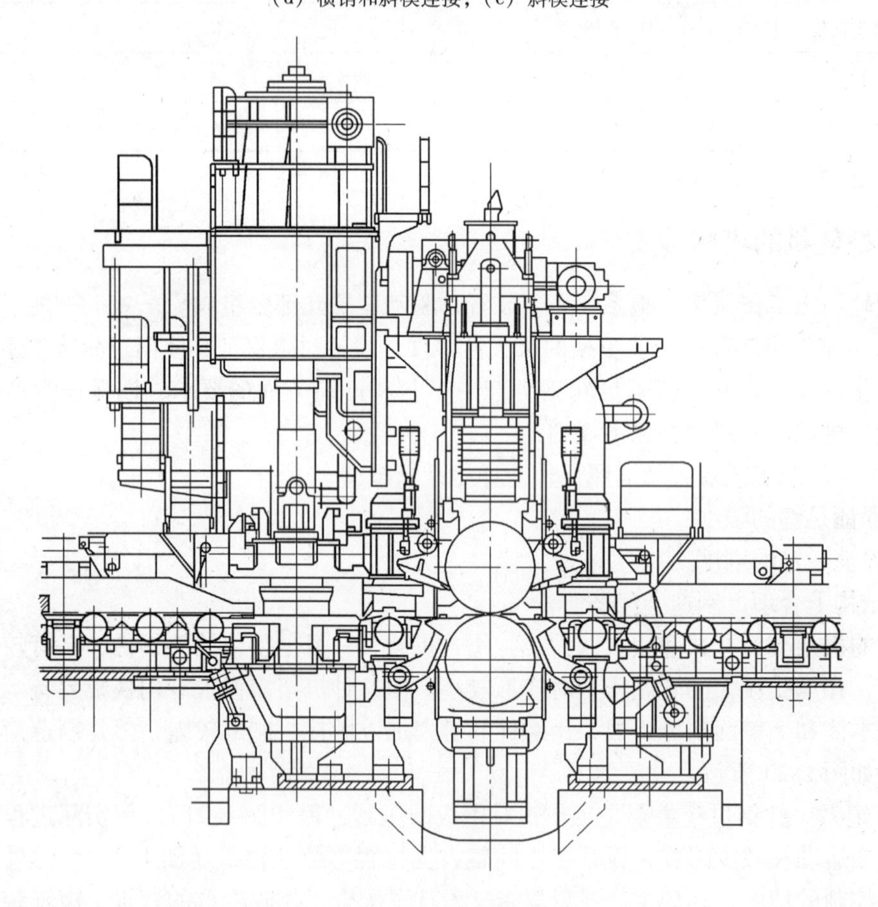

图 1-21　二辊轧机

要减少其惯性，而液压控制就可以收到这样的效果。液压压下装置，其辊缝的调节均由液压缸来完成，主流的液压装置为 AGC 缸，其液压压下惯性小、动作快、灵敏度高、结构紧凑，提高了轧机的有效作业率。

（4）驱动装置。轧机的驱动装置包括电动机、减速机、齿轮座和联轴器（图 1-23）。

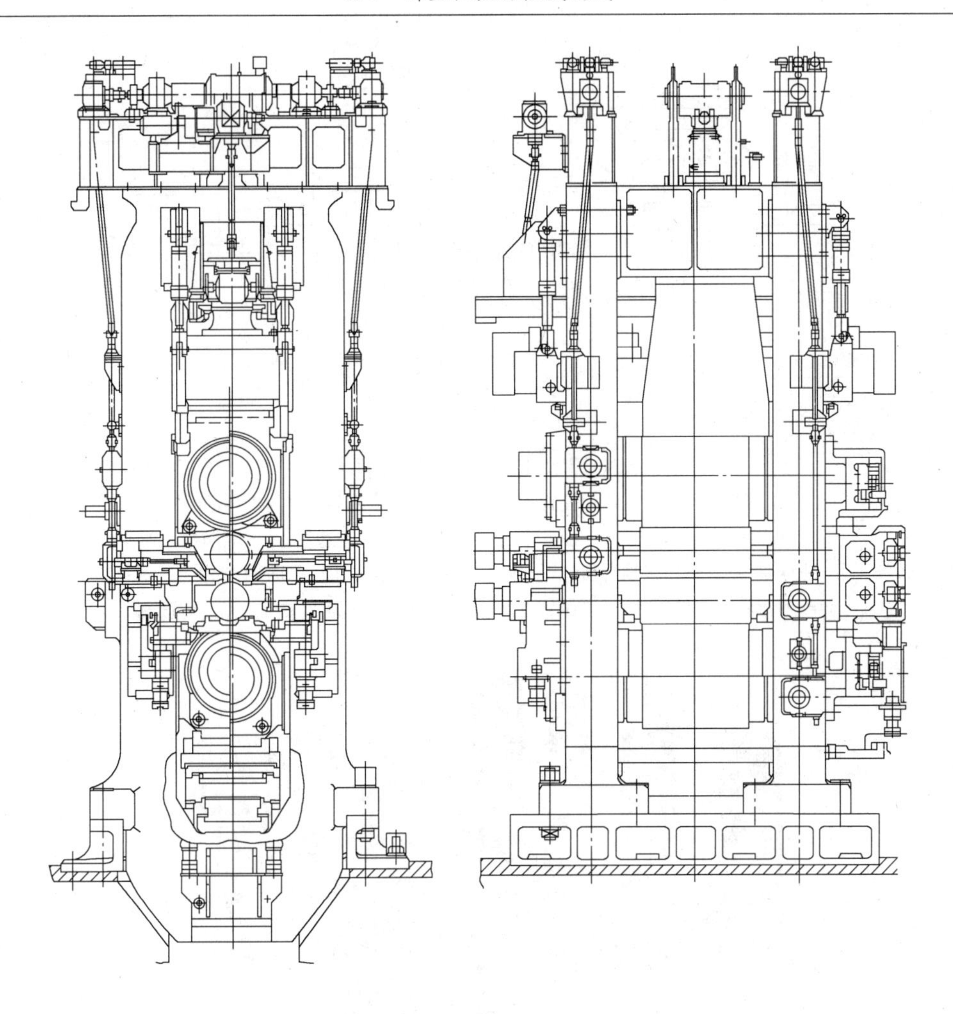

图 1-22 四辊轧机

电动机输出动力通过减速机传递至齿轮座，经齿轮座内一对齿数为 1:1 的人字齿轮平均分配动力，由万向十字节联轴器传递给上、下工作辊。

主要传动类型包括工作辊传动（常规方法）、中间辊传动（工作辊直径较小时）、支持辊传动（两个或单个，进一步降低工作辊直径，简化中间辊轴承座结构）。轧机主要传动装置的现场布置如图 1-24 所示。

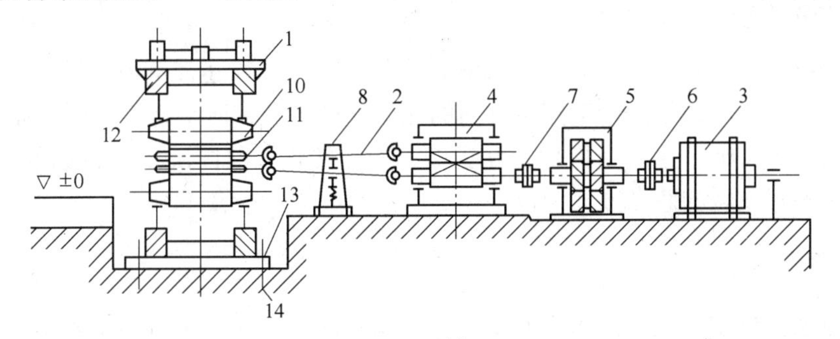

(a)

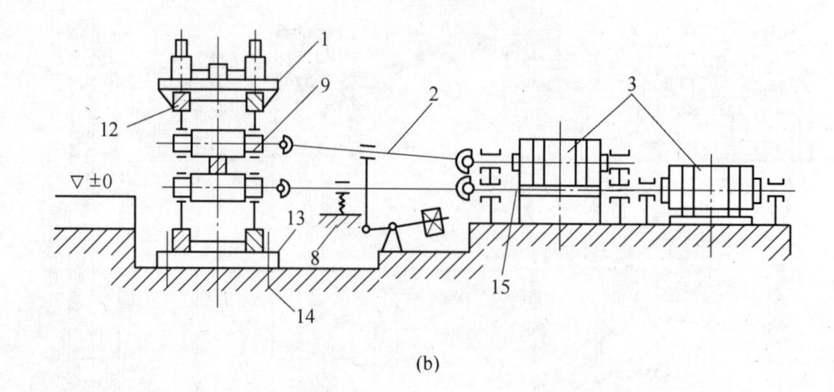

图 1-23　轧机主传动装置简图

（a）具有齿轮座的主传动装置；（b）电动机直接传动轧辊的主传动装置

1—工作机座；2—连接轴；3—电动机；4—齿轮座；5—减速机；6—电动机联轴节；
7—主联轴节；8—连接轴平衡装置；9—二辊轧机轧辊；10—四辊轧机窜支持辊；
11—四辊轧机工作辊；12—机架；13—机架底板；14—地脚螺栓；15—中间轴

图 1-24　轧机主要传动装置的现场布置图

1.5　板形的描述

横截面外形（Profile）和平坦度（Flatness）是目前用以描述带钢板形的两个最重要的指标。横截面外形反映的是沿带钢宽度方向的几何外形特征，而平坦度反映的是带钢沿长度方向的几何外形特征。这两个指标相互影响，相互转化，共同决定了带钢的板形质量，是板形控制中不可或缺的两个方面。

1.5.1　横截面外形

横截面外形的主要指标有凸度（Crown）、边部减薄（Edge Drop）和楔形（Wedge）。带钢板廓如图 1-25 所示。

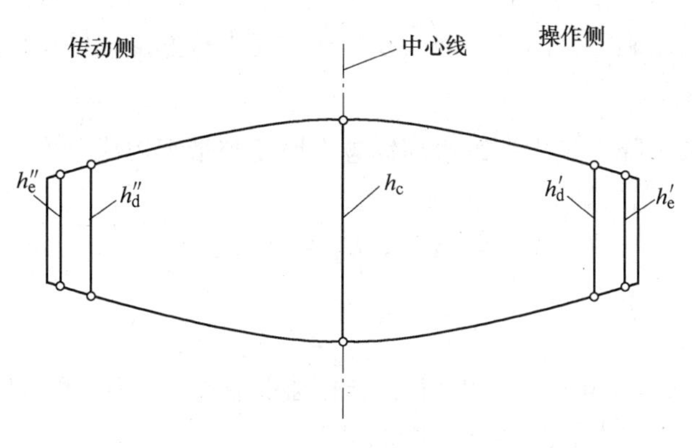

图 1-25 带钢板廓

1.5.1.1 凸度

凸度 C 是指带钢中部标志点厚度 h_c 与两侧标志点平均厚度之差，它是反映带钢横截面外形最主要的指标。根据所取标志点距带钢边部的距离，分别用 C_{25}、C_{40}、C_{100} 表示。

$$C = h_c - \frac{h'_d + h''_d}{2} \tag{1-1}$$

式中，C 为带钢凸度；h_c 为带钢中点厚度；h'_d 为带钢操作侧标志点厚度；h''_d 为带钢传动侧标志点厚度。

凸度通常是不均匀的，为研究方便，通常将凸度分解为常数部分、一次部分、二次部分和高次部分，如图 1-26 所示。

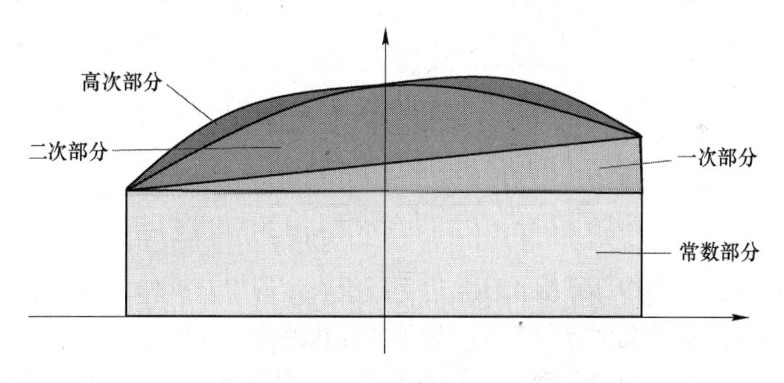

图 1-26 凸度分解图

进一步把带钢凸度分别定义为一次凸度 C_{w1}、二次凸度 C_{w2} 和四次（或高次）凸度 C_{w4}。此时，在横截面上从左侧标志点到右侧标志点的范围内测取多个厚度值，并把它们拟合为曲线：

$$h = b_0 + b_1x + b_2x^2 + b_4x^4$$

可以根据需要定义各次凸度表达式。如采用切比雪夫多项式，则有：

$$C_{w1} = 2b_1$$

$$C_{w2} = -(b_2 + b_4)$$

$$C_{w4} = -\frac{b_4}{4}$$

式中，$b_0 \sim b_4$ 为多项式的系数，由拟合得到。

此外，有时也要用到比例凸度，即凸度与横截面中点厚度或平均厚度之比。

1.5.1.2　边部减薄

边部减薄又称为边降，是指带钢边部标志点厚度与带钢边缘厚度之差。

$$E_o = h'_d - h'_e$$
$$E_d = h''_d - h''_e$$
$$E = \frac{E_o + E_d}{2} \tag{1-2}$$

式中，E 为带钢整体的边部减薄；E_o 为带钢操作侧边部减薄；E_d 为带钢传动侧边部减薄；h'_e 为带钢操作侧边缘厚度；h''_e 为带钢传动侧边缘厚度。

1.5.1.3　楔形

楔形 W 是指带钢操作侧与传动侧边部标志点厚度之差。

$$W = h'_d - h''_d \tag{1-3}$$

1.5.1.4　局部高点

局部高点是带钢截面的局部突起（局部高点）或凹陷（局部低点）的总称，如图 1-27 所示。

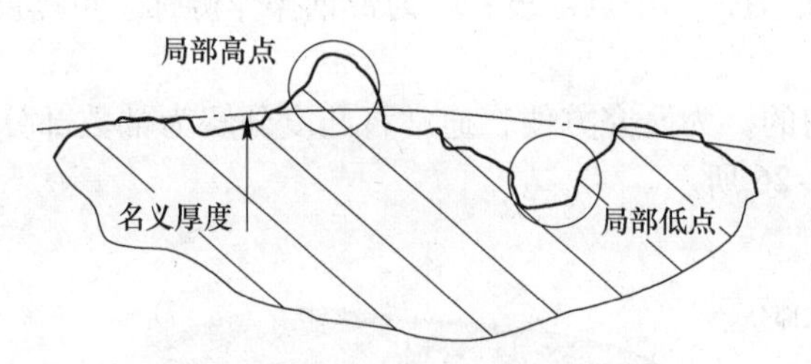

图 1-27　局部高点示意图

1.5.2　平坦度

带钢平坦度是指带钢中部纤维长度与边部纤维长度的相对延伸之差。带钢产生平坦度缺陷的内在原因是带钢沿宽度方向各纤维的延伸存在差异，导致这种纤维延伸差异产生的根本原因，是由于轧制过程中带钢通过轧机辊缝时，沿宽度方向各点的压下率不均所致。当这种纤维的不均匀延伸积累到一定程度，超过了某一阈值，就会出现“可见的”板形不良，或称为“明板形”。最常见的几种浪形及其形成过程如图 1-28 所示。图 1-29 所示为常见浪形的实际照片。

如果内应力虽然存在，但不足以引起带钢翘曲，外观上不见浪形，则称为“潜在的”板形不良或称为“暗板形”。大多数情况下，两种形式同时存在。因为当带钢产生翘曲后，内应力不一定完全释放。当带有浪形的带钢被施加足够大的张力时，浪形有可能消失或减小，此时“浪形”部分或全部转换成了“暗板形”。当解除张力后，明板形又会出现。同理，当把一块内部存在内应力但又没有起浪的带钢沿纵向切开成纤维条时，各纤维条就会出现长度差，而内应力就会完全消失。可见带钢的起浪、纵向纤维长度差和内应力分布不均是板形不良的三种表现形式，三者有着非常密切的关系。

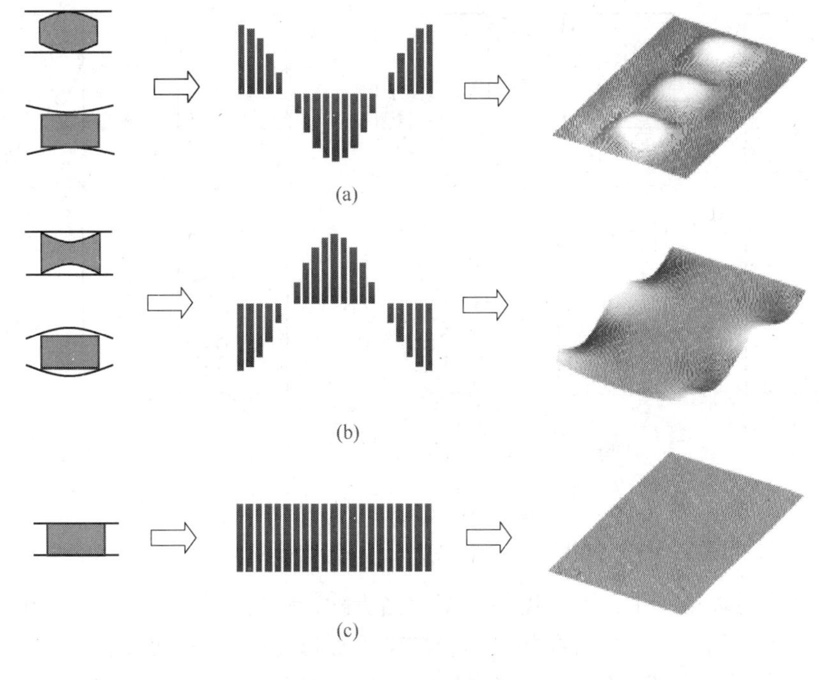

轧件与辊缝　　带钢宽度方向内应力分布　　带钢外观

图 1-28　几种常见浪形的形成
(a) 中浪；(b) 边浪；(c) 平直

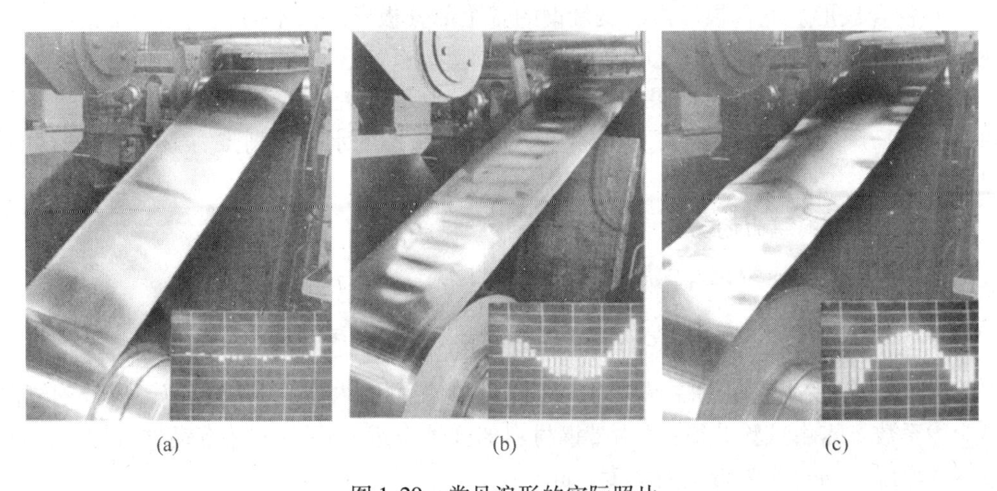

图 1-29　常见浪形的实际照片
(a) 平直度良好；(b) 中浪；(c) 边浪

1.5.2.1　常见带钢板形的类别

常见的带钢板形如图 1-30 所示。其中，图的第一行为应力分布图，图的第二行为外观示意图。

(1) 理想板形。理想板形应该是平坦的，内应力沿带钢宽度方向上均匀分布。当去除带钢所受外力和纵切带钢时，带钢板形仍然保持平直。

(2) 潜在板形。潜在板形产生的条件是内部应力沿带钢宽度方向上不均匀分布，但是

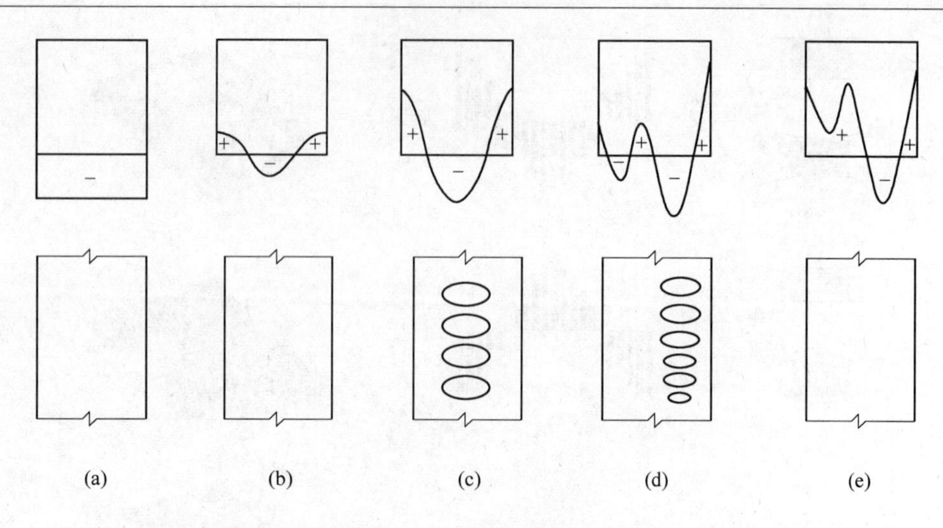

图 1-30 带钢常见板形

(a) 理想板形；(b) 潜在板形；(c) 可见板形；(d) 混合板形；(e) 张力影响的板形

带钢的内部应力足以抵制带钢平坦度的改变。当去除带钢所受外力时，带钢板形仍然保持平直。然而，当纵切带钢时，潜在的应力会使带钢板形发生不规则的改变。

(3) 可见板形。可见板形产生的条件是内部应力沿带钢宽度方向上不均匀分布。同时，带钢的内部应力不足以抵制带钢平坦度的改变。结果局部区域发生了弹性翘曲变形。去除带钢所受外力和纵切带钢都会加剧带钢的可见板形。

(4) 混合板形。混合板形指的是带钢的各个部分板形形式不同。例如，带钢的一部分呈现潜在板形，其他的部分呈现可见板形。

(5) 张力影响的板形。如果张力产生的内应力足够大，以至于可以将整体的（内部的和外部的）压应力减小到将可见板形转变为潜在板形的水平，则张力影响的板形可能是平坦的。

1.5.2.2 带钢翘曲的力学条件

由弹性力学可知，带钢发生翘曲的力学条件为：

$$\sigma_{CR} = k_{CR}\frac{\pi^2 E}{12(1+\nu)}\left(\frac{h}{B}\right)^2 \quad (\sigma \geqslant \sigma_{CR})$$

式中，σ_{CR}为带钢发生翘曲的临界应力，MPa；σ 为带钢的内应力，MPa；k_{CR}为带钢翘曲的临界应力系数，需由试验获得；E 为带钢材料的弹性模量，MPa；ν 为带钢材料的泊松比；h 为带钢的厚度，mm；B 为带钢的宽度，m。

上式反映了带钢的厚宽比 h/B、带钢翘曲的临界应力系数 k_{CR} 等对带钢发生翘曲的临界应力 σ_{CR}的影响。带钢发生翘曲的临界应力系数 k_{CR}取决于应力分布特征及板材边部支撑条件。一些研究结果指出：对于冷轧板材，当产生边浪时 k_{CR}约为 12.6，产生中浪时 k_{CR}约为 17.0；对热轧薄板，产生边浪时 k_{CR}约为 14，产生中浪时 k_{CR}约为 20。根据应力分布特征及板材边部支撑条件确定了 k_{CR}和 σ_{CR}后，即可用上式分析板材的翘曲情况。

1.5.2.3 平坦度表示方法

现代冷连轧过程中，带钢一般会被施以一定的张力，使得这种由于纤维延伸差而产生的带钢表面翘曲程度会被削弱甚至完全消除，但这并不意味着带钢不存在板形缺陷。它会随着带钢张力在后部工序的卸载而显现出来，形成各种各样的板形缺陷。因此仅凭直观的观察是不足以对带钢的板形质量做出准确判别的。由此出现了诸多原理不同、形式各异的板形检测仪器，如凸度仪、平坦度仪等。它们被安装在轧机的适当位置，在轧制过程中对带钢进行实时的板形质量监测，以利于操作人员根据需要调节板形，或是指导板形自动调节机构进行工作。

在带钢的轧制过程中和成品检验时一直使用着多种平坦度测量手段，所以也就存在着多种平坦度描述方法。

A 相对延伸差法

带钢产生翘曲，实质上是带钢横向各纤维条的不均匀延伸造成的。将有平坦度缺陷的带钢裁成若干纵条并平铺在平直的检测台上，可明确地看出各纤维条的长度不同。

图 1-31 所示为最普通的三种带钢表观板形表现的纤维延伸不均与平坦度之间的定性关系。

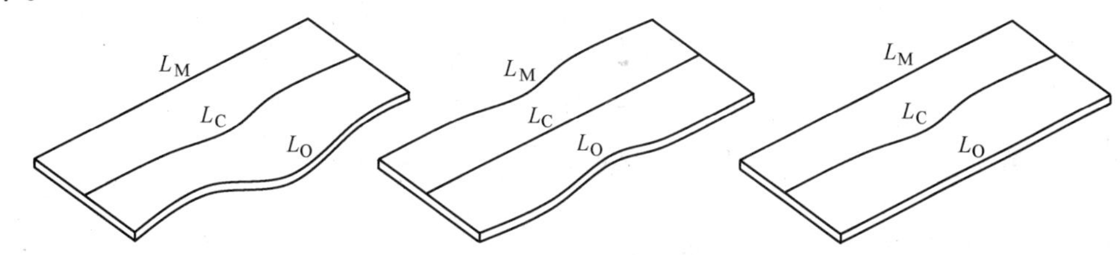

图 1-31 带钢纤维延伸不均与平坦度的定性关系

单边浪：

$$L_M < L_C < L_O \text{ 或 } L_M > L_C > L_O \tag{1-4}$$

双边浪：

$$L_C < L_M \text{ 及 } L_C < L_O \tag{1-5}$$

中浪：

$$L_C > L_M \text{ 及 } L_C > L_O \tag{1-6}$$

纤维相对延伸差法指的是在自由带钢的某一取定长度区间内，用横向某一纤维条的实际长度 $L(z)$ 与其基准长度 L 的相对差来表示带钢的平坦度，即：

$$\rho(z) = \frac{L(z) - L}{L} = \frac{\Delta L}{L} \tag{1-7}$$

$\rho(z)$ 是带钢延伸量沿横向的相对变化量，由于相对延伸差一般很小，故将其放大 10^5 倍后，表示为 I 或 IU。当只有中浪和边浪的情况下相对延伸差可以表示为：

$$\rho_0 = \frac{L_c - L_e}{\overline{L}} \times 10^5 \tag{1-8}$$

式中，L_c、L_e 分别为带钢中部和距边部 40mm（或 25mm）处的纤维长度；$\overline{L}$ 为纤维平均长度。

当 $\rho_0 = 0$ 时，表示板形良好；$\rho_0 > 0$ 时，表示产生了中浪；$\rho_0 < 0$ 时，表示产生了边浪。

B 浪形表示法

波高（R_w）：带钢在自然状态下浪形翘曲表面上的点偏离检测台平面的最大距离称

为波高。这种平坦度表示方法直观、容易测量，在工程中应用广泛。

波浪度（d_w）：指的是用带钢翘曲浪形的浪高 R_w 和波长 L_v 比值的百分率，也称为陡度（Steepness）或者翘曲度，这个指数也是经常用的板形平坦度标准。

$$d_w = \frac{R_w}{L_v} \times 100\% \tag{1-9}$$

这种表示法直观且易于测量，因而被广泛采用，许多国家的带钢平坦度标准就是以 d_w 作为定义参数的。当然，浪形表示法只能用于表示“明板形”。其离线检测示意图如图 1-32所示。

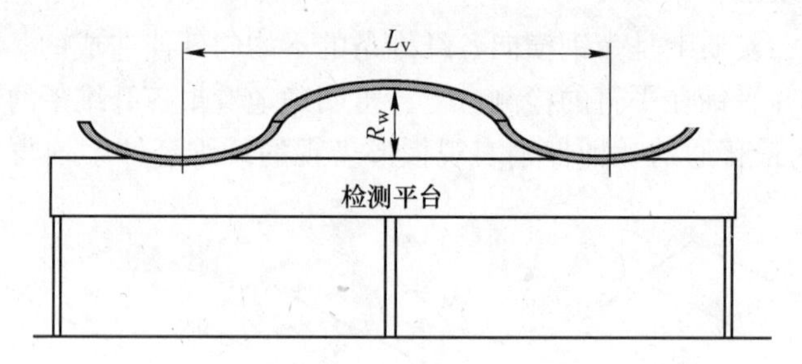

图 1-32　浪形离线检测示意图

C　两种平坦度指标之间的关系

当图 1-33 所示浪形假设为正弦函数曲线时，波浪度 d_w 与相对延伸差 ρ 之间的关系可用以下方法求解。

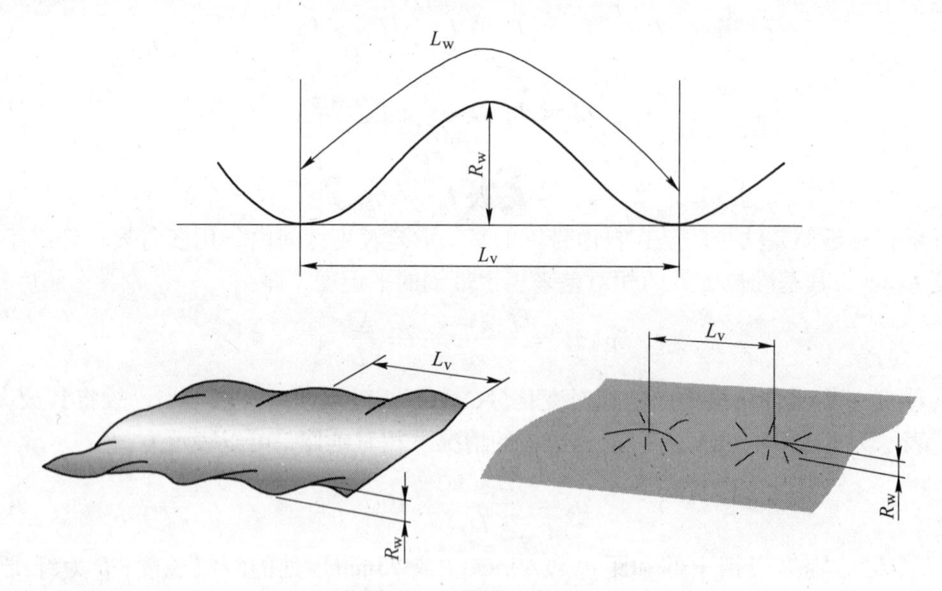

图 1-33　带钢浪形表示

因设波形曲线为正弦波，则波形 H_w 可表示为：

$$H_w = \frac{R_w}{2}\sin\left(\frac{2\pi y}{L_v}\right)$$

所以

$$L_w = \int_0^{L_v} \sqrt{1 + \left(\frac{dH_w}{dy}\right)^2} dy = \frac{L_v}{2\pi} \int_0^{2\pi} \sqrt{1 + \left(\frac{\pi R_w}{L_v}\right)^2 \cos^2\theta d\theta} \approx L_v \left[1 + \left(\frac{\pi R_w}{2L_v}\right)^2\right]$$

$$\rho = \frac{L_w - L_v}{L_v} \times 10^5 \approx \left(\frac{\pi R_w}{2L_v}\right)^2 \times 10^5 = \frac{\pi^2}{4} d_w^2 \times 10^5 = 2.465 \times 10^5 d_w^2 \tag{1-10}$$

相对延伸差表示波浪部分的曲线长度对于平直部分标准长度的相对增长量。一般用带钢宽度上最长和最短纵条上的相对长度差表示。因为该数值很小，国际上通常将相对长度差乘以 10^5 后，再用来表示带钢的平坦度，该指标称为 I－Unit 单位，简写为 I（或 IU）单位。一个 I（或 IU）单位表示相对长度差为 10^{-5}。即相对延伸差 ρ 的单位是 I（或 IU），1IU ＝10^{-5}。例如，$R_w = 20$mm，波长 $L_v = 1000$mm，则相对延伸差为 0.00099，即带钢平坦度为 99 个 IU 单位。

I－Unit 可表示为：

$$1\text{I-Unit} = 10 \frac{\mu\text{m}}{\text{m}}$$

I－Unit（或 IU）已成为最常用的板形评价指标，最早由加拿大铝业公司提出，生产过程中热轧用其表征带钢建立张力前的板形情况，冷轧用其表征轧制工序成品板形质量。

D 残余应力表示法

当板带轧制方向伸长率在带钢宽度方向分布不均匀时，带钢各纤维之间必然出现相互作用的内应力，称为残余应力。残余应力沿横向分布有拉有压，当压应力大于临界屈曲极限时，即产生浪形缺陷，否则带钢将继续保持平直。所以残余应力同时包含了“明板形”和“暗板形”的信息（图 1-34）。在承受一定的张力作用时，板带沿宽度方向上残余应力的分布表现为张力的分布，因此可直接利用张应力差分布来表示板形：

$$\Delta\sigma(x) = \sigma(x) - \bar{\sigma}$$

式中，$\sigma(x)$ 为 x 处张应力，MPa；$\bar{\sigma}$ 为平均张应力，MPa。

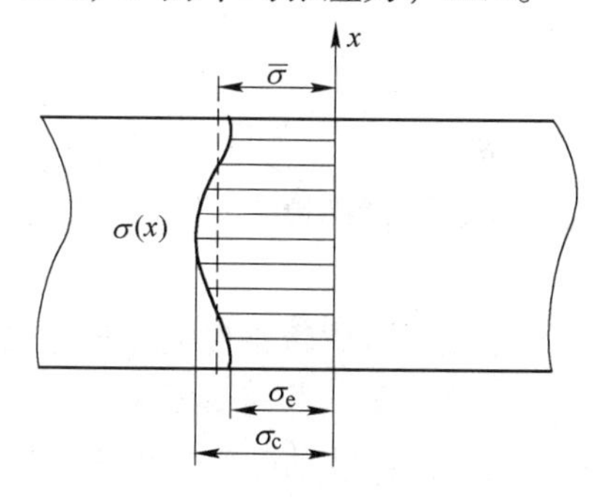

图 1-34 带钢横向应力分布

一般认为带钢在张应力作用下产生的弹性变形为平面变形，所以张力差与相对延伸差可表示为：

$$\Delta\sigma(x) = -\frac{E}{1-\mu^2}\rho(x)$$

式中，E 为带钢弹性模量，GPa；μ 为带钢的泊松比。

残余应力表示法揭示了带钢板形问题的实质。为防止有板形缺陷的带钢出现“应力松弛”现象，一般在一定前后张力作用下对带钢张应力分布进行检测，所以此方法主要应用于冷轧过程中的板形检测。

1.5.3　凸度与平坦度的转化

作为衡量带钢板形的两个最主要的指标，凸度与平坦度不是孤立的两个方面，它们相互依存，相互转化，共同决定了带钢的板形质量。

带钢比例凸度 $\Delta\gamma$（$\Delta\gamma = C/h$，C 为带钢凸度，h 为带钢厚度）发生了改变，则会引起带钢平坦度 λ 的变化（图1-35）。两者之间关系为：

$$\lambda = \pm \frac{2}{\pi} \sqrt{|\Delta\gamma|} \tag{1-11}$$

式（1-11）是在不考虑轧件宽展的条件下得出的。如果轧制过程中带钢发生了一定的宽展变形，则可以允许带钢的比例凸度在一定范围内波动而带钢的平坦度保持不变。

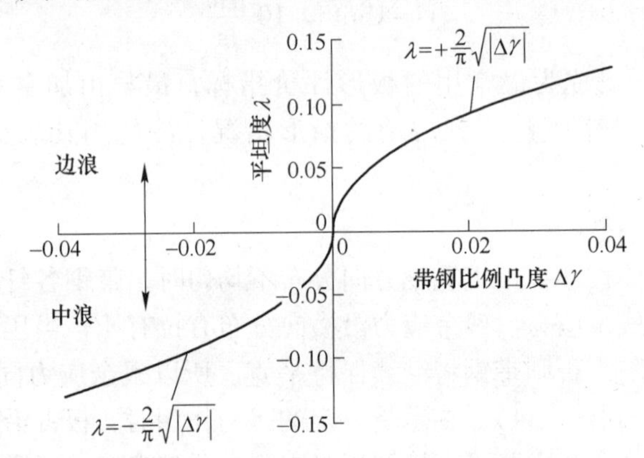

图1-35　平坦度与比例凸度的转化关系

根据上述带钢平坦度良好（$\lambda \to 0$）的必要条件是 $\Delta\gamma \to 0$，即带钢在轧制前后比例凸度保持恒定：

$$\frac{C_h}{h} = \frac{C_H}{H} = \text{const}(常量) \tag{1-12}$$

式中，C_h为出口轧件凸度；C_H为入口轧件凸度；h 为出口轧件平均厚度；H 为入口轧件平均厚度。

需要指出的是，式（1-12）是在不考虑带钢横向金属流动情况下得出的结论。在热轧生产中尤其是粗轧及精轧机组的上游机架，带钢厚度大，金属在轧制过程中很容易发生横向流动。因此比例凸度可以在一定范围内波动而平坦度也可以保持良好。通常用 Shohet 判别式表示如下：

$$-\beta K < \delta < K \tag{1-13}$$

式中，$\delta = \frac{C_H}{H} - \frac{C_h}{h}$；$K = \alpha\left(\frac{h}{B}\right)^{\gamma}$；$\frac{C_H}{H}$ 为入口轧件的比例凸度；$\frac{C_h}{h}$ 为出口轧件的比例凸度；K 为阈值；B 为带钢宽度；α，β 为带钢产生边浪、中浪的临界参数，一般取 $\alpha = 40$，$\beta = 2$；γ 为常数。K. N. Shohet 利用切铝板的冷轧实验数据和切不锈钢板的热轧实验数据，导出 $\gamma = 2$；而 Robert R. Somers 采用了其修正形式，将 γ 值缩小为 1.86，增加了带钢“平坦

死区”（Flatness Dead Band，FDB）的范围。

当出口与入口比例凸度的变化 $\delta > K$ 时，将出现中浪；当 $\delta < -\beta K$ 时，将出现边浪；当 $-\beta K < \delta < K$ 时，将不会出现外观可见的浪形，如图 1-36 所示。

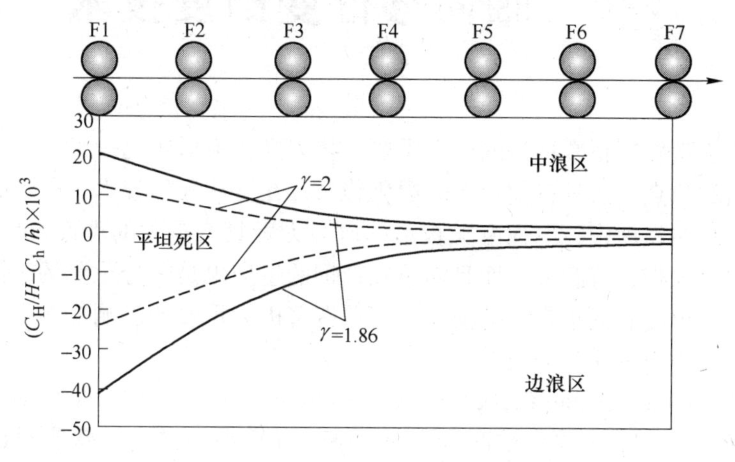

图 1-36　带钢板形的“平坦死区”

2 轴向移位变凸度技术

板形是影响板带轧制正常进行的一个重要工艺因素，板形研究一直是国际上板带生产技术领域的前沿和热点，而且目前板形问题仍普遍存在。从板形技术多种形式并存的现实可知，板带技术仍在发展中，因而有关板形的研究无疑具有重大的理论价值和现实意义，板形控制不仅对冷轧带钢有意义，而且对热轧带钢的生产也是十分重要的。因为它不仅对提高热轧带钢的平坦度和减小带钢的横向厚度差有着极为重要的影响，而且也会直接影响后续带钢冷轧过程中板形质量的改善。

轴向移位变凸度（Variable Crown by Axial Shifting，VCAS）技术是目前提高轧机板形控制能力的有效方法。轴向移位变凸度轧机（图 2-1）由于采用特殊非对称形状的工作辊，在轴向相对移动时，辊缝形状发生变化，达到板形控制的目的，如图 2-2 所示。

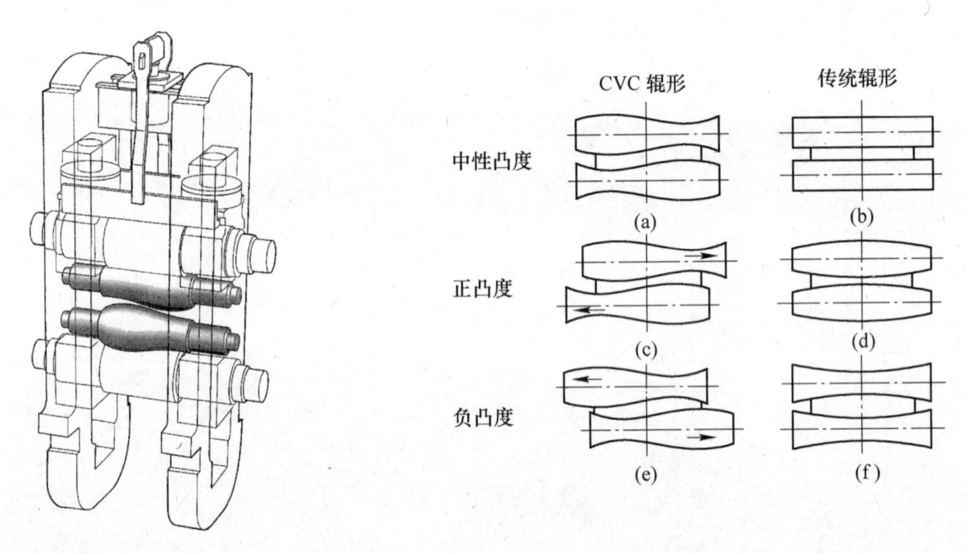

图 2-1　轴向移位变凸度轧机示意图

图 2-2　轴向移位变凸度工作原理

图 2-2（a）所示为当 VCAS 工作辊没有移动，辊缝高度在整个辊身上保持一致时的情况。由于带钢的宽厚比较大，尽管辊缝存在轻微的流线形（如 S 形），也不会对板带平直度造成可以检测到的影响，这时对板带平坦度的控制与图 2-2（b）平辊轧制时相同。

如果上下辊进行轴向移动如图 2-2（c），则辊缝将产生如图 2-2（d）一样的正凸度，移动行程越大，则正凸度越大。反之，如图 2-2（e）那样轴向移动轧辊，则辊缝会产生如图 2-2（f）一样的负凸度，凸度与位移成一定关系。这就是 CVC 轧机辊缝凸度连续可控的基本原理。这样，仅采用一套辊形，通过工作辊的轴向移动，就可以取代无数套工作辊初始辊形的作用，大大增加了轧机的板形调节能力，并简化了辊形的管理。

常见的 VCAS 轧机有 CVC（Continuously Variable Crown）、SmartCrown（Sine Contour

Mathematically Adjusted and Reshaped by Tilting）和 UPC（Universal Profile Control）等，非对称辊形设计是上述轧机发展过程中所面临的关键问题。轴向移位变凸度技术的特点是利用一套轧辊满足不同轧制规程的凸度要求，其辊形参数即决定了凸度控制能力。在轧机机型确定的情况下，辊形是板形控制最直接、最活跃的因素。CVC、EDC（Edge Drop Control）、VCR（Varying Contact Roll）等板形控制技术，其实质就是辊形的创新。

对于板带轧机，控制板形的有效手段是调整辊缝形状，CVC 技术其核心是工作辊的辊形。早期的 CVC 辊形函数采用的是三次多项式，为了适应冷、热轧的工艺情况，又提出了基于五次多项式的辊形函数，称 CVC plus 或 CVC^{+}。奥钢联基于提供 CVC 技术的经验，研究开发出轧机技术领域的新型系统 SmartCrown，并在铝带轧机上有工业应用业绩。武钢 1700mm 冷连轧机于 2004 年 3 月完成了以酸-轧联机为主要内容的技术改造，首次在 5 机架冷连轧机的末机架上安装 SmartCrown 工作辊，是宽带钢冷连轧机首次拟工业应用。出于技术专有权等原因，外方只提供了 SmartCrown 经验辊形，但不提供相应的技术。CVC、CVC plus 和 SmartCrown 都属于轴向移位连续变凸度技术，它们辊形函数上的差别对于板形的控制带来什么样的变化，目前缺乏系统的研究，在实际应用中，也有许多不够科学的认识，如 CVC plus 比 CVC 性能更好等。因此，研究以 CVC、SmartCrown 等为核心的轴向移位变凸度技术对今后生产及技术推广具有重要的意义。

2.1 CVC 技术简介

连续变凸度技术，是新一代板形控制技术，也是高技术轧制的核心技术之一。连续可变凸度技术的关键在于工作辊磨削的初始辊形（连续可变凸度辊形曲线）和加长的辊身长度（通常比支持辊辊身长度要长）。调控时上、下工作辊沿轴向反向移位，辊间接触线长度不改变，但投入轧制区（与带钢接触）内的上、下工作辊的辊身曲线段在连续变化，从而形成连续可变的辊缝凸度。

连续可变凸度技术最突出的特点就是可连续改变辊缝凸度，一套轧辊就能满足不同轧制规程的凸度要求。目前在宽带钢生产中，一般要求板带横截面形状对称于轧机中心线。因此常规工作辊磨削辊形一般采用对称形状。而连续可变凸度轧机工作辊采用特殊的非对称形状，上、下工作辊辊面曲线方程相同，但反向 180°放置，它不仅可以满足其基本要求，还能通过轴向移动连续改变辊缝形状，因此，凡是满足上述基本原理的反对称函数辊形曲线均可达到与连续可变凸度技术通用的效果，如两条正负相反的抛物线相切、一条三次方曲线、一条正弦曲线等。

CVC 是 Continuously Variable Crown 的缩写，是一种凸度连续可变技术，它是由德国 SMS（Schloemann-Siemag）开发出来的。辊形设计是关键，通过特殊 S 形工作辊的轴向窜移来达到连续变化空辊缝正、负凸度的目的。

CVC 轧机就是有一对轧辊的凸度是连续可调的。CVC 轧辊辊形近似瓶形，上、下辊相同，装成一正一反，互为 180°，构成 S 形辊缝。通过轴向反向移动上、下轧辊，就可实现轧辊凸度连续变化与控制。当轧辊未抽动时，辊缝略呈 S 形，轧辊工作凸度等于零，即为平辊形或中性凸度；当上辊向右、下辊向左移动等距离时，即小头抽出时，则形成凹辊缝，此时中间辊缝变小，轧辊工作凸度大于零，称正凸度控制；反之，如果上辊向左、下辊向右移动等距离，即大头抽出时，则形成辊凸度为负的轧辊，轧辊工作凸度小于零，称负凸度控制。由此可见，调节 CVC 轧辊的抽动方向和距离，就可调节原始辊凸度的正负与大小，相当于一对轧辊具有可变的原始辊凸度。因此，利用抽辊可以连续改变辊缝形状，相当于工作辊的凸度可连续改变，如图 2-2 所示。

2.1.1　CVC 轧机的结构

CVC 轧机可用于热轧，也可用于冷轧。CVC 技术的创新主要在于辊形及其配套的控制模型的创新。对于四辊轧机而言，以工作辊作为辊形的载体；对于六辊轧机而言，以中间辊作为辊形的载体。所以，CVC 轧机机型主要包括四辊 CVC（简写为 CVC4）轧机和六辊 CVC（简写为 CVC6）轧机。六辊轧机在四辊轧机的上、下工作辊和支持辊之间插入一对中间辊而成。采用六辊轧机可减小工作辊的直径，有利于减小接触弧长度，有利于轧制厚度更薄、强度更高和难轧的品种。通常情况下，CVC4 轧机的工作辊为 CVC 辊形，而 CVC6 轧机的中间辊为 CVC 辊形，如图 2-3 所示。

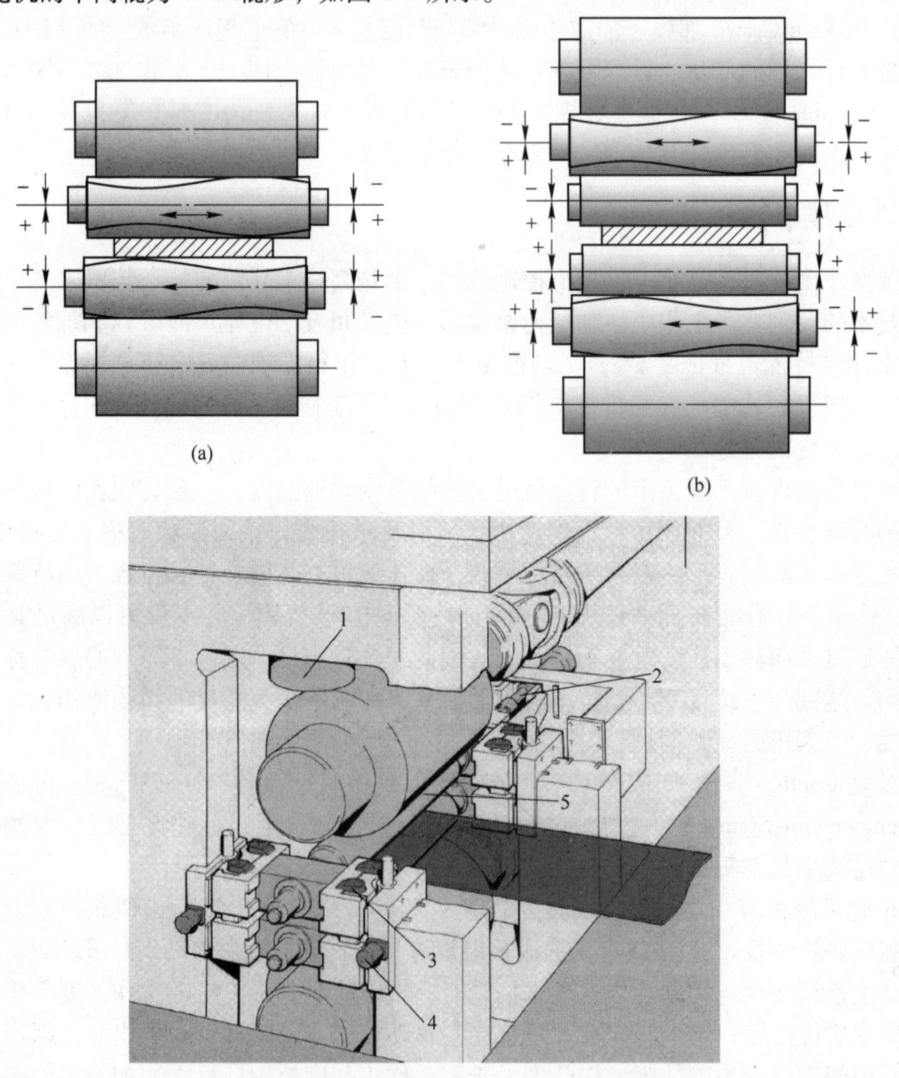

(d)

图 2-3 CVC 机型

(a) CVC4 辊系；(b) CVC6 辊系；(c) CVC4 轧机结构特点；(d) CVC6 轧机结构特点

1，10—液压压下；2—工作辊横移；3，6—工作辊弯辊；4，7—HS；5，11—精细冷却；

8—中间辊弯辊；9—中间辊横移

轧制力造成的自然凸度（即在辊形为平辊及不施加弯辊及窜辊的条件下）通常为数百微米。六辊 CVC 轧机的基本设计思想就是利用具有 CVC 辊形的中间辊窜辊建立幅宽达 400 ~ 500μm 的辊形凸度调节域，以平衡轧制力造成的自然凸度及赋予辊缝较大的调节柔度。CVC6 轧机的工作辊及支持辊的辊面一般均采用平辊，上、下中间辊辊面为 S 形 180°倒置，可以实现反方向轴向移动，工作辊及中间辊设置正负弯辊系统。但也有工作辊采用 CVC 辊形的 CVC6 轧机。

近年来，冷轧宽带钢基本采用 CVC6 和 UCM（Universal Crown Mill）轧机，SMS 公司的冷轧最新报价中 CVC6 轧机居多。CVC6 轧机主要由机架、支持辊系、中间辊系、工作辊系、CVC 窜辊机构、主传动装置、压下机构、轧线调整装置、弯辊缸块及其他轧机附件组成。

CVC 轧机与 HC（High Crown）轧机、UCM 轧机的根本区别，在于辊形的磨削曲线不同，CVC 轧机的辊形曲线为瓶状的“S”形，一般来讲，这种曲线只存在于工作辊或中间辊，但是如果“S”形的辊径差 $\Delta D > 1.2$mm 时，支持辊也应磨削成相应的“S”形曲线。图 2-4 所示为 CVC 轧辊磨削曲线和对应的 CVC 轧辊外形。

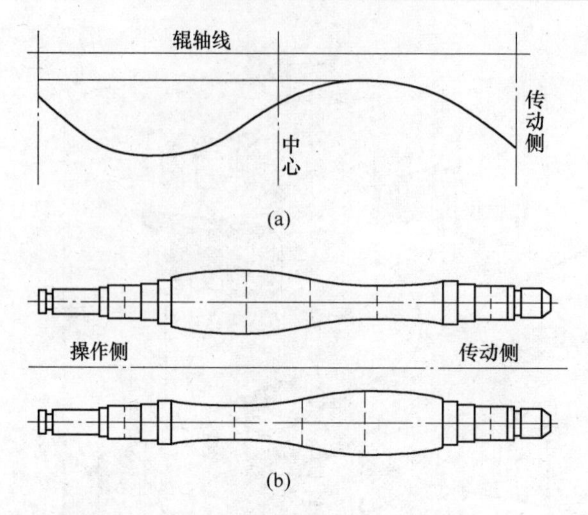

图 2-4　CVC 轧辊磨削曲线（a）和轧辊外形（b）

2.1.1.1　液压弯辊系统

CVC 轧机在结构上的基本要求是：一对可以轴向移动的 CVC 轧辊以及一套与之配合使用并能动态控制轧辊凸度的液压弯辊系统。热轧板带轧机精轧机组大都采用四辊轧机，它将液压弯辊缸和工作辊平衡缸组成一个统一的元件（如图 2-5 所示为工作辊弯辊缸与工作辊平衡缸组成元件），并置于轧机牌坊凸块之中。一般情况下，轴向移动液压缸缸体置于操作侧牌坊凸块上，与凸块制作成一个整体元件。而锁紧缸则是通过一套专用的液压缸驱动，当轧制一般板带材或不需要 CVC 结构作用时，可以将轧辊定于中位插上定位销，关闭轴向移动液压缸。如某机组每架精轧机有 4 个 CVC 模块，一共集成了 16 个所需的液压缸。

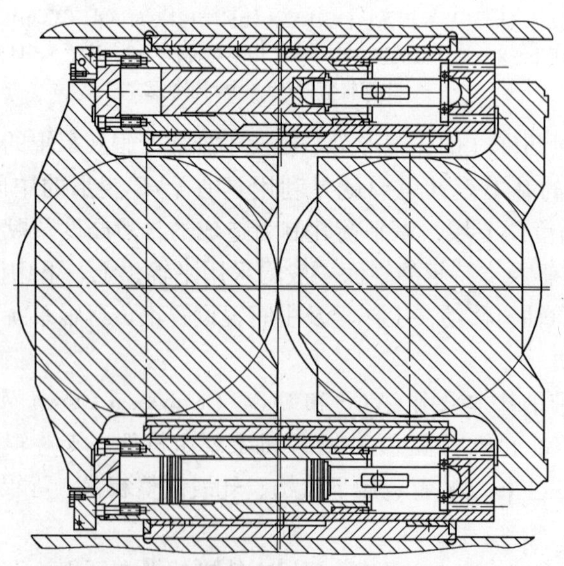

图 2-5　工作辊弯辊缸与工作辊平衡缸组成元件

2.1.1.2　工作辊水平稳定装置

CVC 轧机的工作辊受到较大的轧向水平力时，容易产生失稳。为克服此缺点，有些轧机便装有工作辊水平稳定装置（Horizontal Stabilization），简称 HS 装置。装有这种装置的轧机称为 CVC-4HS 轧机或 CVC-6HS 轧机。HS 装置有 3 种形式：

（1）调位枕座。工作辊枕座可在轧制方向上调节位置，使工作辊的连心平面与支持辊的连心平面偏移一定距离。这与常规四辊轧机相同，但偏移位置可以调节。

（2）装有装体式的侧向支持辊。

（3）装有多段式的侧向支持辊，且每段都可单独调节。

CVC-4HS 冷轧机相对于 CVC 冷轧机，其主要特征是工作辊辊径明显减小，刚度较大，工作辊增加了 HS 水平稳定系统，可使工作辊在轧制力方向按设定距离有一个小的窜动量，防止工作辊在轧制方向上发生弯曲变形，主要用来轧制高强度钢。目前国内对高强度钢的需求量越来越大，而国内大部分厂家都是通过从国外引进小辊径的六辊 CVC 冷轧机来轧制强度较高的来料，投资较大，能耗也较大；目前国内一般使用的四辊轧机是辊径较大的 CVC4 冷轧机，不能用于轧制强度较高的来料。所以如果能在原来轧机的基础上进行改造，把工作辊改成辊径较小的 CVC-4HS 冷轧机，可以大大节省投资，减小能耗。

2.1.1.3 某 CVC 热轧机的具体结构举例

对 CVC 轧机的基本要求：CVC 辊，包括上、下辊，能相对轴向移动一段距离；要设置一套与 CVC 配套使用，并能动态控制轧辊凸度的液压弯辊系统。

（1）平衡与弯辊装置。热轧板带轧机精轧机组大都采用四辊轧机，它将液压弯辊缸与工作辊平衡缸组合成一个统一元件，并置于轧机牌坊凸块之中。而 CVC 系统要求工作辊及其轴承座能在机架中沿轧辊轴线轴向移动 ±100mm。考虑到轧辊轴向移动会对缸体产生较大的倾翻力矩，因此，在设计中将原来四辊轧机经常采用的分置式的上工作辊平衡缸兼正弯缸及下工作辊压紧缸兼正弯缸合并在一起，组成一个共同的套装缸体，作为平衡缸与弯辊缸。图 2-6 所示为某热轧厂精轧机组的平衡与弯辊装置示意图。缸体 5 套装在牌坊凸块 2 内孔之中，上部用上隔离套 4 将缸体与凸块内孔隔离开来，缸体 5 与上隔离套 4 间可以相对滑动。缸体下部外圆与下部缸套 7 相配合，缸体下端外圆用内隔离套 16 与下部缸套 7 接触并可相对滑动。内隔离套 16 用法兰及螺栓固定在缸体下端。下部缸套 7 与牌坊凸块 2 内孔用中间隔离套 6 及下隔离套 8 隔离开来，并可相对滑动。缸体内装有活塞 15，活塞两侧即为液压油腔。当活塞上腔（无杆腔）进油时，下腔（有杆腔）回油，这时上部缸体上升，同时不锈钢活塞 15 通过挺杆 11 带动下部缸套 7 下降，可以完成平衡上工作辊、压紧下工作辊或者使上、下工作辊同时受到正弯的作用。活塞杆下部为一根两端皆为球面的挺杆 11，球面分别与球面轴承座 10 相接触，使压力均匀传递。这种将上、下弯辊缸连接在一起成为一个整体的设计，稳定性好，上、下弯辊力一致，对板带断面凸度控制及平坦度控制有利，其结构更加合理。每座机架各设平衡与弯辊缸 4 台，用于平衡时液压压力为 18MPa，用于弯辊时压力最大为 26MPa，活塞直径为 170mm。

（2）CVC 轧机轧辊移动液压缸和锁紧装置。CVC 轧机锁紧装置和轧辊轴向移动液压缸结构如图 2-7 和图 2-8 所示。CVC 移动液压缸体设置于操作侧牌坊凸块上，与凸块制作成一个整体元件。活塞与缸体之间、活塞杆与液压缸盖之间有密封装置。活塞杆的端部通过法兰盘和螺栓与外衬套盖和外衬套固接。外衬套内壁设有两个隔离套和一个中间套，并固定在外衬套内圈上。当外衬套沿缸体做轴向移动时，隔离套的内孔与缸体外圆做相对滑动。当 CVC 移动液压缸活塞两侧有压力差，使活塞沿缸体轴向移动时，可

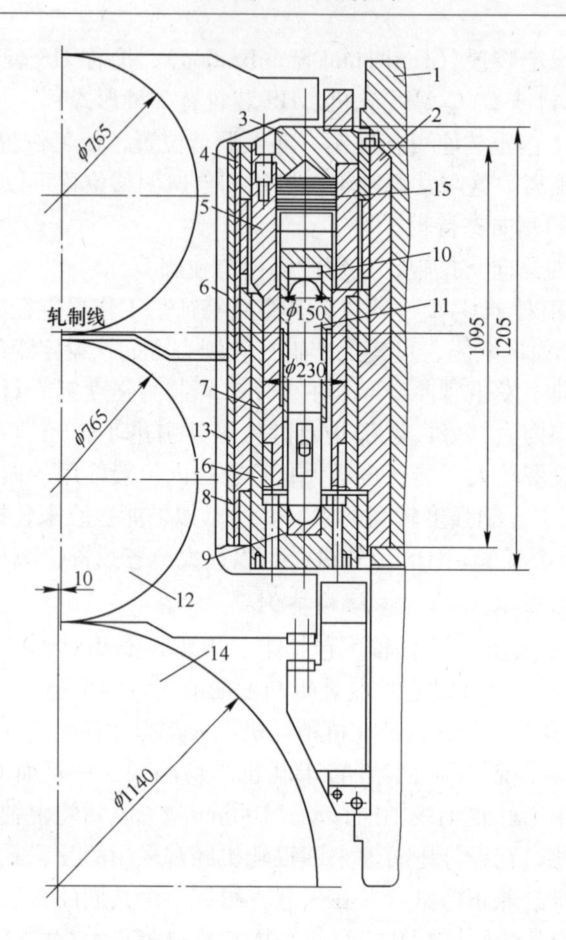

图 2-6　某热轧厂 CVC 轧机平衡与弯辊装置

1—牌坊；2—凸块；3—缸盖；4—上隔离套；5—液压缸体；6—中间隔离套；
7—下部缸套；8—下隔离套；9，10—球面轴承座；11—挺杆；12—工作辊；
13—耐磨板；14—下支持辊；15—活塞；16—内隔离套

通过活塞杆端带动外衬套盖、外衬套以及工作辊一起做轴向移动。外衬套与工作辊之间的离合是靠一套锁紧装置实现的。外衬套端部安装一个能做旋转运动的锁紧块，通过一套专用的液压缸驱动。它可以将工作辊操作侧轴承座外端附设的圆柱销连锁在外衬套上。带钢轧制前按预设定位置，将上、下工作辊移动到位，轧制过程中不再移动。当轧制一般板带或不需要 CVC 机构作用时，可将轧辊定于中位插上定位销，关闭 CVC 移动液压缸，则工作辊将成为普通轧辊使用。

（3）传动轴。图 2-9 所示为某冷轧厂 2030mm 轧机 CVC 轧辊的传动轴示意图。传动轴是一种可轴向移动的齿轮轴，CVC 系统要移动的 200mm 距离是在人字齿轮侧通过轴 1 和联轴节外齿 2 之间的啮合来进行的。主接轴的轴向支承是通过一个装在轴内的弹簧组 3 支承在齿轮轴 4 上，并处于轧辊工作位置。换辊时轴向移动距离要受一块内挡板 5 的限制。轧辊侧的齿轮连接轴头由于有一个弹簧 6，因此有弹簧力作用，其主要任务是在换辊时便于齿轮连接轴头迅速地与主轴中心线对中。

（4）换辊。图 2-10 所示为某热轧厂 2050mm 轧机的 CVC 轧机示意图。工作辊1 在轴

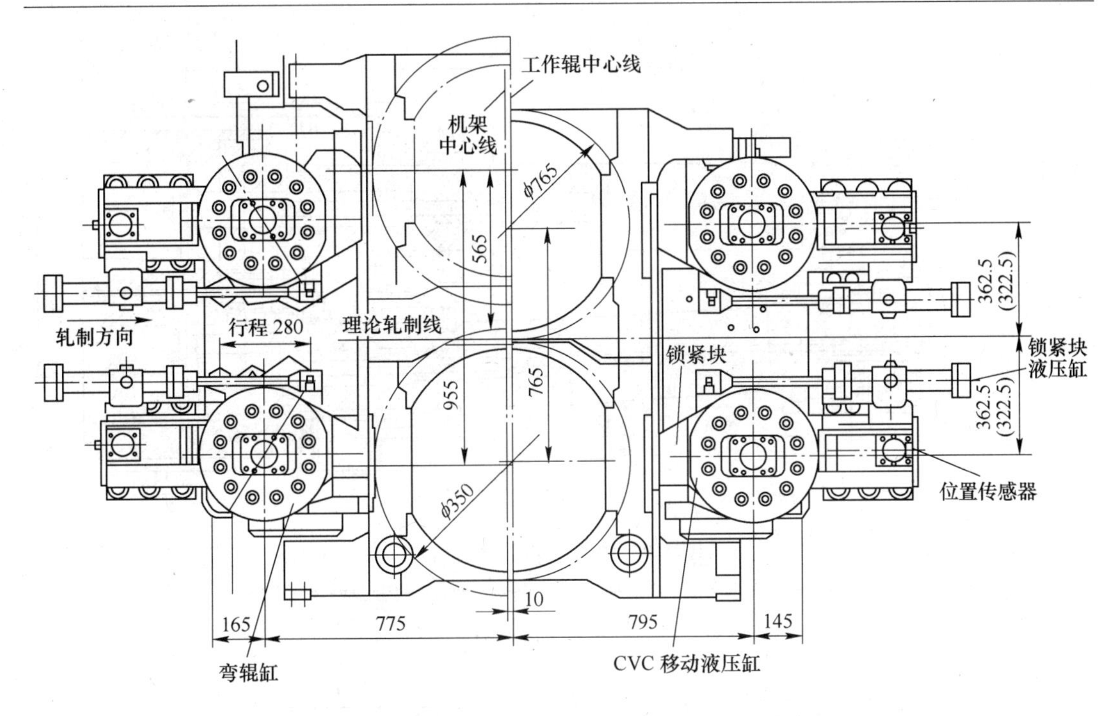

图 2-7　某热轧厂 2050mm 轧机 CVC 辊的锁紧装置图

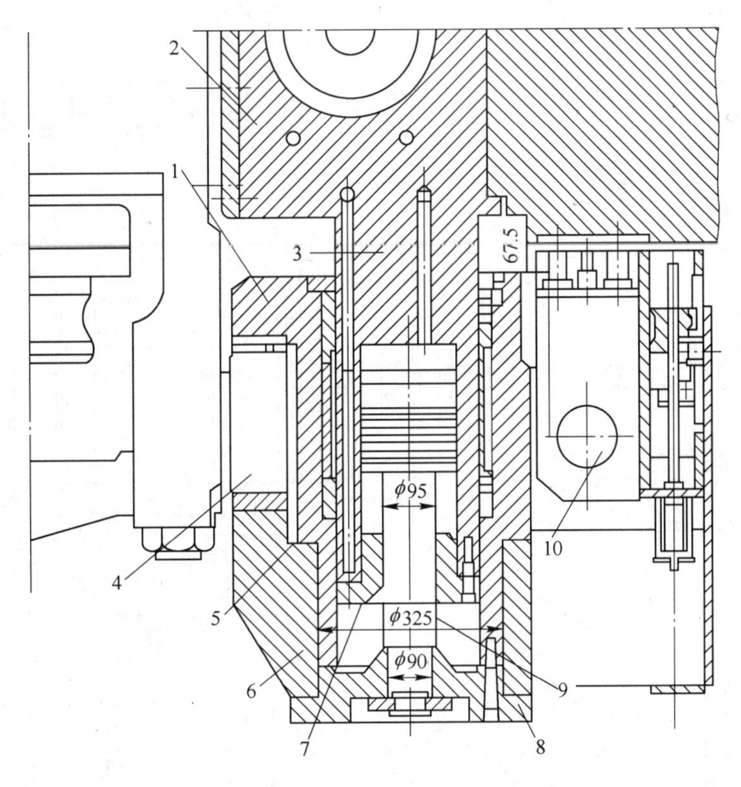

图 2-8　某热轧厂 2050mm 轧机 CVC 辊的轴向移动装置图

1—CVC 移动缸外衬套；2—牌坊凸块；3—液压缸体；4—圆柱销；5—隔离套；6—锁紧块；7—液压缸盖；8—外衬套盖；9—活塞杆；10—定位销

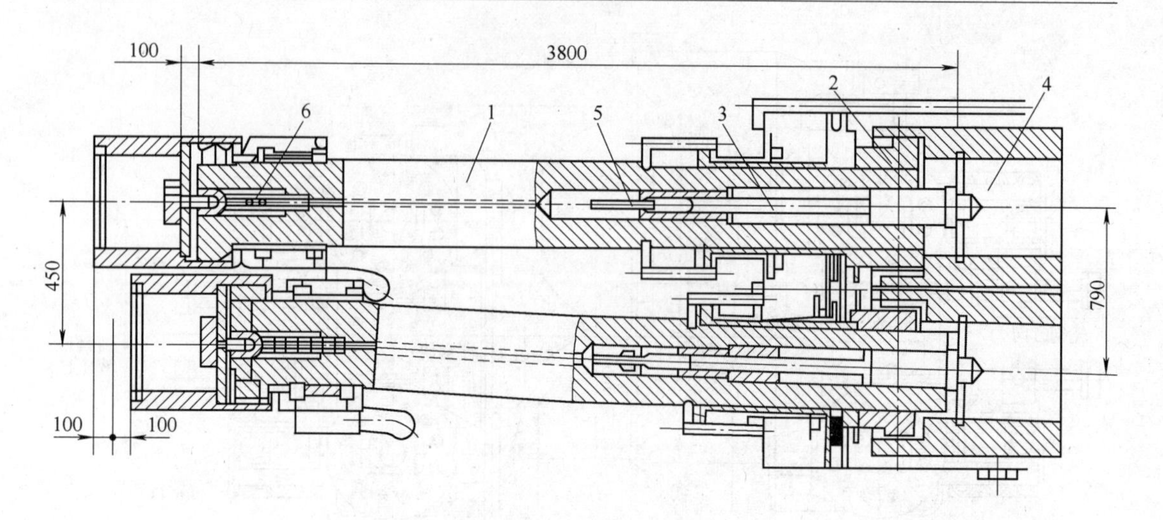

图 2-9　CVC 轧机的传动轴

1—轴；2—联轴节外齿；3—弹簧组；4—齿轮轴；5—内挡板；6—弹簧

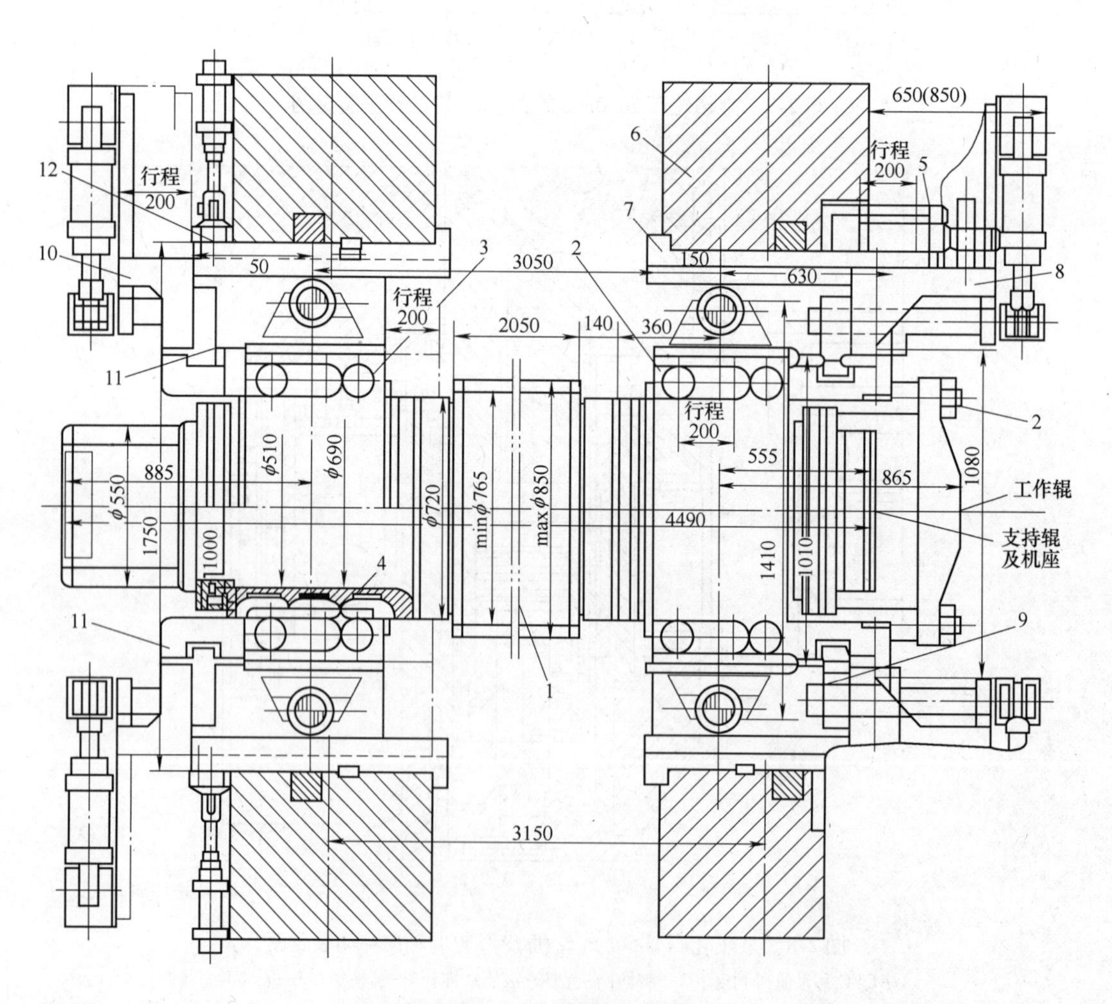

图 2-10　CVC 轧机换辊原理

承座 2 和 3 内，轴承 4 为四列圆柱滚动轴承，轴承固定在轧辊和轴承座之间。每一工作辊能轴向移动的最大距离为 ±100mm，传动轴（图 2-9）也随同一起移动。工作辊通过两个液压缸 5 来实现轴向移动，液压缸安装在精轧机机架的操作侧，这些液压缸被装入固定于机架 6 的导向块 7 上，液压缸的活塞杆与可移动的液压缸座 8 连接，在这些缸座中，装有可摆动的连接板 9，当轴向移动时，连接板便拴住操作侧的轴承座 2，从而移动轧辊。传动侧的轴承座 3 和弯辊液压缸座 10 都通过两个连接板 11 连接，因轧辊 1 传动侧的轴承座 3 是通过轴承轴向固定的，在移动轧辊时，轴承座 3 也随之移动。借助于连接板 11 也可使液压缸座 10 移动，通过轴承座 2 和 3 液压缸座 8 和 10 同时做水平移动，这就使弯辊力总是作用于滚柱轴承的中心。轧辊轴向移动的液压缸装配有位移传感器，并通过一套位置调节装置使轧辊在 CVC 工作范围内移动，同时保持在理想的位置上。

换辊时用液压缸 5 使两个轧辊到达确定的轴向换辊位置。在这个位置上，传动侧固定液压缸座 10 的固定销 12 通过液压缸移动松开，因为在轧辊推出或装入时，液压缸座 10 也随之移动。由于液压缸驱动的升降轨道（图 2-10 中未画出）提升，与下工作辊轴承座下面的轮子相接触。传动轴由液压缸支承，下辊的连接板 9 和 11 用液压缸打开（图 2-10 中未画出），下弯辊液压缸进入之后，下辊被抽出 300mm。紧接着上辊下降，轴承座就支承在下轴承座的支柱上（图 2-10 中未画出）。在上辊的连接板 9 和 11 打开后，全套轧辊即可抽出来。新的一套轧辊的装入及其后的步骤按上述相反的顺序进行。

2.1.2 CVC 轧机的技术问题分析

2.1.2.1 轴向力

CVC 轧辊轴向锁紧装置所承受的轴向力一般为 0 ~ 200kN，且轴向力与轧制力无明显关系。在辊缝打开（无预应力），轧辊旋转状态下，移动轧辊的轴向力通常也是 0 ~ 200kN，个别情况下略高些。在轧辊圆周速度与轧辊轴向移动速度之比恒定的情况下，轧辊轴向移动速度的提高，并不增加轴向移动的推力。当轧机内有带钢时，轴向移动 CVC 轧辊所需要的轴向力明显提高，在 15000kN 轧制力时轴向移动推力达 450kN。在轧辊承受预压紧力的情况下，移动轧辊的轴向力约为轧钢时的两倍。如在 15000kN 预压紧力下，当轧辊圆周速度与轧辊轴向移动速度之比为 2000:1 时，轴向力约为 850kN。当轧辊圆周速度与轧辊轴向移动速度之比为 1000:1 时轴向力约为 1100kN。根据上述经验，在轧辊受压力的情况下，移动轧辊的轴向推力已经大大超出了轴承的承受能力，故不允许在预压紧状态下移动轧辊，只能在辊缝打开或轧机内有带钢的情况下才可以轴向移动 CVC 轧辊。

2.1.2.2 轧辊的线速度差

尽管相互倒置的 S 形轧辊会在辊身长度方向上产生轧辊直径差，一般这个差值在 0.3 ~ 0.8mm 之间。这个差值导致轧辊产生 0.05% ~ 0.4% 的线速度差，如图 2-11 所示。然而，这一速度差与轧辊和轧件的速度差相比是微不足道的。一般来讲，轧辊与轧件在前滑区内的速度差可达 5% ~ 40%。

2.1.2.3 CVC 辊形对支持硬化及磨损的影响

就支持辊的磨损和硬化问题，对 0.4mm 辊形的普通轧辊与 CVC 标准辊形做比较，实测记录表明：采用 CVC 辊形并未加剧支持辊的磨损及硬化情况，轧制 75000 ~ 105000t 带

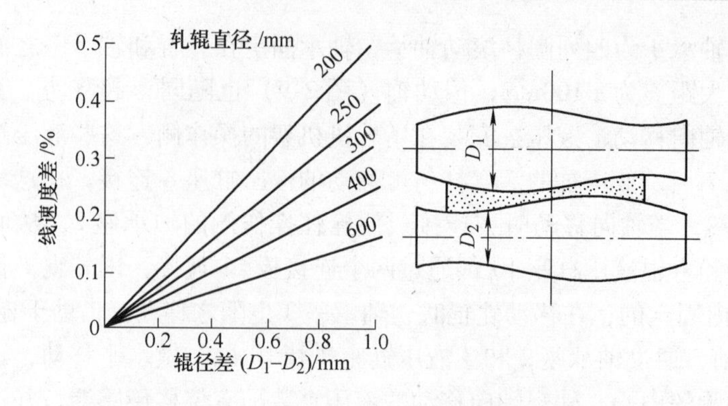

图 2-11　CVC 轧辊线速度差与辊径差的关系

钢后，支持辊的磨损量为 0.1 ~0.2mm，低于一般轧机支持辊的磨损量。

2.1.2.4　CVC 辊形对工作辊磨损的影响

CVC 辊形工作辊的磨损情况与一般轧辊没什么区别，磨损曲线基本相同，中间磨损基本是均匀的，两边局部磨损较为严重。这是由于同一宽度带钢边缘温度低、形状粗糙以及横向位移变形造成的。CVC 轧辊的直径差异会导致轧辊线速度差，一般情况差值为 0.05%，这么小的速度差与带钢的前滑值和后滑值相比是可以忽略的。在变形区内，仅黏着区的速度与轧辊的线速度相同，入口处的后滑速度差可以达到 40%~50%，前滑值也可以达到 1% 左右。因此，CVC 轧辊直径差所引起的速度差不会导致轧辊磨损不均匀的情况发生。

2.1.2.5　轧辊磨损对板形及带钢边部表面粗糙度的影响

轴向移动工作辊调节带钢凸度时，可能使带钢表面与轧辊表面接触区域的位移发生变化。一部分原来没有接触带钢表面的辊身被推入轧制带，与带钢表面接触。实验结果表明，这并未对带钢表面质量造成不利影响，没有引起带钢边缘粗糙、氧化铁皮增加等现象。

2.1.2.6　热凸度及磨损对 CVC 辊形的影响

轧辊的热凸度取决于辊身中部与边部的温度梯度，该温度梯度与工作辊的冷却水量分布、轧制节奏、轧制计划、轧件与轧辊接触时间及轧制温度等因素有关。在实际生产中，累计接触长度达 150m 后，轧辊的温度分布就已经基本稳定。轧辊的磨损只与轧件的接触长度、接触面的热负荷及变形区的几何形状有关。由试验可知，热凸度对辊形的影响比磨损要大，但轧制后 CVC 辊形依然良好。

2.1.3　CVC 轧机的特点

CVC 轧机自开发成功以来，获得了迅速的推广，因为它具有一系列的特点，其主要特点如下：

（1）不仅轧辊凸度可调的范围大，而且能连续调节，再加上液压弯辊系统，因而显著扩大了板形控制范围。不过，抽动 CVC 辊应在转动时，转速一定时，抽动速度越大，轴向力也越大，并且轧辊间顶紧力越大，轴向力也越大，在轧辊压靠顶紧与轧辊间有轧件时，前者的轴向力较后者的大。因此，最好在空载并仅有平衡装置的作用力下且转速较高时抽辊，此时抽辊力最小。在任何情况下，抽辊力应小于轧机所能提供的抽力与轴承所能承受的轴向力。

（2）仅一对磨好的轧辊就能满足多种轧制系统的需要，可大大提高轧机的适应能力，可轧制多种不同的合金，产品的宽度与厚度显著扩大，可连续改变轧制系统。

（3）轧辊工作时间显著延长，可大大减小换辊次数；通过量大，换辊时间短。

（4）轧制力下降，轧辊磨损减轻，轧辊位置更加稳定，道次压下量大，轧制道次可减到最少，带钢表面质量提高，带钢的边废料减少。

（5）轧机辊身长度迅速增加，轧制带钢的规格由宽带钢变为超宽带钢。一般来讲，2000mm 以上的带钢轧机可定义为超宽带钢轧机。目前，在国内建成投产的超宽带钢热连轧机有宝钢 2050mm、武钢 2250mm、鞍钢 2150mm ASP、太钢 2250mm、马钢 2250mm 等。除了鞍钢 2150mm ASP 外，其他的轧机均由德国西马克（SMS）公司供货，采用了 CVC 板形控制技术，取得了比较好的控制效果。但是，经过多年的研究发现，三次 CVC 辊形并不具备对高次浪形的控制能力，而对于目前越来越多的宽带钢轧机，尤其是 2000mm 以上的超宽带钢轧机，边中复合浪、1/4 浪、斜浪、小边浪、起筋浪等复杂浪形已逐渐成为生产中常见的浪形；另外，三次 CVC 辊形的凸度控制能力与带钢宽度之间呈抛物线关系，随带钢宽度减小，凸度控制能力下降较快，使得宽带钢轧机尤其是超宽带钢轧机在轧制窄带钢时表现出凸度控制能力的不足。

同时，CVC 技术在铝板带箔超宽轧机上得到了广泛应用。山东魏桥高精铝板带箔、新材料有限公司的主导产品为罐料（罐身料、罐盖料、拉环料）、PS 与 CTP 铝基板、铝箔坯料，为此引进了 2 台 CVC plus 6 单机架冷轧机与 1 条 CVC plus 6 三机架冷连轧生产线，它们都是西马克公司 2300mm 轧机，可生产带材的最大宽度 2150mm，已于 2013 年 12 月 28 日投产，由中国中冶所属中国十九冶集团有限公司承建。No. 1 单机架冷轧机可轧来料带材的最大厚度 10mm，产品带材的最薄厚度为 0.2mm。No. 2 单机架冷轧机及冷连轧机列的来料厚度为 0.3～3.5mm，No. 2 冷轧机可生产带材的最薄厚度为 0.1mm，连轧机产品的厚度为 0.15～1.6mm。这些冷轧机采用了当前最先进的技术：CVC plus 技术、工作辊和中间辊弯曲技术、边部热喷淋系统（Hot Edge Spray，HES），因而可在很宽的范围调控辊形，轧得板形良好与尺寸偏差严格一致的带材。吹扫系统可吹净带材表面的一切油液。

2.1.4 用于不同板形缺陷的控制方式

冷连轧机中间包含多种控制系统，如自动厚度控制（Automatic Gauge Control，AGC）、自动张力控制（Automatic Tension Control，ATC）、动态变规格控制（Flying Gauge Control，FGC）、自动板形控制（Profile Control and Flatness Control，PCFC）等。在带钢生产过程中，板形受大量非线性因素的影响，如轧辊原始凸度、弯辊力、轧制速度、温度分布及来料缺陷等。而且，轧制过程的动态特性使控制时难以考虑所有影响因素，因此板形控制十分复杂。

一个完整的板形控制系统中，预设定控制模块和反馈控制模块要同时存在，且相互不可替代。对于 CVC 轧机而言，常用的板形调节手段包括液压轧辊倾斜、液压弯辊、分段冷却和中间辊窜辊等。其中，液压轧辊倾斜主要用于消除线性板形缺陷，如单边浪；液压弯辊主要用于控制抛物线形的板形缺陷，如双边浪、中间浪等；乳液分段冷却用于控制其他形状的板形缺陷，如复合浪等。图 2-12 所示为针对不同板形缺陷的四辊和六辊 CVC 轧机控制方式示意图。

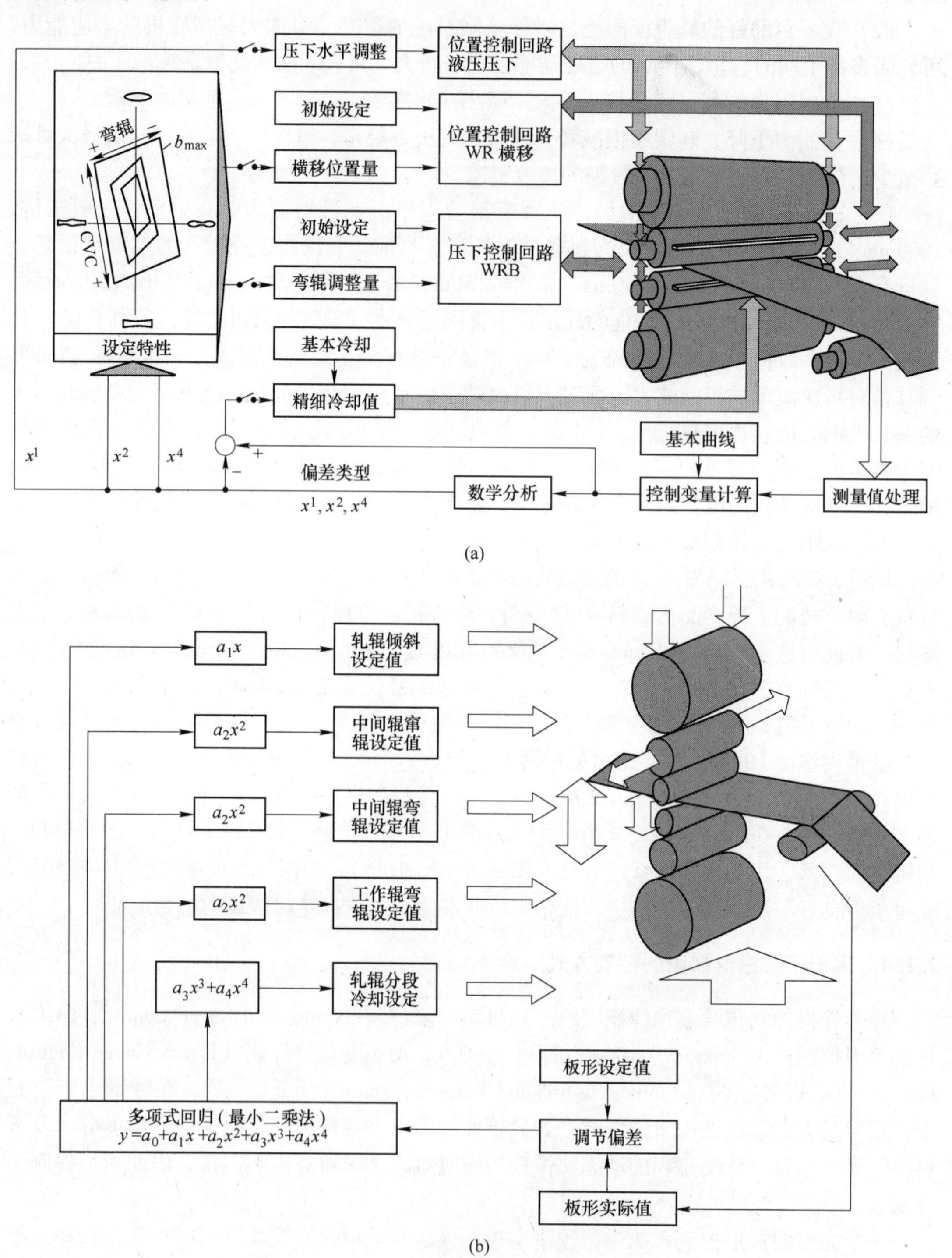

图 2-12　针对不同板形缺陷的控制方式示意图

（a）四辊 CVC 轧机；（b）六辊 CVC 轧机

对于一定宽度的带钢，在距两边一定位置处，带钢厚度急剧减小的现象称为边部减薄。边部减薄缺陷直接影响带钢的质量，如带有边部减薄的冷轧电工钢板用于电机或变压器会造成导磁性不均匀，影响电器设备的工作效能；用于深冲制品的冷轧板带有边部减薄，会降低材料的冲压成型性能。因此，边部减薄的控制成为板形控制的重要内容，引起世界各国的重视。

2.1.5　CVC 轧机的 SMS-EDC 边降控制技术

边部减薄是辊系变形和带钢金属三维变形共同造成的，主要有以下几方面因素：

（1）由于轧制过程中工作辊发生弹性压扁，因而轧辊在轧件边部的压扁量明显小于在中部的压扁量，相应地轧件发生边部减薄。

（2）对于一般的冷轧生产，轧辊原始辊形采用凹辊形，对应的辊缝为凸辊缝，在轧制过程中边部金属有较大的延伸趋势，引起轧件边部厚度发生较大变化。

（3）对于普通四辊冷轧机，带钢边部支持辊对工作辊产生一个有害的弯矩，这也是造成轧件边部减薄的原因。

（4）由于自由表面的影响，带钢边部金属和内部金属的流动规律不同。边部金属受到的侧向阻力比内部要小得多，所以金属除纵向流动外，还发生明显的横向流动，这会进一步降低边部区域的轧制力以及轧辊压扁量，使金属发生边部减薄。

SMS-EDC（Edge Drop Control）工作辊横移控制技术是由德国西马克公司于 20 世纪 90 年代开发的一种针对边部减薄控制的技术，其原理是增大工作辊在带钢区域的柔性并且实现轴向位移，承载辊缝开度在带钢边部区域变大，以改善边部减薄并适应不同宽度带材的轧制。增大工作辊柔性的办法是在工作辊端部开出一个较小的环形凹槽。SMS-EDC 轧机工作辊的结构如图 2-13 所示，与普通轧机工作辊的区别：

（1）该轧机工作辊在端部有开一环形槽，即所谓的柔性区。由于有柔性区，减小边部区域带钢与轧辊的接触压力，改变工作辊端部的压扁量，减少边部金属横向位移量，降低中心板凸度，有效地控制边部减薄量，提高板材的边部利用率。

（2）工作辊横移。通过工作辊大幅度的横移，可以适用于轧制不同宽度的板材；调整工作辊小范围的横移量，改变柔性区与带钢的接触长度，降低中心板凸度，控制边部减薄量，体现该轧机在边部减薄控制方面的优越性。

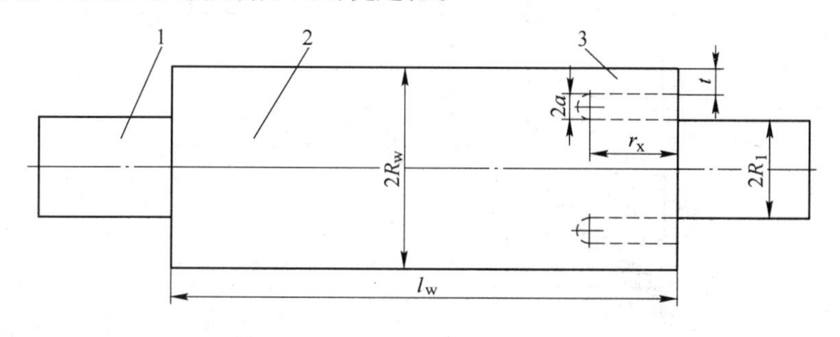

图 2-13　SMS-EDC 轧机工作辊示意图

1—工作辊辊径；2—工作辊辊身；3—工作辊柔性区

工作辊的基本尺寸参数有：轧辊辊身直径 $2R_w$、工作辊辊身长度 l_w、柔性区辊身长度 r_x、柔性区辊环厚度 t、工作辊辊径 $2R_1$、工作辊柔性区端部结构的设计等。

SMS-EDC 技术可用于六辊 CVC 轧机的工作辊，中间辊采用 CVC 辊形，既可对凸度和平坦度进行控制，又可对带钢边部减薄进行控制，如图 2-14 所示。

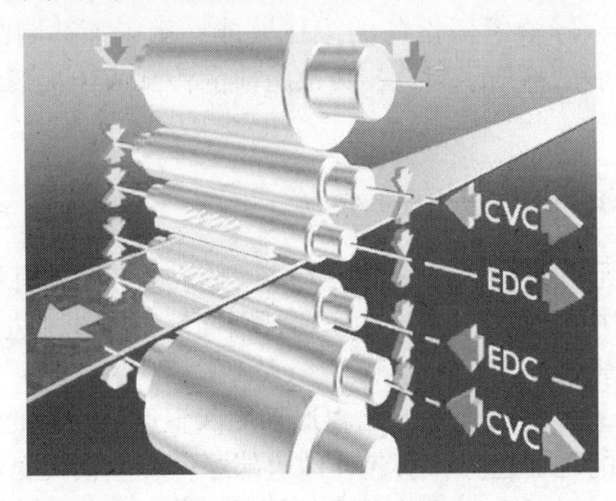

图 2-14　六辊 CVC 轧机

武钢 2180mm 六辊 CVC 冷连轧机于 2005 年年底建成投产，设计年产量 215 万吨，产品定位于轿车用板及高档家电用板。主要工艺机组包括酸洗-轧机联合机组 1 条、连续退火机组 1 条、热镀锌机组 3 条等。其酸洗连轧机组机械部分主要由德国西马克-德马格公司（SMS-DEMAG）设计制造，控制部分由西门子（Siemens）公司引进。连轧机组装备 2180mm 五机架 6 辊 CVC 轧机是我国目前辊身最长、所轧带钢宽度最大的冷连轧机。其板形控制系统具有下述特点（图 2-15）：第 1 至第 5 机架（S1 ~ S5）同类轧辊具有相同的辊形，工作辊为凸度辊或 SMS-EDC 工作辊，中间辊采用 CVC 辊形，支持辊采用带有边部倒角的平辊；中间辊可以在线窜辊，工作辊和中间辊均具有正、负弯辊能力；第 1 和第 5 机架后装备有板形仪，并能够利用板形仪的测量值进行闭环控制，参与板形闭环控制的有压

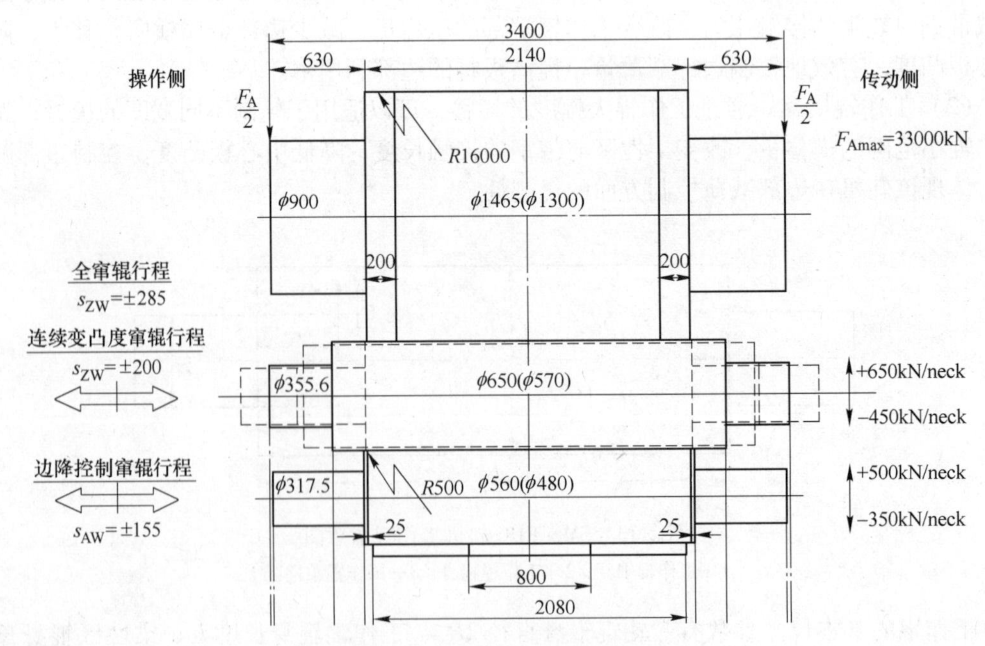

图 2-15　轧机板形调控手段

下偏斜、工作辊正负弯辊、中间辊正负弯辊、中间辊窜辊等机械手段，第 5 机架还有分段冷却手段。

2.2　CVC 辊形的不同表达形式

CVC（Continuously Variable Crown）连续可变凸度辊形是 1982 年由德国施罗曼-西马克（简称 SMS）公司研制的一种控制板形的新方法。目前，世界上已有超过 150 架各类轧机采用了 CVC 技术。但是，往往由于生产钢种、规格以及工况等因素变化，初始给定的 CVC 设计辊形并不能满足生产过程中的板形控制要求，需要进行辊形优化。在辊形优化前，需要对其各种表达形式进行分析。

（1）标准 CVC 曲线。

$$D(x) = a_0 + a_1 x + a_3 x^3 \tag{2-1}$$

说明：1）坐标原点为辊身中心位置；2）曲线为点对称曲线；3）初始（不窜辊）时，辊缝凸度为零；4）直径差为 ΔD（辊身内最大直径 D_1 与最小直径 D_2 之差）；5）最大或最小直径位置距坐标原点的距离为 e；6）原点处的直径为 D_0。

（2）常规 CVC 曲线 1。常规 CVC 曲线 1 是标准 CVC 曲线经过辊形曲线沿 x 坐标方向延伸截取得到的，坐标原点在辊身内。

$$D(x) = a_0 + a_1(x - s_0) + a_3(x - s_0)^3 \tag{2-2}$$

说明：1）坐标原点在辊身中心位置；2）它是标准曲线向 x 正方向移动 s_0 得到的，相当于标准辊形进行了窜辊；3）初始辊缝凸度不为零；4）直径差为 ΔD（辊身内最大直径 D_1 与最小直径 D_2 之差）；5）最大或最小直径位置距坐标 s_0 点的距离为 e。

（3）常规 CVC 曲线 2。常规 CVC 曲线 2 是常规 CVC 曲线 1 经过坐标平移 $\frac{L}{2}$ 而得到的，坐标原点在辊身的端部。以上辊为例，将坐标原点移到辊身最左端得：

$$D(x) = a_0 + a_1\left(x - \frac{L}{2} - s_0\right) + a_3\left(x - \frac{L}{2} - s_0\right)^3 \tag{2-3}$$

说明：1）坐标原点在辊身端部；2）它相当于标准曲线向 x 正方向移动 $\frac{L}{2} + s_0$ 而得到的，也相当于常规 CVC 曲线 1 向 x 正方向平移 $\frac{L}{2}$ 而得到的，此时初始辊缝凸度不为零；3）它与常规 CVC 曲线 1 表示的是同一种曲线；4）直径差为 ΔD（辊身内最大直径 D_1 与最小直径 D_2 之差）；5）最大或最小直径位置距坐标 s_0 点的距离为 e。

（4）通用 CVC 辊形曲线。以上辊为例，通用的 CVC 曲线方程可以表示如下：

$$D(x) = a_0 + a_1(x - x_0) + a_3(x - x_0)^3 \tag{2-4}$$

说明：1）当原点在辊身中点时，$x_0 = s_0$，即常规 CVC 曲线 1；2）当原点在辊身左端时，$x_0 = \frac{L}{2} + s_0$，即常规 CVC 曲线 2；3）当原点在辊身右端时，$x_0 = -\frac{L}{2} + s_0$，也为常规 CVC 曲线 2；4）当 $x_0 = 0$ 时，辊形曲线为标准 CVC 曲线。

将式（2-4）展开得：

$$\begin{aligned} D(x) &= a_0 + a_1 x - a_1 x_0 + a_3 x^3 - 3a_3 x_0 x^2 + 3a_3 x_0^2 x - a_3 x_0^3 \\ &= (a_0 - a_1 x_0 - a_3 x_0^3) + (a_1 + 3a_3 x_0^2)x + (-3a_3 x_0)x^2 + a_3 x^3 \end{aligned}$$

$$= A_0 + A_1x + A_2x^2 + A_3x^3$$

对比系数得：

$$\begin{cases} A_1 = a_1 + 3a_3x_0^2 \\ A_2 = -3a_3x_0 \\ A_3 = a_3 \end{cases}$$

进而有：

$$\begin{cases} x_0 = -\dfrac{A_2}{3A_3} \\ a_1 = A_1 - \dfrac{A_2^2}{3A_3} \\ a_3 = A_3 \end{cases}$$

若是下辊，则有：

$$\begin{cases} x_0 = \dfrac{A_2}{3A_3} \\ a_1 = -A_1 + \dfrac{A_2^2}{3A_3} \\ a_3 = -A_3 \end{cases}$$

（5）参数计算。如图2-16所示，以坐标原点在辊身中心的常规CVC辊形曲线为例（因为其他曲线都可以由它得到），进行凸度和调节范围等参数的计算。

1）上辊与下辊的关系。常规CVC辊形曲线的方程为：

$$D(x) = a_0 + a_1(x - s_0) + a_3(x - s_0)^3 \tag{2-5}$$

该曲线共有四个未知参数。其中，a_0 与轧辊的各点直径有关，它不改变辊形。剩余三个参数 a_1，a_3，s_0 待求。

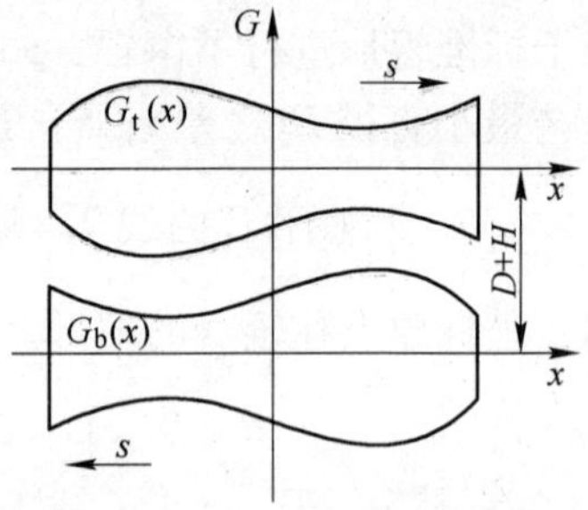

设上辊CVC曲线为：

$$D_t(x) = D(x)$$

图2-16　工作辊辊形及辊缝

在不考虑名义直径差别的情况下，下辊可以用上辊表示：

$$D_b(x) = D_t(-x)$$

所以有：

$$D_b(x) = D(-x)$$

2）辊缝的计算。由图2-16可见，辊缝是由上辊的下沿和下辊的上沿围成的，设上辊的窜辊量为 s，且上辊窜向 x 正方向，下辊窜向 x 负方向，则上辊的下沿可以定义为：

$$G_t(x) = -\frac{1}{2}D_t(x - s) = -\frac{1}{2}D(x - s)$$

下辊上沿为：

$$G_b(x) = \frac{1}{2}D_b(x + s) = \frac{1}{2}D(-x - s)$$

辊缝为：

$$G(x) = G_t(x) - G_b(x) = -\frac{1}{2}D(x-s) - \frac{1}{2}D(-x-s)$$

将式（2-5）代入得：

$$\begin{aligned}G(x) &= -\frac{1}{2}\{[a_0 + a_1(x-s_0-s) + a_3(x-s_0-s)^3] + [a_0 + a_1(-x-s_0-s) + \\ &\quad a_3(-x-s_0-s)^3]\} \\ &= [-a_0 + a_1(s+s_0) + a_3(s+s_0)^3] + 3a_3(s+s_0)x^2\end{aligned}$$

可见，三次 CVC 辊形形成的辊缝是二次对称的，其辊缝凸度为：

$$C_G = G(0) - G\left(\pm\frac{L}{2}\right) = -3a_3(s+s_0)\left(\frac{L}{2}\right)^2$$

3）凸度计算。对于一对凸度相同的简单凸度辊，根据定义可知轧辊的凸度与辊缝的凸度大小相等、符号相反。尽管 CVC 工作辊不是简单定义的凸度辊，看似不能用凸度来计量，但其形成的辊缝与简单凸度辊形成的辊缝相同。所以，CVC 的辊形仍可以用凸度来表征。不过该凸度不是从 CVC 辊形上直接测到的，而是由其形成的辊缝来求出，即用辊缝凸度变换符号来表示 CVC 轧辊凸度。

轧辊凸度 C 为：

$$C = -C_G = 3a_3(s+s_0)\left(\frac{L}{2}\right)^2$$

可见，凸度 C 是与窜辊量 s 呈线性关系变化。

设窜辊量 s 的范围为 $s_1 \sim s_2$，则轧辊凸度为：

$$C_1 = 3a_3(s_1+s_0)\left(\frac{L}{2}\right)^2$$

$$C_2 = 3a_3(s_2+s_0)\left(\frac{L}{2}\right)^2$$

无窜辊时，初始凸度为：

$$C_0 = 3a_3s_0\left(\frac{L}{2}\right)^2$$

凸度调节量为：

$$\Delta C = C_2 - C_1 = 3a_3(s_2-s_1)\left(\frac{L}{2}\right)^2$$

凸度调节率为：

$$K = \frac{\Delta C}{\Delta s} = \frac{C_2 - C_1}{s_2 - s_1} = 3a_3\left(\frac{L}{2}\right)^2$$

4）CVC 辊形系数的计算。CVC 辊形系数的计算是根据凸度调节范围进行设计计算的，而凸度调节范围是 CVC 辊形设计中最重要的设计要求之一。

三次 CVC 辊形有三个待求参数：a_1，a_3，s_0。如果窜辊量（$s_1 \sim s_2$）和凸度调节范围（$C_1 \sim C_2$）已知，则 a_3 和 s_0 可以确定：

$$a_3 = \frac{1}{3}\frac{C_2 - C_1}{s_2 - s_1}\left(\frac{2}{L}\right)^2$$

$$s_0 = \frac{C_1s_2 - C_2s_1}{C_2 - C_1}$$

但是，在没有其他条件的情况下，系数 a_1 无法确定。根据以上推导过程中凸度的定义、窜辊方向的定义（x 正向抽动为正窜）以及 $C_1 < C_2$，$s_1 < s_2$ 的条件有：$a_3 > 0$。

（6）三次 CVC 辊形的形状分析。

1）直径分析。连续变凸度技术的辊形外形特征

如图 2-17 所示，标示出四个直径：

左端直径：$$D_L = D\left(-\frac{L}{2}\right) = a_0 + a_1\left(-\frac{L}{2} - s_0\right) + a_3\left(-\frac{L}{2} - s_0\right)^3$$

右端直径：$$D_R = D\left(\frac{L}{2}\right) = a_0 + a_1\left(\frac{L}{2} - s_0\right) + a_3\left(\frac{L}{2} - s_0\right)^3$$

极大值处直径 D_1 和极小值处直径 D_2。下面求极大值和极小值直径对应的位置。

对式（1-5）进行求导，并令导函数等于零，即 $D'(x) = 0$，得到两极限位置为：

$$x_e = s_0 \pm \sqrt{\frac{-a_1}{3a_3}} = s_0 \pm e \quad e = \sqrt{\frac{-a_1}{3a_3}}$$

得：

$$D_1 = a_0 - \frac{2}{3}ea_1$$

$$D_2 = a_0 + \frac{2}{3}ea_1$$

根据以上直径求直径差：$\Delta D = D_1 - D_2 = -\frac{4}{3}ea_1 = -\frac{4}{3}\sqrt{-\frac{a_1}{3a_3}}a_1$

端部直径差：$\Delta D_{RL} = D_R - D_L = a_1 L + a_3\left(\frac{L^3}{4} + 3Ls_0^2\right)$

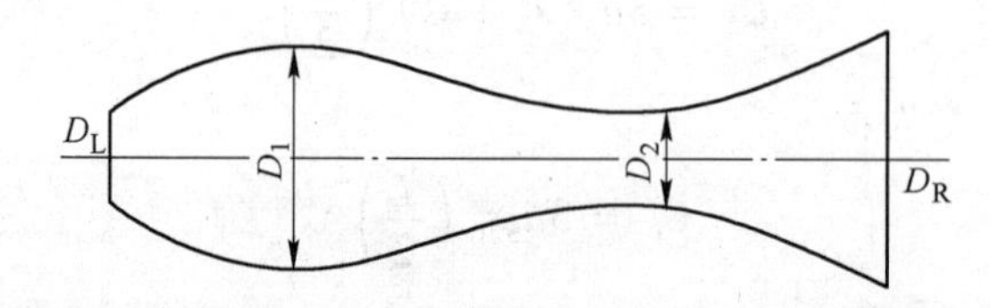

图 2-17　连续变凸度技术的辊形外形特征

2）辊形曲线变形。

由上述推导得：

$$a_1 = -\frac{3\Delta D}{4e}$$

$$a_3 = \frac{\Delta D}{4e^3}$$

可得：

$$D(x) = a_0 - \frac{3\Delta D}{4e}(x - x_0) + \frac{\Delta D}{4e^3}(x - x_0)^3$$

或

$$D(x) = a_0 + \frac{\Delta D}{4e^3}[(x - x_0)^3 - 3e^2(x - x_0)]$$

$$= a_0 + a_3[(x - x_0)^3 - 3e^2(x - x_0)]$$

2.3　工作辊辊形设计原则

通常情况下，窜辊量（$s_1 \sim s_2$）和凸度调节范围（$C_1 \sim C_2$）根据生产的实际情况可以给定，相当于给定了辊形设计的两个基本条件，其他的条件需要结合辊形的设计过程和生产的实际情况进行选取。常见的工作辊辊形设计原则（或称为参数选取原则）有如下几种：

（1）辊径差最小化。轧辊辊径差较大会导致过大的轧辊圆周速度差，一般在轧辊辊形设计时，为减小轧辊圆周速度差，提高轧制稳定性，常采用辊径差最小化作为设计原则。工作辊的辊身中间部分是板带轧制区域，辊径差较大容易造成板带轧制时的不稳定。所以在设计辊形时，有时（特别是在热轧）需要适当加大工作辊两端边部的辊径差来减小中间部分的辊径差，而边部辊形曲线通过修形改善即可。

（2）凸度比恒定。凸度比通常情况下不恒定，凸度比随窜辊位置的变化而变化，并且在窜辊过程中，二次凸度发生变化，四次凸度同时也发生变化，二次凸度和四次凸度存在耦合，给板形控制带来了困难。所以，通常在进行辊形设计时，可给出工作辊不窜辊（窜辊量为零）时的凸度比，或给出工作辊处于最大和最小量时的凸度比。凸度比的大小要根据实际生产情况适当选择。

（3）轴向力最小化。轴向移位变凸度技术所采用辊形曲线通常情况下为不对称辊形，辊形的不对称性导致不可避免地会产生轴向力，对板带生产工艺产生不利影响。经调查发现，工作辊轴向力过载还是轴承烧损的主要原因，严重时可能引起轧辊损坏，产生更大损失。因此，在轧辊辊形设计中，应该尽量减小轴向力，使其产生的影响达到最小。

（4）轧件水平原则。在理论设计和计算中，工艺上要求轧机轧出的轧件符合标准要求的形状，如图2-18所示。图中$2B$为轧件宽度。轧制工艺要求轧件在宽度方向上左、右两端厚度相同，同时也要求轧制出来的轧件是水平的，如果只保证轧制出来的轧件沿宽度方向上厚度一致，有可能出现轧件在宽度方向上倾斜的情况，不能确保轧件在宽度方向是水平的，所以图2-18中轧件左、右两端的上端点在上轧辊辊形曲线上应处于同一水平高度，即：

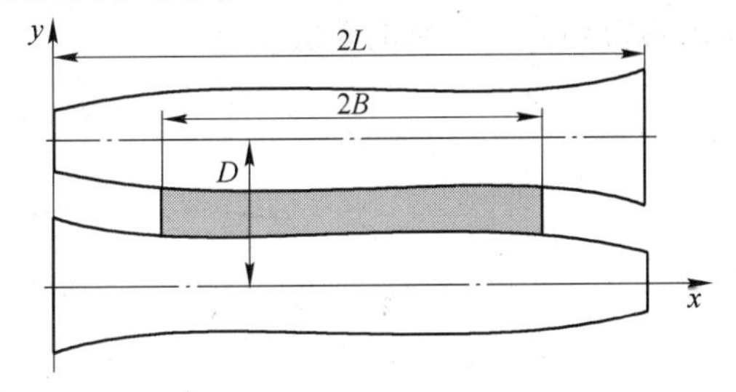

图2-18　工作辊和轧件示意图

$$R(L-B)=R(L+B)$$

2.4　基于最小轴向力的工作辊辊形设计流程

带钢作用于轧辊的力如图2-19所示。其中，$\mathrm{d}F_1$为轧制应力单元，$\mathrm{d}F_2$为轴向应力单元。由图可得：

$$\frac{\mathrm{d}F_2}{\mathrm{d}F_1}=\frac{\mathrm{d}y}{\mathrm{d}x}$$

假设在具体的轧制过程中，轧制力为常数，即$\frac{\mathrm{d}F_1}{\mathrm{d}x}=p_0$，作用于宽度为$2b$的带钢上的总轴向力：

$$F_2 = \int_{y_{u1}(L-b)}^{y_{u1}(L+b)} p_0 \mathrm{d}y = p_0[y_{u1}(L+b) - y_{u1}(L-b)]$$

定义辊形对轴向力大小的影响系数 R 为：

$$R = [y_{u1}(L+b) - y_{u1}(L-b)]^2$$

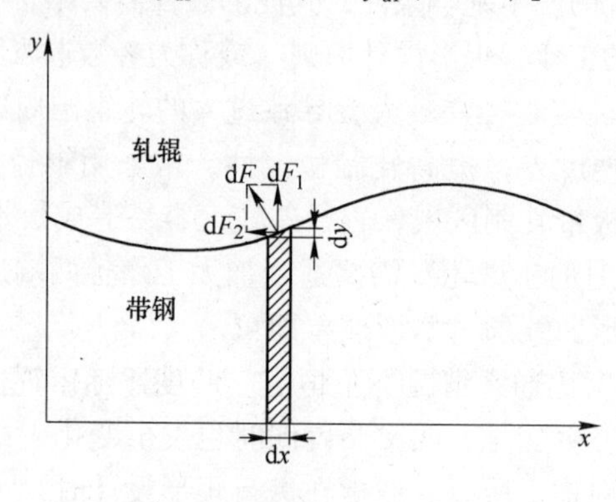

图 2-19　轧辊受力分析

2.5　基于最小轴向力的三次 CVC 工作辊辊形设计

2.5.1　三次 CVC 工作辊辊形设计

如图 2-20 所示，CVC 辊形曲线呈 S 形，上、下辊反对称布置，通过 S 形工作辊的轴向窜辊得到连续变化的辊缝形状。

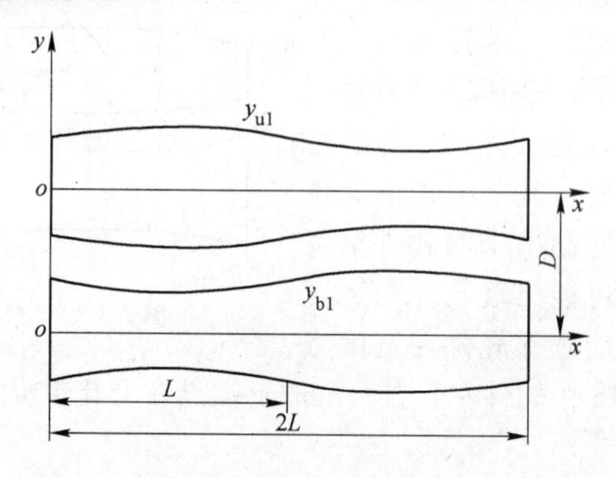

图 2-20　CVC 轧机辊形曲线

CVC 辊形曲线参数的确定。上、下辊朝相反方向移动距离 s，上、下辊辊形曲线分别为：

$$y_{u1}(x) = A_0 + A_1(x-s) + A_2(x-s)^2 + A_3(x-s)^3$$

$$y_{b1}(x) = A_0 + A_1(2L-x-s) + A_2(2L-x-s)^2 + A_3(2L-x-s)^3$$

轧辊轴向窜辊后的辊缝函数为：

$$\begin{aligned} g(x) &= D - y_{u1}(x) - y_{b1}(x) \\ &= 2[3A_3(s-L) - A_2](x-L)^2 + 2[A_3(s-L)^3 - A_2(s-L)^2 + A_1(s-L) - A_0] + D \end{aligned}$$

辊缝的等效凸度为：

$$C_e = g(0) - g(L) = 6A_3L^2s - (6A_3L + 2A_2)L^2$$

(1) A_2 和 A_3 的确定。假定轧辊轴向窜辊范围为 $[S_1, S_2]$，其对应的辊缝凸度取值范围为 $[C_1, C_2]$。辊缝凸度与轧辊轴向移动距离之间存在线性关系：

$$\begin{cases} C_1 = C_e(S_1) = 6A_3L^2S_1 - (6A_3L + 2A_2)L^2 \\ C_2 = C_e(S_2) = 6A_3L^2S_2 - (6A_3L + 2A_2)L^2 \end{cases}$$

联立方程解得：

$$A_2 = -\frac{C_1}{2L^2} + 3A_3(S_1 - L)$$

$$A_3 = \frac{C_1 - C_2}{6L^2(S_1 - S_2)}$$

(2) A_1 的确定。利用轴向力最小化原理，定义辊形对轴向力大小的影响系数 R：

$$R = [y_{u1}(L + b) - y_{u1}(L - b)]^2 = 4b^2[A_1 + 2A_2(L - s) + 3A_3(L - s)^2 + A_3b^2]^2$$

可以看出，R 值只与 A_1、b 和 s 的取值有关。利用数值解法，根据影响系数 R 最小化原则来确定 A_1 的值：

1）确定出 n 个 A_1，计算每个 A_1 值在 s 和 b 允许范围内所对应的最大 R 值；

2）比较不同 A_1 值所对应的不同最大 R 值，从中确定出最小的 R 值，对应于最小 R 值的 A_1 即为所求。

A_1 求解流程如图 2-21 所示。

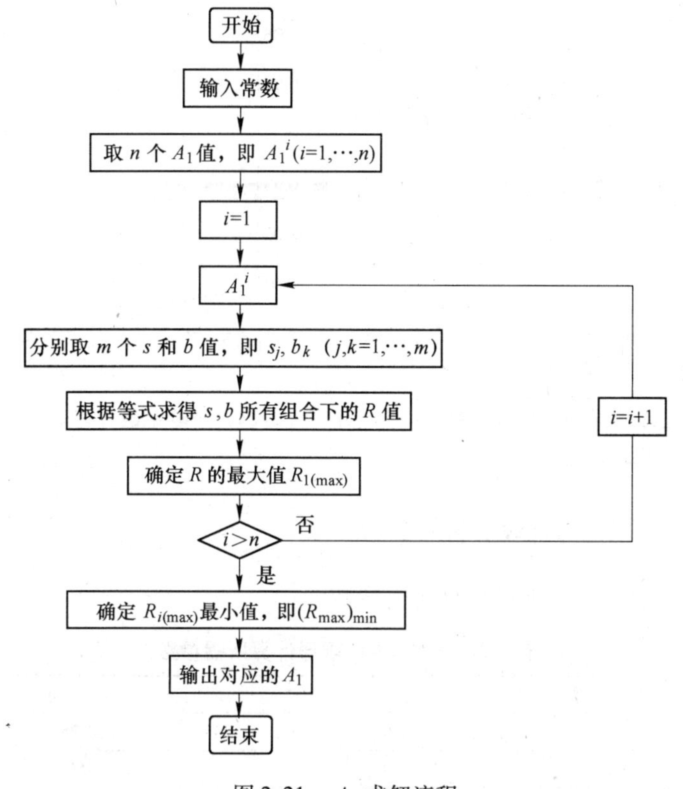

图 2-21 A_1 求解流程

(3) A_0 的确定。轧辊无轴向移动情况下，令 CVC 轧辊辊身中点的辊径等于名义直径，即 $y_{u0}(L)=\frac{D_R}{2}$，则：

$$A_0=\frac{D_R}{2}-A_1L-A_2L^2-A_3L^3$$

2.5.2　辊形对轴向力大小的影响系数 *R*

表 2-1 列出了基于最小轴向力所计算的辊形数据。

表 2-1　基于最小轴向力的 CVC 辊形系数计算结果　(mm)

参　数	计 算 结 果
A_0	354.8484
A_1	4.3991×10^{-5}
A_2	3.8549×10^{-6}
A_3	-1.0420×10^{-7}

图 2-22 是基于最小轴向力所计算的 CVC 工作辊辊形曲线。图 2-23 显示了基于最小轴向力所设计的 CVC 工作辊辊形曲线在不同带钢宽度下影响系数 *R* 的分布情况。由图 2-23 可以看出，当带钢宽度为 1300 ~ 1400mm 时，影响系数达到最小，而当宽度变小或变大时，影响系数都将变大。

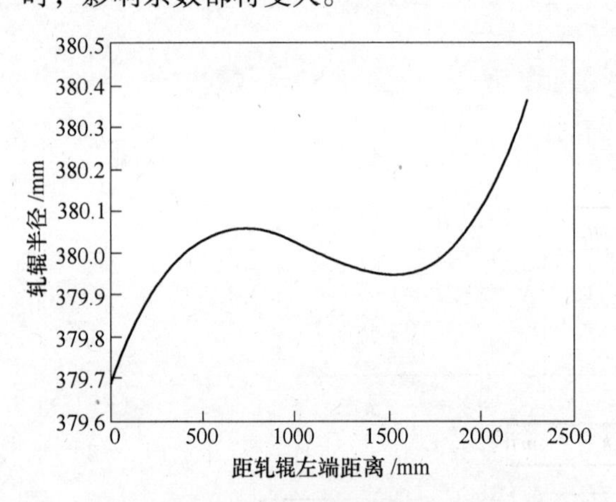

图 2-22　基于最小轴向力所计算的 CVC 工作辊辊形曲线

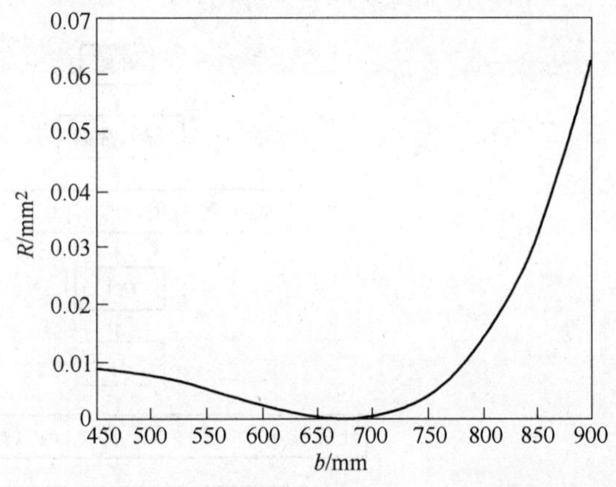

图 2-23　影响系数 *R* 随着带钢宽度的变化情况

2.5.3　三次 CVC 辊形曲线形状分析

表 2-2 列出了三次 CVC 辊形计算所需参数。

表 2-2　三次 CVC 辊形计算所需参数　(mm)

参　数	数　值
L	1125
D_R	760
C_{min}	-0.34

续表 2-2

参　数	数　值
C_{max}	0.27
s_{min}	-100
s_{max}	100
b_{min}	450
b_{max}	950

结合表 2-2 所提供的参数，即可求出基于最小轴向力的三次 CVC 工作辊辊形曲线为：

$$y(x) = 379.6709 + 0.0013x - 1.3417 \times 10^{-6}x^2 + 4.0165 \times 10^{-10}x^3$$

上述计算所得 CVC 辊形曲线为三次形式，下面推导三次辊形曲线极大值和极小值所在位置。

对辊形曲线方程 $y(x) = A_0 + A_1x + A_2x^2 + A_3x^3$ 进行求导，令导函数等于零，即：

$$y'(x) = A_1 + 2A_2x + 3A_3x^2 = 0$$

则

$$x_{1,2} = -\frac{A_2}{3A_3} \pm 2\sqrt{A_2^2 - 3A_1A_3}$$

代入 A_1、A_2 和 A_3 的值即可求得：

$$\begin{cases} x_1 = -\dfrac{A_2}{3A_3} + 2\sqrt{A_2^2 - 3A_1A_3} = 1514.7101 \\ x_2 = -\dfrac{A_2}{3A_3} - 2\sqrt{A_2^2 - 3A_1A_3} = 712.2702 \end{cases}$$

通过上述计算发现，CVC 辊形的极值点大约出现在距离辊身左端面 $\dfrac{L}{2}$ 和 $\dfrac{3L}{2}$ 处。

2.6 基于最小轴向力的五次 CVC 工作辊辊形设计

三次 CVC 辊形理论上不能对高次凸度（或称四次凸度）进行控制。所以，可以采用 CVC plus（或 CVC^+）辊形来改善板形的高次凸度，其中五次 CVC 辊形是 CVC plus 中最简单的一种。

2.6.1 五次 CVC 辊形及辊缝凸度计算

上、下工作辊朝相反方向移动距离 s 时，五次 CVC 轧机上、下辊辊形曲线分别为：

$$\begin{cases} y_u(x) = A_0 + A_1(x-s) + A_2(x-s)^2 + A_3(x-s)^3 + A_4(x-s)^4 + A_5(x-s)^5 \\ y_b(x) = A_0 + A_1(2L-x-s) + A_2(2L-x-s)^2 + A_3(2L-x-s)^3 + \\ \qquad A_4(2L-x-s)^4 + A_5(2L-x-s)^5 \end{cases}$$

此时，辊缝函数可表示为：

$$g(x) = D - y_u(x) - y_b(x) = g_0(x) + g_2(x) + g_h(x)$$

其中，$g_0(x)$、$g_2(x)$ 和 $g_h(x)$ 分别代表辊缝函数 $g(x)$ 所分解的常数项、二次项和高次项，且它们满足如下关系：

$$\begin{cases} g_0(x) = a \\ g_2(0) = g_2(2L) = 0 \\ g_h(0) = g_h(L) = g_h(2L) = 0 \end{cases}$$

根据上述关系可得出辊缝的二次凸度：

$$C_w = g_2(L) - g_2(0) = g(L) - g(0)$$

设 $g_2(x) = b_1 + b_2x + b_3x^2$，则有：

$$\begin{cases} g_2(0) = b_1 = 0 \\ g_2(2L) = b_1 + 2b_2L + 4b_3L^2 = 0 \Rightarrow b_2 = -2b_3L \end{cases}$$

可得出二次项 $g_2(x)$ 与 C_w 之间关系：

$$g_2(x) = C_w\left[\frac{2x}{L} - \left(\frac{x}{L}\right)^2\right]$$

因此，$g(x)$ 中的高次项：

$$g_h(x) = g(x) - g_2(x) - g_0(x) = g(x) - g_0(x) - C_w\left[\frac{2x}{L} - \left(\frac{x}{L}\right)^2\right]$$

辊缝的高次凸度：

$$C_h = g_h\left(\frac{L}{2}\right) - g_h(L) = g\left(\frac{L}{2}\right) - g(L) + \frac{1}{4}C_w$$

辊缝的二次凸度：

$$\begin{aligned} C_w &= g(L) - g(0) \\ &= D - y_u(L) - y_b(L) - D + y_u(0) + y_b(0) \\ &= [y_u(0) - y_u(L)] + [y_b(0) - y_b(L)] \\ &= \alpha_1A_5 + \alpha_2A_4 + \alpha_3A_3 + \alpha_4A_2 \end{aligned}$$

其中：

$$\begin{cases} \alpha_1 = 10L^2(3L^3 - 7L^2s + 6Ls^2 - 2s^3) \\ \alpha_2 = 2L^2(7L^2 - 12Ls + 6s^2) \\ \alpha_3 = 6L^2(L - s) \\ \alpha_4 = 2L^2 \end{cases}$$

辊缝的高次凸度：

$$\begin{aligned} C_h &= g_h\left(\frac{L}{2}\right) - g_h(L) = \left[g\left(\frac{L}{2}\right) - g_0\left(\frac{L}{2}\right) - g_2\left(\frac{L}{2}\right)\right] - [g(L) - g_0(L) - g_2(L)] \\ &= g\left(\frac{L}{2}\right) - g(L) + \frac{C_w}{4} = \left[y_u(L) - y_u\left(\frac{L}{2}\right)\right] + \left[y_b(L) - y_b\left(\frac{L}{2}\right)\right] + \frac{C_w}{4} \\ &= \beta_1A_5 + \beta_2A_4 \end{aligned}$$

其中：

$$\begin{cases} \beta_1 = \dfrac{15}{8}L^4(L - s) \\ \beta_2 = \dfrac{3}{8}L^4 \end{cases}$$

而辊缝凸度与轧辊等效凸度大小相等、符号相反，其两者之间关系如下：

$$\begin{cases} C_{rw} = -C_w \\ C_{rh} = -C_h \end{cases}$$

且近似认为两窜辊极限位置凸度比相同，即：

$$R_C = \frac{C_{rw}}{C_{rh}} = \frac{C_w}{C_h} = \text{常数}$$

2.6.2 五次 CVC 辊形曲线参数的确定

2.6.2.1 $A_2 \sim A_5$的确定

当 CVC 工作辊沿轴向窜动到最大位置 s_{max}、s_{min}时，对应于 CVC 轧辊的二次等效凸度分别为 $C_{rw,max}$、$C_{rw,min}$，对应于 CVC 轧辊高次等效凸度分别为 $C_{rh,max}$、$C_{rh,min}$，此时，轧辊的等效凸度与窜辊量之间存在如下关系：

$$\begin{cases} C_{rw,max} = -\alpha_1(s_{max},L)A_5 - \alpha_2(s_{max},L)A_4 - \alpha_3(s_{max},L)A_3 - \alpha_4(s_{max},L)A_2 \\ C_{rh,max} = -\beta_1(s_{max},L)A_5 - \beta_2(s_{max},L)A_4 \end{cases}$$

$$\begin{cases} C_{rw,min} = -\alpha_1(s_{min},L)A_5 - \alpha_2(s_{min},L)A_4 - \alpha_3(s_{min},L)A_3 - \alpha_4(s_{min},L)A_2 \\ C_{rh,min} = -\beta_1(s_{min},L)A_5 - \beta_2(s_{min},L)A_4 \end{cases}$$

上述方程组代入辊缝二次及高次凸度表达式，结合表 2-3 列出的计算所需参数，联立四个方程即可求出 $A_2 \sim A_5$ 的值。

表 2-3 计算五次 CVC 辊形所需参数 (mm)

参 数	工况 1	工况 2
辊身长度 $2L$	1650	1900
轧辊直径 D_R	ϕ710	ϕ710
轧辊最大二次等效凸度 $C_{rw,max}$	0.168	0.168
轧辊最小二次等效凸度 $C_{rw,min}$	-0.223	-0.223
最大窜辊量 s_{max}	100	100
最小窜辊量 s_{min}	-100	-100
宽度范围 $2b$	850 ~ 1300	850 ~ 1500
凸度比 R_c	-1.1165	-1.1165

2.6.2.2 A_1的确定

轧辊受力情况与上述三次 CVC 辊形类似，可近似地定义辊形对轴向力大小的影响系数 R：

$$\begin{aligned} R &= [y_u(L+b) - y_u(L-b)]^2 \\ &= \{2bA_1 + A_2[(L+b-s)^2 - (L-b-s)^2] + A_3[(L+b-s)^3 - (L-b-s)^3] + \\ &\quad A_4[(L+b-s)^4 - (L-b-s)^4] + A_5[(L+b-s)^5 - (L-b-s)^5]\}^2 \end{aligned}$$

可以看出，上述公式中，L 已知，$A_2 \sim A_5$ 也已求出。R 的值就只与 A_1、b 和 s 的取值有关。根据影响系数 R 最小化原则即可确定 A_1 的值。结合表 2-4 所提供的计算五次 CVC 辊形曲线所需的数据，就可求得 A_1 的值。

表 2-4 五次 CVC 辊形系数比较（工况 1） (mm)

参 数	计算结果	SMS 公司提供结果
A_0	354.849	354.706
A_1	0.43991×10^{-3}	0.612282×10^{-3}
A_2	0.38549×10^{-5}	0.437972×10^{-5}
A_3	-0.10420×10^{-7}	-0.118330×10^{-7}
A_4	0.81738×10^{-11}	0.933493×10^{-11}
A_5	-0.20159×10^{-14}	$-0.231924 \times 10^{-14}$

2.6.2.3　A_0 的确定

轧辊无轴向移动情况下，CVC 轧辊中心辊径等于名义直径，即 $y_{u0}(L)=\frac{D_R}{2}$，则：

$$A_0=\frac{D_R}{2}-A_1L-A_2L^2-A_3L^3-A_4L^4-A_5L^5$$

图 2-24 给出了表 2-4 所示的两种工况下的五次 CVC 辊形曲线。

表 2-4 分别列出了工况 1 下，通过轴向力最小化原则计算所得的辊形数据与 SMS 公司提供的辊形数据，图 2-25 则对比了根据两者提供数据计算所得的五次 CVC 工作辊辊形。

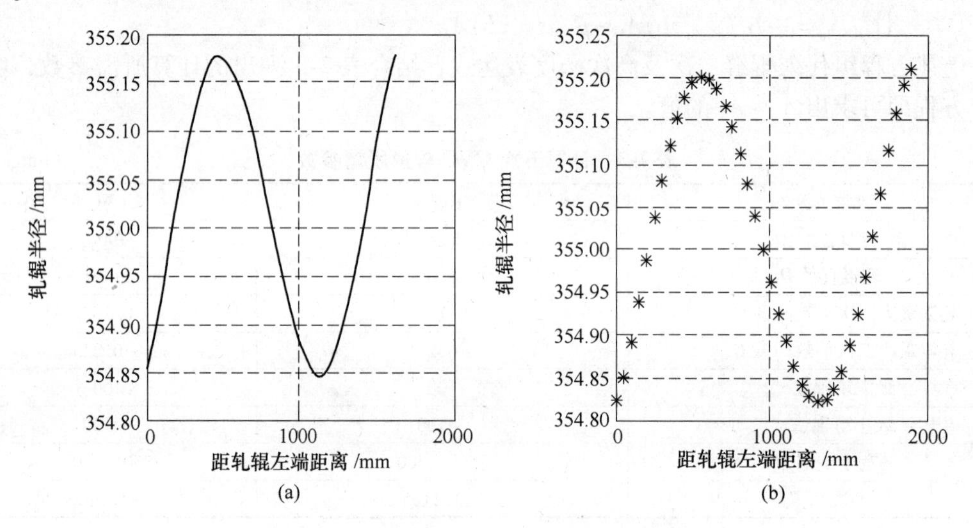

图 2-24　两种工况下的五次 CVC 辊形曲线
(a) 工况 1；(b) 工况 2

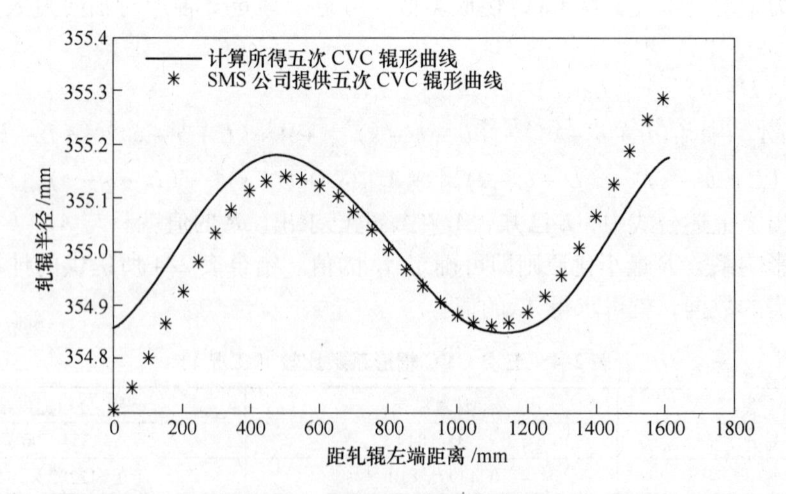

图 2-25　五次 CVC 辊形曲线对比

3 不同轴向移位变凸度技术应用研究

3.1 热轧精轧 CVC 工作辊辊形研究

3.1.1 CVC 工作辊使用情况及存在的问题

1982 年原西德施罗曼-西马克（SMS）公司开发了凸度可连续变化的 CVC（Continuously Variable Crown）技术，在目前的宽带钢板形控制领域中占有很重要的地位。其优点是能够提高道次规程和生产计划的灵活性，从而提高轧机利用率，确保最佳的凸度和平坦度结果。CVC 辊形虽然设计简单，然而却是功能强大的板形控制系统，通过标准液压缸实现窜辊。武钢 2250mm 热连轧机生产线从 2003 年 3 月开始一直使用的是西马克提供的三次 CVC 辊形，且 7 个机架采用同样的 CVC 辊形曲线。

精轧工作辊 CVC 辊形有着良好的板形控制功能，但是在实际使用过程中，发现因辊形设计不合理导致窜辊的不合理，CVC 效能不能得到充分的发挥。因 CVC 主要控制凸度，难以兼顾磨损，难以实现自由轧制规程（Schedule-Free Rolling，SFR）功能。在此情况下，通过改进 CVC 辊形达到窜辊分布合理的同时，也间接使工作辊的磨损趋于分散，可缓解 CVC 轧辊磨损的均匀性问题。

精轧七个机架从窜辊位置分布来说，均存在偏移，如图 3-1 所示。其中 F1 和 F2 机架经常窜辊到两个极限位置；后几个架也有窜辊到极限位置的情况，其中 F3 和 F4 负向窜辊

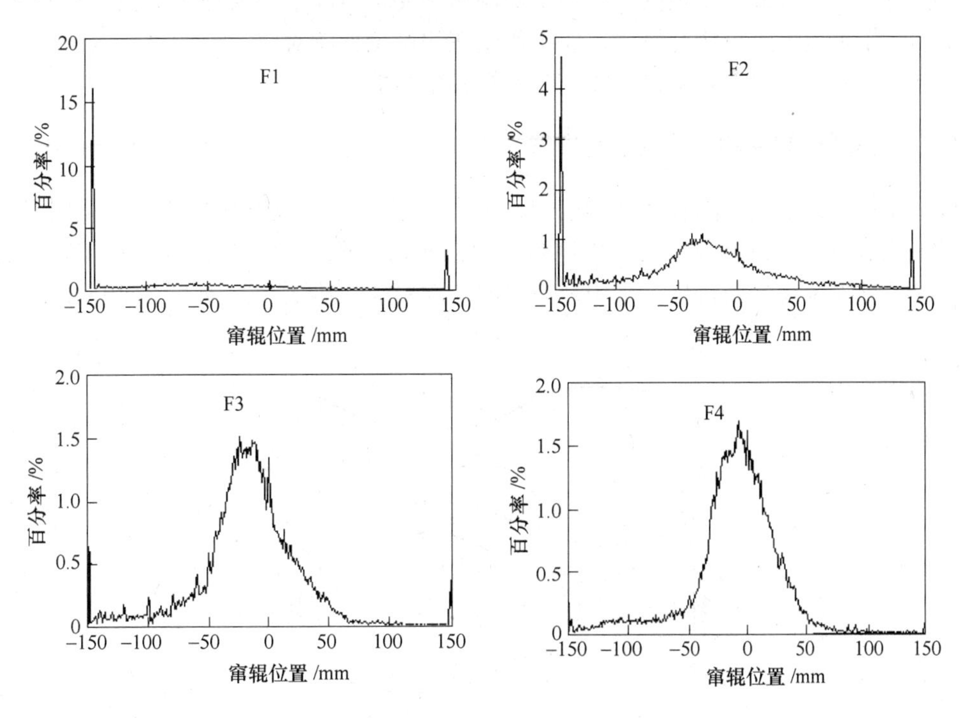

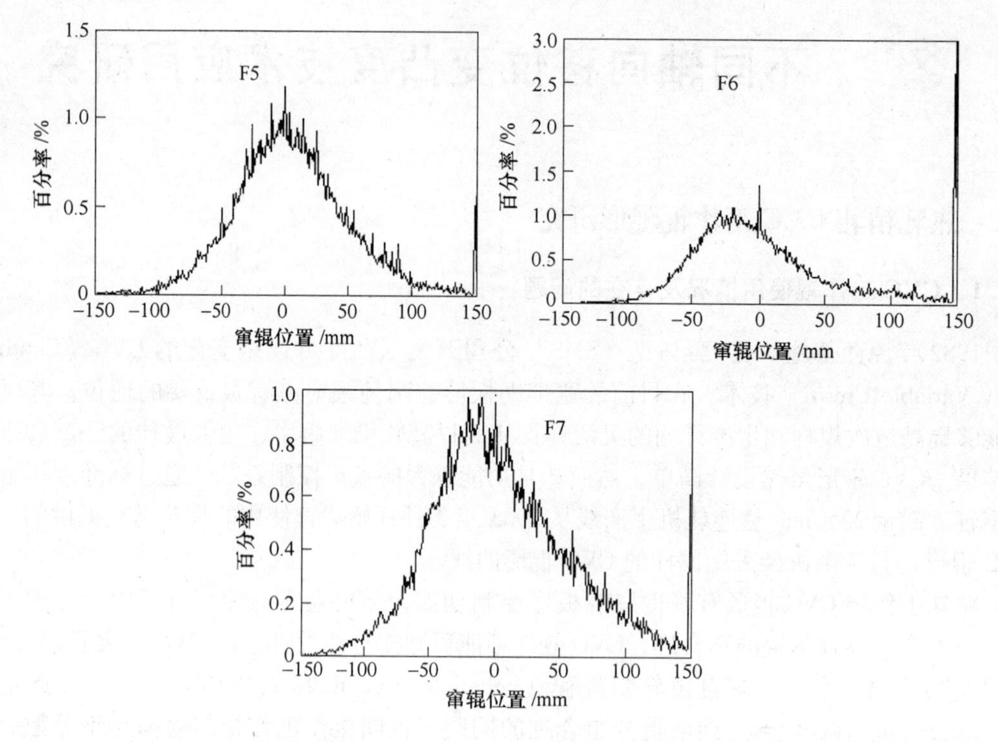

图 3-1　不同机架工作辊窜辊位置

较多，表现为轧辊正窜辊利用较低；F5 ~ F7 正向窜辊较多，表现为轧辊负窜辊利用率较低，对应为轧辊正等效凸度偏低；在凸度控制达到要求情况下，为均匀磨损，有必要对各个机架的工作辊辊形进行研究设计，使工作辊在初始位置就对应一个非零等效凸度，有效利用其凸度控制能力，使各个机架能充分发挥其窜辊能力。

3.1.2　三次 CVC 辊形的设计及改进方法

板带轧制实践表明，随着宽度的增加，高次（或四次）板形缺陷所占比重明显提高。但对于多数情况下，边浪和中浪是仍然是主要的板形缺陷。因此生产实践中 CVC 轧机大都以二次板形为主要控制目标，采用最简单的三次 CVC 辊形形式，如图 3-2 所示。

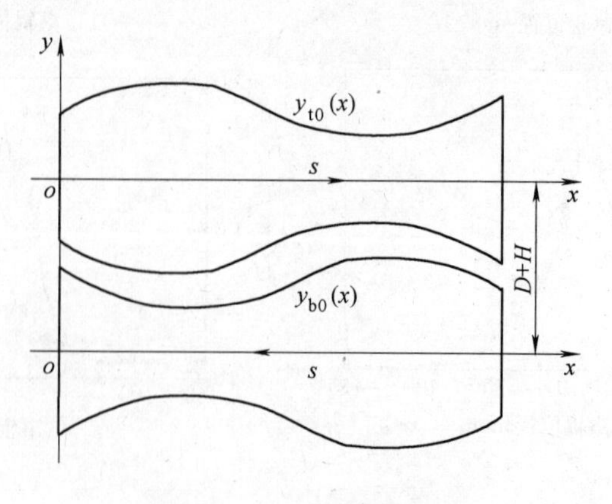

图 3-2　工作辊辊形及辊缝

3.1.2.1 CVC 辊形的设计方法

对于轧机的上工作辊，三次 CVC 辊形函数（半径函数）$y_{t0}(x)$ 可用通式表示为：

$$y_{t0}(x) = R_0 + a_1x + a_2x^2 + a_3x^3 \tag{3-1}$$

当轧辊轴向移动距离 s 时（图 3-2 中所示方向为正），上辊辊形函数为 $y_{ts}(x)$ 为：

$$y_{ts}(x) = y_{t0}(x - s) \tag{3-2}$$

根据 CVC 技术上下工作辊的反对称性，可知下辊的辊形函数为：

$$y_{b0}(x) = y_{t0}(b - x) \tag{3-3}$$

$$y_{bs}(x) = y_{b0}(x + s) = y_{t0}(b - x - s) \tag{3-4}$$

式中，b 为辊形设计使用长度，一般取为轧辊的辊身长度 L。

于是，辊缝函数 $g(x)$ 为：

$$g(x) = D + H - y_{ts}(x) - y_{bs}(x) \tag{3-5}$$

式中，D 为轧辊名义直径；H 为辊缝中点开口度。

辊缝凸度 C_w 则为：

$$C_w = g\left(\frac{L}{2}\right) - g(0) = \frac{1}{2}a_2L^2 + \frac{3}{4}a_3L^3 - \frac{3}{2}a_3L^2s \tag{3-6}$$

可以看出，辊缝凸度 C_w 仅与多项式系数 a_2、a_3 有关，且与轧辊轴向移动量 s 呈线性关系。设轧辊轴向移动的行程范围为 $s \in [-s_m, s_m]$，相应的辊缝凸度范围为 $C_w \in [C_1, C_2]$。分别代入式（3-6）有：

$$C_1 = \frac{1}{2}a_2L^2 + \frac{3}{4}a_3L^3 + \frac{3}{2}a_3L^2s_m \tag{3-7}$$

$$C_2 = \frac{1}{2}a_2L^2 + \frac{3}{4}a_3L^3 - \frac{3}{2}a_3L^2s_m \tag{3-8}$$

可解得：

$$a_2 = \frac{(2s_m - L)C_1 + (2s_m + L)C_2}{2L^2s_m} \tag{3-9}$$

$$a_3 = \frac{C_1 - C_2}{3L^2s_m} \tag{3-10}$$

由式（3-6）可知，辊缝凸度 C_w 与 a_1 无关，所以 a_1 由其他因素确定。若为了减小轧辊轴向力，可以把轧辊轴向力最小作为判据来确定 a_1；也可以把轧辊辊径差最小作为设计判据来确定 a_1。辊径差最小条件可表述为：

$$y_{t0}(0) = \begin{cases} y_{t0}(x_B) & (x_B \leqslant b/2) \\ y_{t0}(b) & (x_B > b/2) \end{cases} \tag{3-11}$$

可解得：

$$a_1 = \begin{cases} a_2^2/(4a_3) & (x_B \leqslant b/2) \\ -L(a_3L + a_2) & (x_B > b/2) \end{cases} \tag{3-12}$$

当轧辊轴向不移动时，CVC 辊中点的直径就是轧辊的名义直径，即：

$$y_{t0}(L/2) = D/2 \tag{3-13}$$

于是可求得：

$$R_0 = \frac{D}{2} - a_3\left(\frac{L}{2}\right)^3 - a_2\left(\frac{L}{2}\right)^2 - a_1\left(\frac{L}{2}\right) \tag{3-14}$$

3.1.2.2　改进方案

由于三次 CVC 辊形凸度与轴向窜动量呈线性关系，为了使工作辊窜辊行程充分发挥出来，又不改变 CVC 曲线与凸度值的线性效果，现对 CVC 辊形曲线进行平移，使其初始位置轧辊等效凸度对应一个合适的凸度值。

设初始辊形平移量为向右 s 距离：

$$y_{t0}(x-s) = a_3(x-s)^3 + a_2(x-s)^2 + a_1(x-s) + a_0 \tag{3-15}$$

分解得：

$$y_{t0}(x) = a_3x^3 + (a_2 - 3sa_3)x^2 + (a_1 - 2a_2 + 3s^2a_3)x + a_0 - sa_1 + a_2s^2 - a_3s^3 \tag{3-16}$$

这样可以得出平移后的 CVC 辊形曲线系数为：

$$\begin{cases} A_3 = a_3 \\ A_2 = a_2 - 3sa_3 \\ A_1 = a_1 - 2a_2s + 3s^2a_3 \end{cases} \tag{3-17}$$

可以看出，平移后的新辊形曲线三次项系数是不变的，只有二次项系数和一次项系数发生变化，由于辊缝凸度与 A_1 无关，所以 A_1 由其他因素确定。由辊径差最小条件可解得：

$$A_1 = \begin{cases} A_2^2/(4A_3) & (x_B \leqslant b/2) \\ -L(A_3L + A_2) & (x_B > b/2) \end{cases} \tag{3-18}$$

改进后的轧辊等效初始凸度对应值为：

$$C_w = g\left(\frac{L}{2}\right) - g(0) = [6a_3L^2s + 3a_3L^3 + 2(a_2 - 3sa_3)L^2]/4 \tag{3-19}$$

由此可以根据轧机实际的窜辊位置分布偏移值来改进 CVC 的辊形曲线，使其在初始的窜辊为零时，对应一个合理的轧辊等效初始凸度（表 3-1），这样就可以将其窜辊位置分布不均匀的情况得以改变。

表 3-1　CVC 工作辊初始（等效）凸度分布设计

机　架	F1	F2	F3	F4	F5	F6	F7
初始凸度/μm	-10	-10	-5	-0	+8	+5	+5

3.1.3　五次 CVC 辊形研究

对于轧机的上工作辊，五次 CVC 辊形函数（半径函数）$y_{t0}(x)$ 可用通式表示为：

$$y_{t0}(x) = R_0 + a_1x + a_2x^2 + a_3x^3 + a_4x^4 + a_5x^5 \tag{3-20}$$

当轧辊轴向移动距离 s 时（图 3-2 中所示方向为正），上辊辊形函数 $y_{ts}(x)$ 为：

$$y_{ts}(x) = y_{t0}(x-s) \tag{3-21}$$

根据 CVC 技术上下工作辊的反对称性，可知下辊的辊形函数为：

$$y_{b0}(x) = y_{t0}(b-x) \tag{3-22}$$

$$y_{bs}(x) = y_{b0}(x+s) = y_{t0}(b-x-s) \tag{3-23}$$

式中，b 为辊形设计使用长度，一般取为轧辊的辊身长度 L。

于是，辊缝函数 $g(x)$ 为：

$$g(x) = D + H - y_{ts}(x) - y_{bs}(x) \tag{3-24}$$

式中，D 为轧辊名义直径；H 为辊缝中点开口度。

辊缝凸度 C_w 则为：

$$\begin{aligned} C_w &= g(L/2) - g(0) \\ &= \frac{1}{2}a_2L^2 + \left(\frac{3}{4}a_3L^3 - \frac{3}{2}a_3L^2s\right) + \left(\frac{7}{8}a_4L^4 - 3a_4L^3s + 3a_4L^2s^2\right) + \\ &\quad \left(\frac{15}{16}a_5L^5 - \frac{35}{8}a_5L^4s + \frac{15}{2}a_5L^3s^2 - 5a_5L^2s^3\right) \end{aligned} \tag{3-25}$$

高次凸度 C_h 则为：

$$C_h = g(L/4) - \frac{3}{4}g\left(\frac{L}{2}\right) - \frac{1}{4}g(0) = \frac{3}{128}a_4L^4 + \left(\frac{15}{256}a_5L^5 - \frac{15}{128}a_5L^4s\right) \tag{3-26}$$

设轧辊轴向移动的行程范围为 $s \in [-s_m, s_m]$，相应的辊缝凸度范围为 $C_w \in [C_1, C_2]$，高次凸度范围为 $C_h \in [C_{h1}, C_{h2}]$，则辊形系数 $a_2 \sim a_5$就可以求出，即：

$$a_2 = \frac{1}{L^2}\left[(C_1 + C_2) - \frac{3}{2}a_3L^3 - \left(\frac{7}{4}a_4L^4 + 6a_4L^2s_m^2\right) - \left(\frac{15}{8}a_5L^5 + 15a_5L^3s_m^2\right)\right]$$

$$a_3 = \frac{1}{3s_mL^2}\left[(C_1 - C_2) - 6a_4L^3s_m - \frac{35}{4}a_5L^4s_m - 10a_5L^2s_m^3\right]$$

$$a_4 = \frac{64(C_{h1} + C_{h2})}{3L^4} - \frac{5}{2}a_5L$$

$$a_5 = \frac{64(C_{h1} - C_{h2})}{15L^4s_m}$$

可以看出，在 s_m和 L 一定条件下，a_4、a_5是仅与高次凸度调控特性有关的系数，当高次凸度调控范围 $[C_{h1}, C_{h2}]$ 确定后，a_4、a_5 即可求出；当 a_4、a_5 确定后，结合二次凸度调控范围 $[C_1, C_2]$，可进一步求得 a_2、a_3；系数 a_1 与辊缝凸度调控特性无关，一般由轴向力或者辊径差决定。所以，五次 CVC 辊形设计的关键即根据板形控制的需要给出合理的二次和高次凸度调控范围。

若在辊形设计过程中考虑凸度比，设计过程如下：设轧辊轴向移动的行程范围为 $s \in [-s_m, s_m]$，相应的辊缝凸度范围为 $C_w \in [C_1, C_2]$，高次凸度范围为 $C_h \in [C_{h1}, C_{h2}]$，分别代入式（3-25）有：

$$\begin{aligned} C_1 &= \frac{1}{2}a_2L^2 + \left(\frac{3}{4}a_3L^3 + \frac{3}{2}a_3L^2s_m\right) + \left(\frac{7}{8}a_4L^4 + 3a_4L^3s_m + 3a_4L^2s_m^2\right) + \\ &\quad \left(\frac{15}{16}a_5L^5 + \frac{35}{8}a_5L^4s_m + \frac{15}{2}a_5L^3s_m^2 + 5a_5L^2s_m^3\right) \end{aligned} \tag{3-27}$$

$$\begin{aligned} C_2 &= \frac{1}{2}a_2L^2 + \left(\frac{3}{4}a_3L^3 - \frac{3}{2}a_3L^2s_m\right) + \left(\frac{7}{8}a_4L^4 - 3a_4L^3s_m + 3a_4L^2s_m^2\right) + \\ &\quad \left(\frac{15}{16}a_5L^5 - \frac{35}{8}a_5L^4s_m + \frac{15}{2}a_5L^3s_m^2 - 5a_5L^2s_m^3\right) \end{aligned} \tag{3-28}$$

设凸度比 $R_c = \dfrac{C_w}{C_h}$ 为已知常量，则 $C_{h1} = \dfrac{C_1}{R_c}$，$C_{h2} = \dfrac{C_2}{R_c}$，分别代入式（3-26）有：

$$C_{h1} = \frac{C_1}{R_c} = \frac{3}{128}a_4L^4 + \left(\frac{15}{256}a_5L^5 + \frac{15}{128}a_5L^4s_m\right) \tag{3-29}$$

$$C_{h2} = \frac{C_2}{R_c} = \frac{3}{128}a_4L^4 + \left(\frac{15}{256}a_5L^5 - \frac{15}{128}a_5L^4s_m\right) \tag{3-30}$$

联立式（3-27）~式（3-30）四个方程组成方程组，可解得：

$$a_2 = \frac{1}{L^2}\left[(C_1 + C_2) - \frac{3}{2}a_3L^3 - \left(\frac{7}{4}a_4L^4 + 6a_4L^2s_m^2\right) - \left(\frac{15}{8}a_5L^5 + 15a_5L^3s_m^2\right)\right]$$

$$\begin{aligned}a_3 &= \frac{1}{3s_mL^2}\left[(C_1 - C_2) - 6a_4L^3s_m - \frac{35}{4}a_5L^4s_m - 10a_5L^2s_m^3\right]\\ &= \frac{1}{3s_mL^2}\left[(C_1 - C_2) - \frac{128}{R_c}\frac{s_m}{L}(C_1 + C_2) + \frac{64}{R_c}(C_1 - C_2) - \frac{112}{3R_c}(C_1 - C_2) - \right.\\ &\qquad \left.\frac{128}{3R_c}\left(\frac{s_m}{L}\right)^2(C_1 - C_2)\right]\end{aligned}$$

$$a_4 = \frac{128}{3L^4}\left[\frac{C_1}{R_c} - \frac{15}{128}a_5L^4s_m - \frac{15}{256}a_5L^5\right] = \frac{32}{3R_cL^4}\left[2(C_1 + C_2) - \frac{L}{s_m}(C_1 - C_2)\right]$$

$$a_5 = \frac{64(C_1 - C_2)}{15R_cL^4s_m}$$

辊缝凸度与 a_1 无关，所以 a_1 由其他因素确定。若为了减小轧辊轴向力，可以轧辊轴向力（或辊径差）最小作为判据确定 a_1。当辊径一定时，由曲线两端确定最大允许辊径差而得到的辊面中部较平缓，边部虽陡峭，但板带轧制一般在中部，边部可通过修形进行处理。

所以由：

$$\Delta D = 2[y_{t0}(L/2 + B/2) - y_{t0}(L/2 - B/2)] = 0 \tag{3-31}$$

可得：

$$\begin{aligned}a_1 =& -a_2L - 3a_3(L/2)^2 - a_3B^2/4 - 4a_4(L/2)^3 - a_4(L/2)B^2 - \\ & 5a_5(L/2)^4 - 5a_5(L/2)^2B^2/2 - a_5B^4/16\end{aligned} \tag{3-32}$$

图 3-3 为实际生产中使用的五次 CVC 辊形曲线。

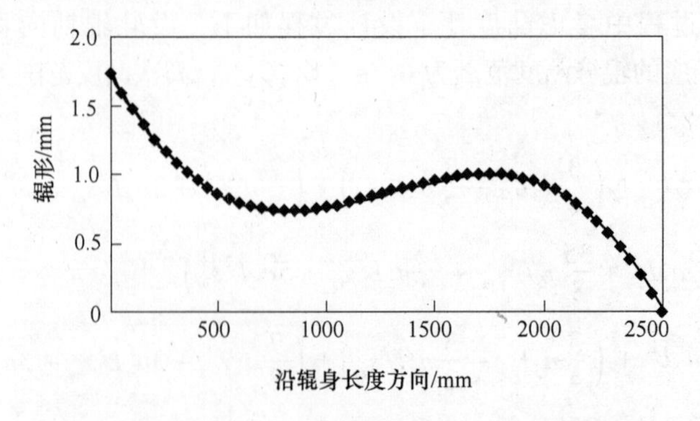

图 3-3 实际生产中使用的五次 CVC 辊形曲线

3.1.4 五次 CVC 辊形特性分析

五次 CVC 辊形的辊缝凸度为：

$$C_w = \frac{1}{2}a_2L^2 + \left(\frac{3}{4}a_3L^3 - \frac{3}{2}a_3L^2s\right) + \left(\frac{7}{8}a_4L^4 - 3a_4L^3s + 3a_4L^2s^2\right) + \left(\frac{15}{16}a_5L^5 - \frac{35}{8}a_5L^4s + \frac{15}{2}a_5L^3s^2 - 5a_5L^2s^3\right) \tag{3-33}$$

当轧制宽度为 B 的带钢时，五次 CVC 辊形的实际空载辊缝凸度为：

$$C_{wB} = \frac{1}{2}a_2B^2 + \frac{3}{4}a_3LB^2 - \frac{3}{2}a_3B^2s + \frac{1}{8}a_4B^4 + \frac{3}{4}a_4L^2B^2 + 3a_4B^2s^2 - 3a_4LB^2s + \frac{5}{16}a_5LB^4 + \frac{5}{8}a_5L^3b^2 - 5a_5B^2s^3 + \frac{15}{2}a_5LB^2s^2 - \frac{5}{8}a_5b^4s - \frac{15}{4}a_5L^2B^2s \tag{3-34}$$

当轧辊轴向移动的行程范围为 $s \in [-s_m, s_m]$ 时，得到：

$$C_{wB1} = \frac{1}{2}a_2B^2 + \frac{3}{4}a_3LB^2 - \frac{3}{2}a_3B^2s_m + \frac{1}{8}a_4B^4 + \frac{3}{4}a_4L^2B^2 + 3a_4B^2s_m^2 - 3a_4LB^2s_m + \frac{5}{16}a_5LB^4 + \frac{5}{8}a_5L^3b^2 - 5a_5B^2s_m^3 + \frac{15}{2}a_5LB^2s_m^2 - \frac{5}{8}a_5b^4s_m - \frac{15}{4}a_5L^2B^2s_m \tag{3-35}$$

$$C_{wB2} = \frac{1}{2}a_2B^2 + \frac{3}{4}a_3LB^2 + \frac{3}{2}a_3B^2s_m + \frac{1}{8}a_4B^4 + \frac{3}{4}a_4L^2B^2 + 3a_4B^2s_m^2 + 3a_4LB^2s_m + \frac{5}{16}a_5LB^4 + \frac{5}{8}a_5L^3b^2 + 5a_5B^2s_m^3 + \frac{15}{2}a_5LB^2s_m^2 + \frac{5}{8}a_5b^4s_m + \frac{15}{4}a_5L^2B^2s_m \tag{3-36}$$

辊缝凸度变化范围为：

$$\begin{aligned}\Delta C_{wB} &= C_{wB1} - C_{wB2} \\ &= -\left(3a_3B^2s_m + 6a_4LB^2s_m + 10a_5B^2s_m^3 + \frac{5}{4}a_5b^4s_m + \frac{15}{2}a_5L^2B^2s_m\right) \\ &= \frac{B^2}{L^2}\left[(C_1 - C_2) - \frac{16(C_{h1} - C_{h2})}{3}\left(1 - \frac{B^2}{L^2}\right)\right]\end{aligned} \tag{3-37}$$

可以看出，对宽度为 B 的带钢，五次 CVC 辊形的实际辊缝二次凸度调控能力 ΔC_{wB} 受其高次凸度调控范围 ΔC_h（$\Delta C_h = C_{h1} - C_{h2}$）的影响。以某 2250mm 轧机（工作辊辊身长度 L 为 2550mm；$s = s_m = 150$mm 即轧机具有 ±150mm 的窜辊能力；理论最大可轧宽度 $B_{max} = L - 2s_m = 2250$mm，考虑到轧制过程中的宽展，实际最大可轧宽度要比 2250mm 小 100 ~ 150mm）为例，分析 $\Delta C_w = 1$mm（$\Delta C_w = C_1 - C_2$），ΔC_h 分别取 −0.6mm、−0.3mm、0mm、0.3mm 和 0.6mm 时，五次 CVC 辊形的实际二次凸度调控能力随带钢宽度的变化情况，如图 3-4 所示。同时可以看出，当 $\Delta C_h > 0$ 时，与三次 CVC 辊形（$\Delta C_h = 0$）相比，五次 CVC 辊形的实际二次凸度控制能力随着带钢宽度的减小而更迅速下降，且 ΔC_h 越大，下降速度越快。

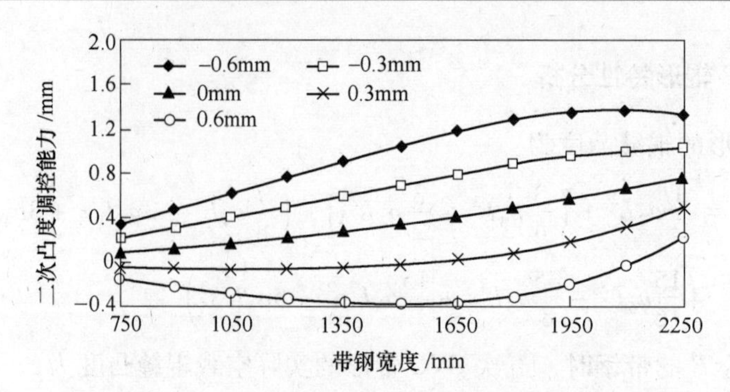

图 3-4　不同带钢宽度下的二次凸度调控能力

当 ΔC_h 分别取 0.3mm 和 0.6mm 时，五次 CVC 辊形的实际二次凸度控制能力随着带钢宽度的减小不再呈现单调关系变化，而是先减小而后稍微增大，且当 ΔC_h 取 0.6mm 时，出现了明显的凸度调控能力小于零的情况。这主要是因为当 ΔC_h 越大时，所设计的辊形曲线的拐点就会较多，如当 ΔC_h 取 0.6mm 时，其辊形曲线如图 3-5 所示，可以看出，此时的辊形曲线的拐点有 4 处。图 3-6 为 ΔC_h 为 0.6mm 时的五次 CVC 辊形在不同窜辊位置形成的辊缝。显然拐点越多，所形成的辊缝越不规则，越不利于板形控制。

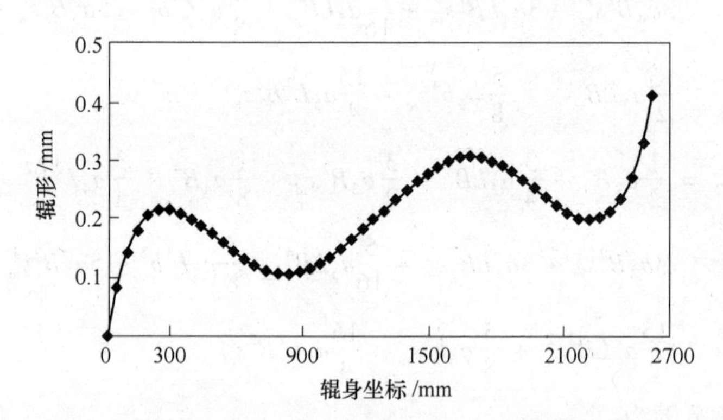

图 3-5　ΔC_h 为 0.6mm 时的五次 CVC 辊形曲线

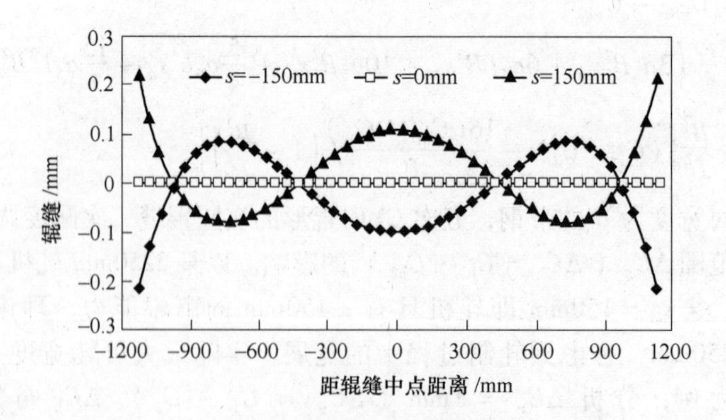

图 3-6　不同窜辊位置形成的辊缝（$\Delta C_h = 0.6$mm）

而当 $\Delta C_h < 0$ 时，五次 CVC 辊形的实际二次凸度控制能力随着带钢变窄而下降的趋势明显放缓，且 $|\Delta C_h|$ 越大，即四次凸度控制能力越强，则其在某一带钢宽度下的实际二

次凸度控制能力表现得越强。尤其当 $\Delta C_h = -0.6$mm 时，随着带钢宽度减小，二次凸度调控能力并非单调下降，而是随着带钢宽度的减小，二次凸度调控能力是先增大后减小，这是由于轧辊在窜辊过程中形成的辊缝在边部出现了拐点，如图 3-7 所示，其将对宽带钢的板廓控制产生不利影响。

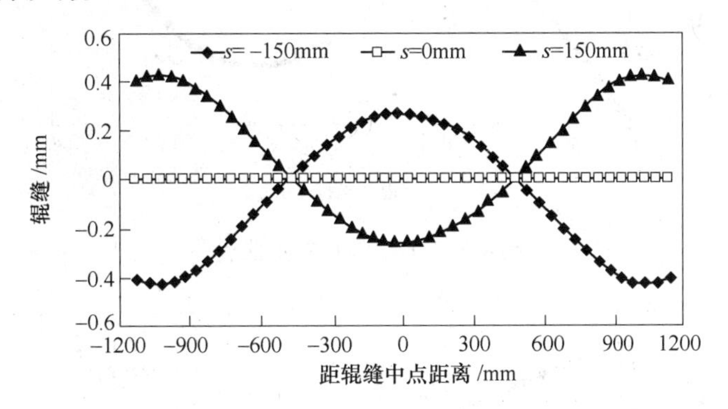

图 3-7 不同窜辊位置形成的辊缝（$\Delta C_h = -0.6$mm）

因此，在二次凸度调控范围确定的情况下，四次凸度调控范围不宜过大。为了使实际二次凸度控制能力随带钢宽度单调变化，必须使得 $\frac{\mathrm{d}\Delta C_{wB}}{\mathrm{d}B} > 0$，即对式（3-37）求一阶导数，化简得：

$$C_{h1} - C_{h2} > -\frac{3(C_1 - C_2)L^2}{32B_{max}^2 - 16L^2} \tag{3-38}$$

式中，B_{max}为轧机理论最大可轧宽度。

所以，对于该 2250mm 轧机，当 $\Delta C_w = C_1 - C_2 = 1$mm 时，由式（3-38）可得到 $\Delta C_h = C_{h1} - C_{h2} > -0.34$mm。

综上所述，对五次 CVC 辊形的设计，当给出辊缝的二次凸度调控范围 $[C_1, C_2]$ $(C_1 > C_2)$ 以及辊缝的高次凸度调控范围 $[C_{h1}, C_{h2}]$，且满足式（3-38），并结合轧辊轴向力最小原则即可唯一确定一条辊形曲线，该辊形曲线能有效均衡轧机对宽窄带钢的二次凸度控制能力。

由式（3-25）和式（3-26）可知，五次 CVC 辊形的二次凸度与窜辊量呈三次函数关系，而四次凸度与窜辊量呈线性关系。以 2250mm 轧机为例，当辊缝二次凸度的调控范围为［0.5mm，−0.5mm］，辊缝四次凸度的调控范围为［−0.15mm，0.15mm］时，设计出五次 CVC 辊形曲线如图 3-8 所示。计算其不同窜辊位置的辊缝凸度，如图 3-9 所示。由图 3-9 可以看出，五次 CVC 辊形的二次凸度与窜辊量也近似呈线性关系，这主要是由于式（3-25）中 s^2和 s^3项的系数与 s 项系数相比数量级较低。所以，五次 CVC 辊形的二次凸度和四次凸度均与窜辊量呈线性关系，这对实际生产中的板形控制是十分有利的。

与三次 CVC 辊形相比，五次 CVC 辊形的二次凸度控制能力随着带钢变窄而下降的趋势明显放缓，同理分析五次 CVC 辊形在不同宽度时的四次凸度调控能力，求得四次凸度调控能力：

$$\Delta C_{hB} = \frac{C_{h2} - C_{h1}}{L^4} B^4$$

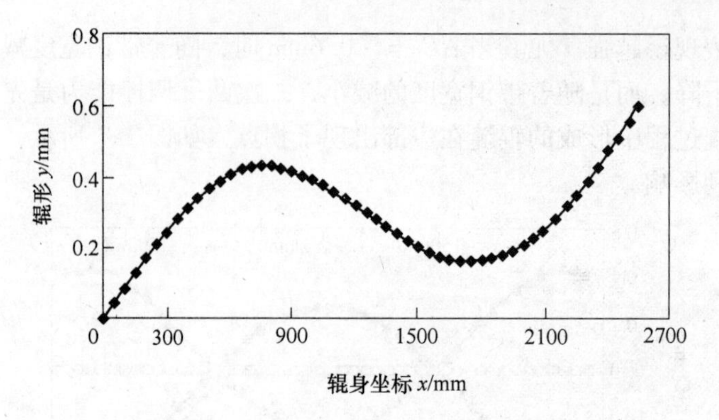

图 3-8 五次 CVC 辊形曲线

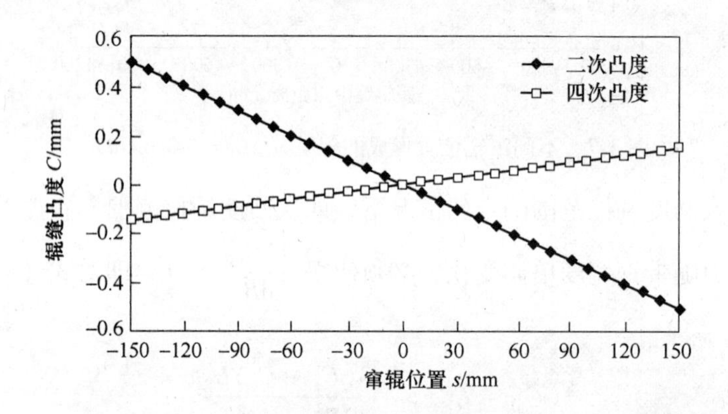

图 3-9 辊缝凸度与窜辊量的关系

计算图 3-8 所示五次 CVC 辊形在不同宽度下的二次和四次凸度调控能力，如图 3-10 所示。由图 3-10 可以看出，对五次 CVC 辊形，四次凸度调控能力随带钢宽度减小呈四次方曲线下降，说明对宽带钢（1650mm 以上），曲线可表现出一定的四次凸度控制能力，而对于较窄带钢（1650mm 以下），四次凸度控制能力相对较弱，甚至消除（对 1050mm 以下带钢）。这与 2250mm 超宽带钢轧机的板形控制需求完全相符，当轧制较宽带钢时，四次凸度缺陷，如边中复合浪、1/4 浪等成为板形控制的主要难点，要求轧辊具有较强的四次凸度控制能力；而对于窄带钢，二次凸度缺陷，即中浪和边浪为控制的主要目标，并

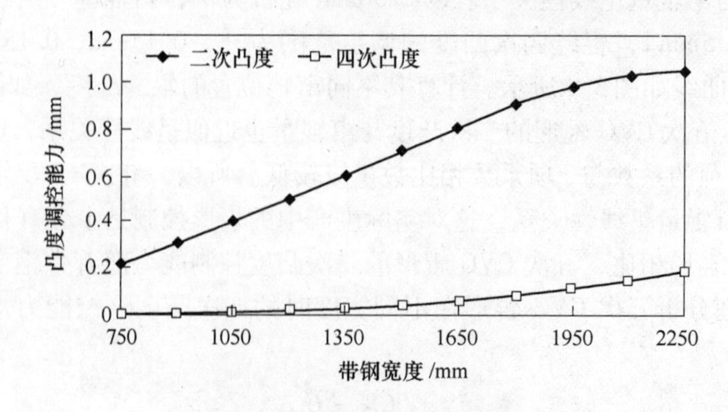

图 3-10 不同带钢宽度下的凸度调控能力

不需要四次凸度控制能力。因此，五次 CVC 辊形十分适合宽带钢轧机尤其是超宽带钢轧机的板形控制需求。由图 3-9 可知，对于四次凸度的调整不可避免地要改变辊缝的二次凸度，为避免四次凸度的控制导致二次凸度缺陷的产生，一方面应在辊形设计时结合生产现场板形控制特点和常见板形缺陷对凸度调控范围进行合理的选择；另一方面应充分发挥弯辊力在二次凸度控制中的作用，使得窜辊和弯辊有效结合，实现对板形的良好控制。

特别地，当五次 CVC 辊形表达式（3-20）中的 $a_5=0$ 时，CVC 曲线表现为四次多项式形式，由式（3-26）可知，C_h成为一常量。因此，四次 CVC 辊形在提供了固定的四次凸度控制效果的同时，并未改变窜辊过程中二次凸度的控制效果，这种情况适用于生产现场长期出现固定的四次凸度控制缺陷。进一步当 a_4也等于零时，辊形即为三次 CVC 辊形，辊缝四次凸度恒为零，所以可以认为三次 CVC 辊形与四次 CVC 辊形均为五次 CVC 辊形的特殊形式。

3.2 CSP 轧机工作辊辊形设计研究

3.2.1 问题的提出

CSP 生产线是马钢“十五”期间重点工程项目，于 2003 年 10 月正式投产。它拥有 2 台薄板坯连铸机、2 座辊底式加热炉、1 套 7 机架热连轧机组、1 套强制冷却系统、1 套层流冷却系统和 2 台地下卷取机及相应的水处理配套设施。其工艺技术和装备水平代表了当今世界薄板坯连铸连轧的最新水平。其中七机架连轧机均配备了 CVC plus 连续可变凸度工作辊轴向窜辊控制和 WRB（Work Roll Bending Force）工作辊弯辊动态板形控制系统。

CSP 的产品有 70% 左右作为冷连轧基料，厚度小于 2.0mm，这对板形控制提出了很高的要求。由于 SMS-DEMG 公司对工作辊和支持辊的辊形设计并不十分完善，为此，马钢公司决定与北京科技大学合作对 CSP 热轧板形控制技术进行优化和研究，以提高板形控制质量。

3.2.2 现场实验研究

通过对现场实际生产的带钢成品的凸度、平坦度和边部形状以及工作辊热辊形温度分布进行大量实测和统计，结果如图 3-11 和图 3-12 所示。

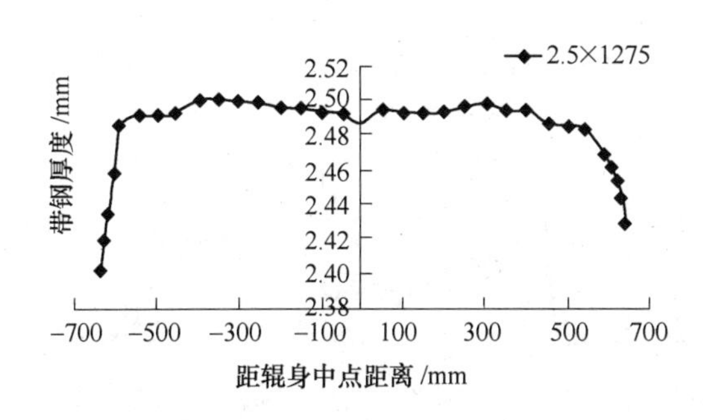

图 3-11 典型带钢厚度分布

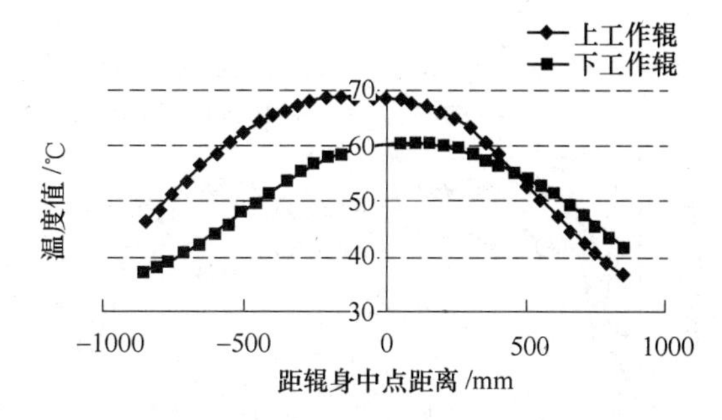

图 3-12 轧辊下轧机后温度分布

从图 3-12 中可以看出：各机架上辊平均温度明显高于下辊平均温度，温度差最高可达到 10℃左右；F1 ~ F4 机架一般上辊传动侧温度大于操作侧温度，下辊操作侧温度大于传动侧温度；F5 ~ F7 机架轧辊温度分布正好相反，一般上辊传动侧温度小于操作侧温度，下辊操作侧温度小于传动侧温度。热辊形与轧辊温度分布相对应，大体按抛物线分布，最大热凸度小于 30μm，平均热凸度 10μm 左右，如图 3-13 所示。

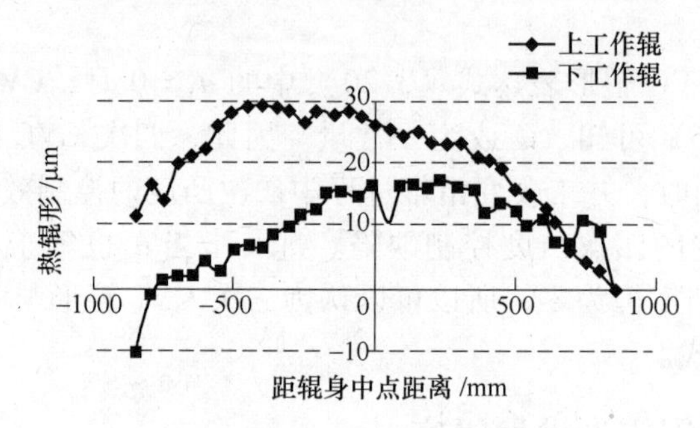

图 3-13　工作辊热凸度图

利用轧辊上机前的辊形数据与下机后的辊形数据比较，可得到轧辊的相对磨损曲线，通过中点直径比较，求得中点绝对磨损量，如图 3-14 所示。从图中可以看出：各机架工作辊磨损量大小不一；各机架上辊磨损一般大于下辊磨损；F1 和 F2 机架磨损不均匀，不规律，辊形保持性差，从 F1 到 F2，磨损的箱形特征逐渐加强，偶尔出现“猫耳”形局部磨损情况；F3 和 F4 逐渐出现箱形磨损和“猫耳”形局部磨损；F5 ~ F7 明显出现箱形磨损和“猫耳”形局部磨损趋势，“箱底”部分磨损较均匀，辊形（CVC 曲线）保持性好。

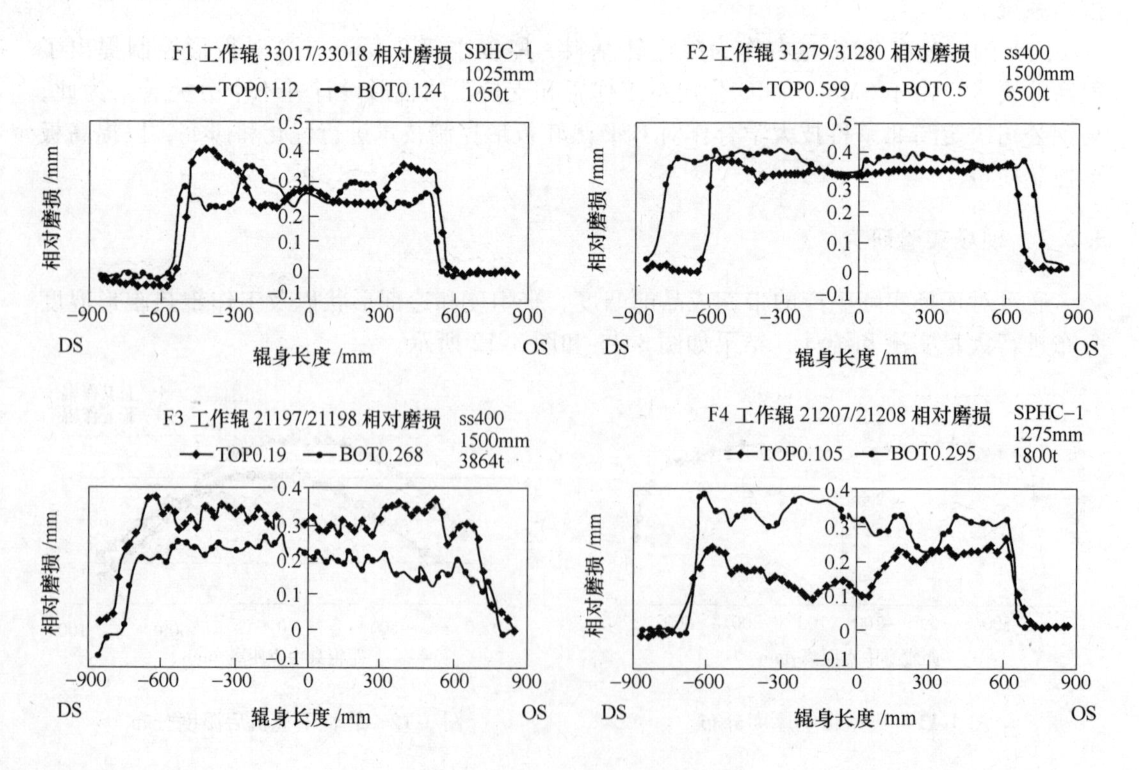

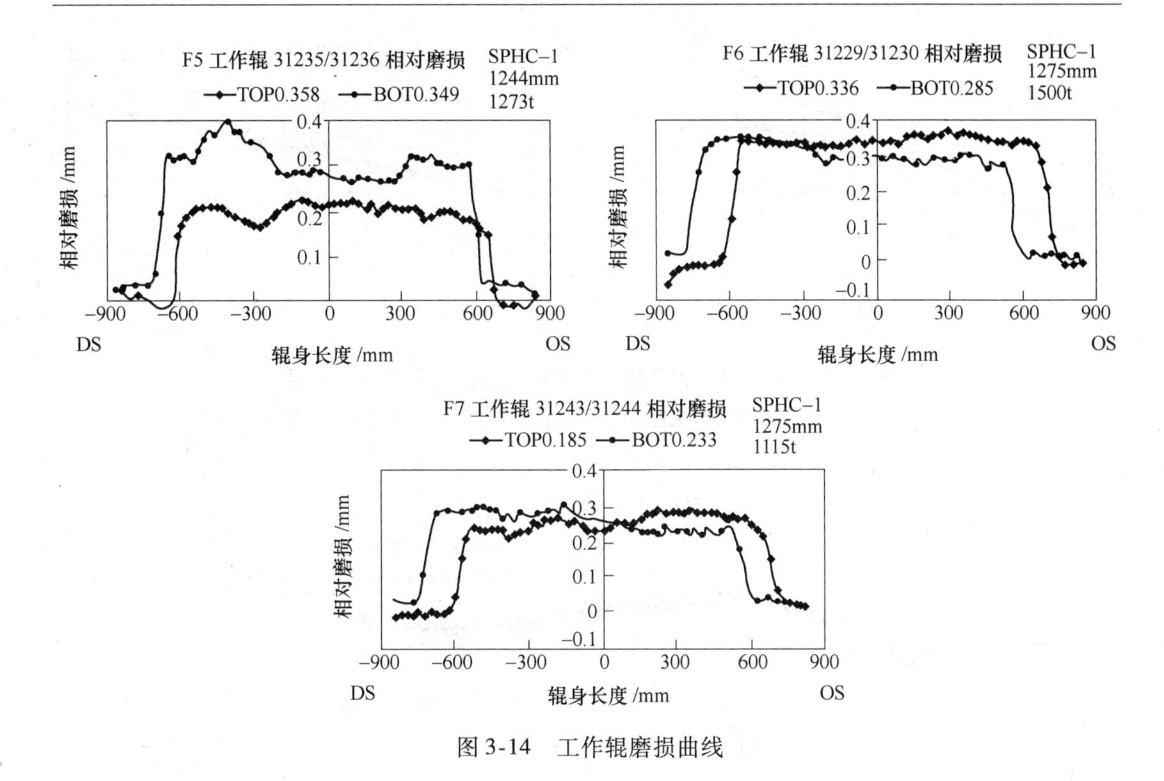

图 3-14 工作辊磨损曲线

3.2.3 工作辊辊形设计思路

传统的 CVC 曲线是三次多项式形式，三次辊形没有高次凸度。这是因为，由三次辊形所形成的辊缝只含有二次以下的成分，也就是说，这时的辊缝是二次抛物线形的。由于板带断面的不均匀主要是二次成分，因此具有三次辊形的轧辊可以满足一般对辊缝形状进行控制的要求。三次辊形是所有辊形中次数最低且最为简单实用的一种。CVC plus 曲线是五次辊形，其高次凸度不等于零。这是因为，五次辊形所形成的辊缝含有两次以上的偶次成分，这对需要控制辊缝的高次成分的场合是十分有利的。

可以根据现有 CVC 工作辊曲线参数作轧辊的二次及四次凸度与窜辊量的关系曲线，如图 3-15 所示。由图 3-15 可以看出，现场应用的 CVC 工作辊的四次凸度是非常小的，数量级在 10^{-11}次方。CVC 工作辊的初始辊形决定了其窜辊策略。根据现场的窜辊情况，得出 F1 ~ F4 机架辊形负凸度不够，而正凸度利用极少的结论，据此重新设计辊形以适当增大辊形负凸度、降低正凸度，将凸度调节范围调整为 -0.8 ~ 0.2mm。改进前后的辊形曲线对比如图 3-16 所示。

为了改善现有 CVC 曲线边部上翘带来的增大 CVC 曲线最大辊径差、恶化与支持辊的边部接触等问题，按照轧制最大宽度 1600mm 的要求，对辊身边部不参与带钢轧制的 125mm 进行边部修形，边部修形可以显著减小 CVC 曲线的最大辊径差，同时又不会改变 CVC 曲线的凸度调控性能。具体辊形方案为：对于沿辊身长 0 ~ 1875mm 仍采用原五次 CVC 曲线，对于辊身端部 125mm 采用新的二次曲线方程，如图 3-17 和图 3-18 所示。

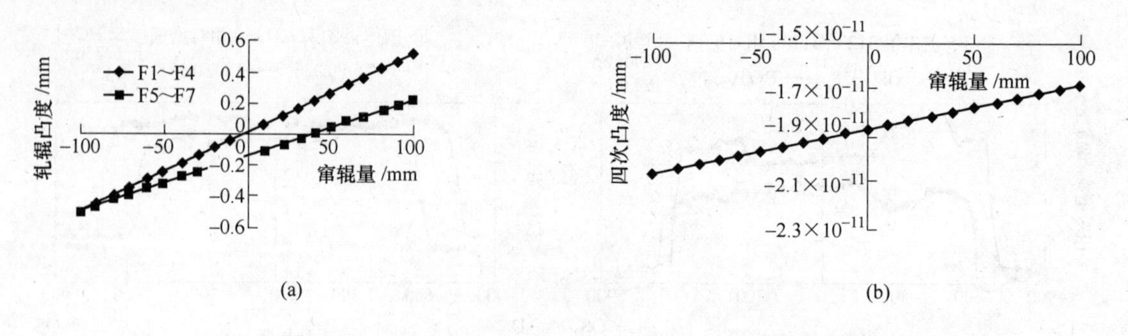

图 3-15　现场 CVC 工作辊二次及四次凸度与窜辊量的关系

（a）CVCplus 轧辊二次凸度与窜辊量的关系；（b）CVC 轧辊四次凸度与窜辊量的关系

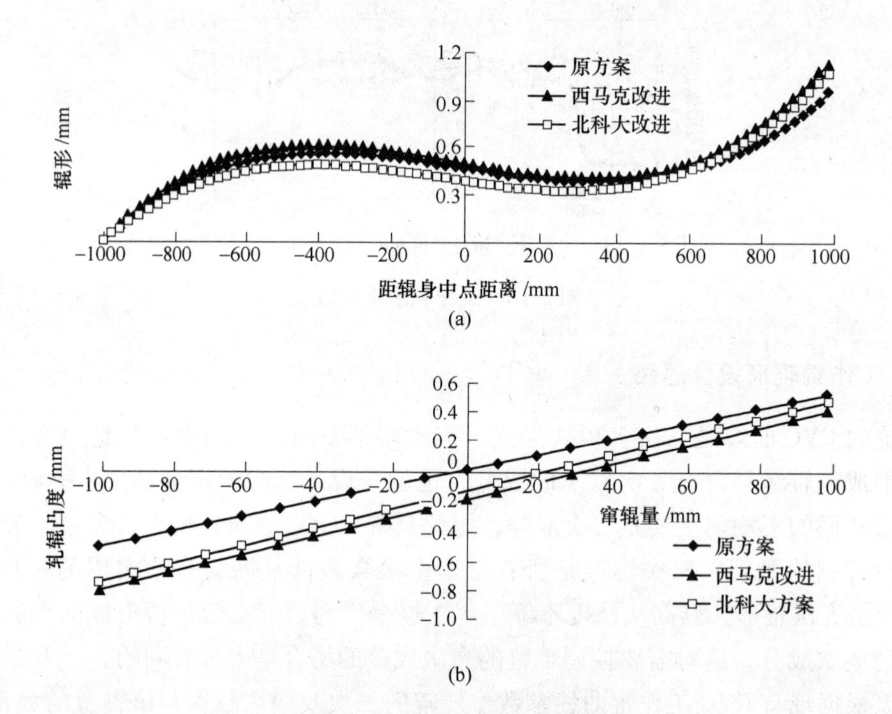

图 3-16　改进前后工作辊对比分析

（a）改进前后工作辊辊形；（b）轧辊凸度与窜辊量的关系

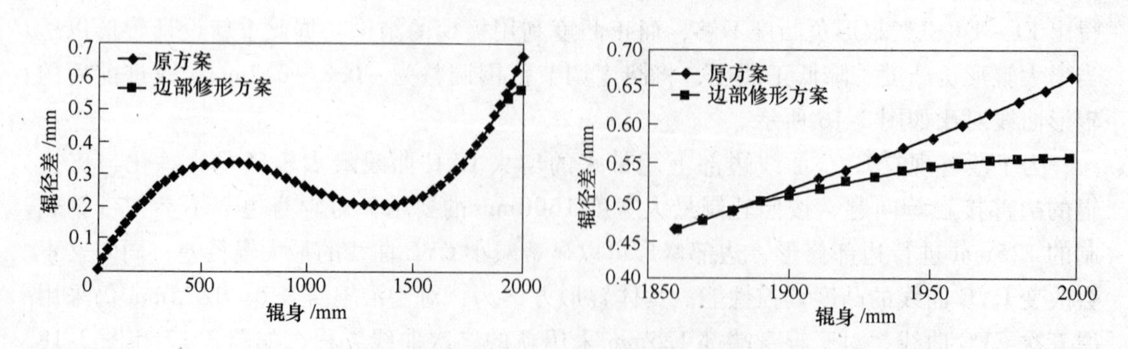

图 3-17　修形前后辊身曲线对比

图 3-18　修形前后辊身端部对比

3.3 SmartCrown 辊形设计研究

SmartCrown（Sine Contour Mathematically Adjusted and Reshaped by Tilting）是 SVAI（奥钢联）的专利技术，是知名度较高的板形平坦度控制技术。相对于常规带有弯辊装置的机架，SmartCrown 的优势在于：

（1）使用较少的轧制道次，提高产量。尤其是轧制较薄和强度较高的产品时，SmartCrown 技术允许使用更高的轧制力，仍可获得良好的板形。

（2）更宽的板形平坦度控制范围。这可以更容易地获得良好的板形和精确的目标平坦度。

（3）轧辊磨损均匀，工作周期显著延长，减少换工作辊次数。

该系统是在“三次辊形曲线”控制技术基础上形成的，而“三次辊形曲线”技术是公认的成熟技术，已在世界众多冷轧、热轧厂使用。SVAI 在多年实践基础上，经过不断开发和升级，形成了 SmartCrown 技术。

3.3.1 1700mm SmartCrown 精轧机辊形设计

宽带钢生产中，一般要求板带横截面形状对称于轧机中心线，因此，宽带钢冷连轧机常规工作辊磨削辊形一般采用对称形状。而 SmartCrown 技术的原理与 CVC 相似，如图 3-19 所示，该类轧机工作辊均是采用特殊的非对称形状，上、下工作辊辊面曲线方程相同，但反向 180°放置，利用工作辊横向窜移来控制和调节辊缝形状，与来料带钢的板形变化相适应。CVC 轧机工作辊辊形在数学上表示为一个三次多项式，其辊缝形状为抛物线形状；而 SmartCrown 辊形则可描述为正弦和线性叠加的函数，对于任何窜辊位置，辊缝形状表现为余弦函数。

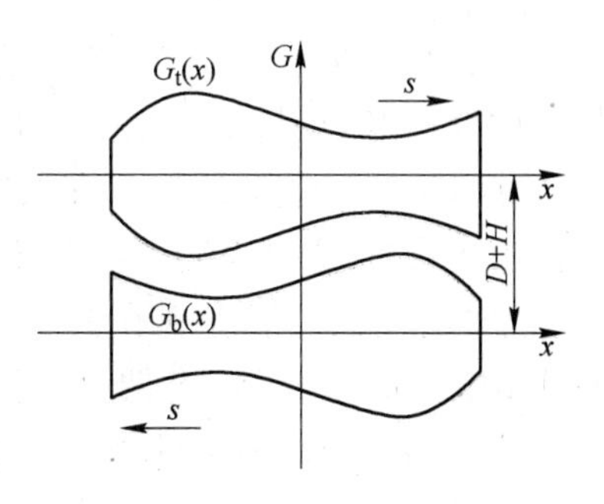

图 3-19 工作辊辊形及辊缝

3.3.1.1 辊形设计

对于轧机的上工作辊，SmartCrown 辊形函数（直径函数）$D(x)$ 可用通式表示为：

$$D(x) = a_1 \sin\left[\frac{\pi\alpha}{90B}(x - s_0)\right] + a_2 x + a_3 \tag{3-39}$$

式中，a_1、α、s_0、a_2、a_3 为辊形设计待定常数；B 为辊形设计使用长度，一般取为轧辊辊身长度。

当轧辊轴向移动距离 s（图 3-19 所示方向为正）时，上辊辊形函数（半径函数）$G_t(x)$ 为：

$$G_t(x) = \frac{1}{2}D_t(x - s) = \frac{1}{2}D(x - s) \tag{3-40}$$

根据 SmartCrown 技术上、下工作辊的反对称性，可知下辊的辊形函数 $G_b(x)$ 为：

$$G_b(x) = \frac{1}{2}D_b(x + s) = \frac{1}{2}D(-x - s) \tag{3-41}$$

于是，辊缝函数 $G(x)$ 为：

$$G(x) = D + H - G_t(x) - G_b(x)$$

$$= D + H - a_3 + a_1\sin\left[\frac{\pi\alpha}{90B}(s_0 + s)\right]\cos\left(\frac{\pi\alpha}{90B}x\right) + a_2 s \tag{3-42}$$

式中，D 为轧辊名义直径；H 为辊缝中点开口度。

辊缝凸度 C_w：

$$C_w = a_1\sin\left[\frac{\pi\alpha}{90B}(s_0 + s)\right]\left[1 - \cos\left(\frac{\pi\alpha}{180}\right)\right] \tag{3-43}$$

设轧辊轴向移动的行程范围为 $s \in [-s_m, s_m]$，相应的辊缝凸度范围为 $C_w \in [C_1, C_2]$。分别代入式（3-43）有：

$$C_1 = a_1\sin\left[\frac{\pi\alpha}{90B}(s_0 - s_m)\right]\left[1 - \cos\left(\frac{\pi\alpha}{180}\right)\right] \tag{3-44}$$

$$C_2 = a_1\sin\left[\frac{\pi\alpha}{90B}(s_0 + s_m)\right]\left[1 - \cos\left(\frac{\pi\alpha}{180}\right)\right] \tag{3-45}$$

设轧辊轴向移动距离 s 为零时，其辊缝的初始凸度为 C_0（通常取 $C_0 = (C_1 + C_2)/2$），代入式（3-43）有：

$$C_0 = a_1\sin\left[\frac{\pi\alpha}{90B}(s_0 + 0)\right]\left[1 - \cos\left(\frac{\pi\alpha}{180}\right)\right] \tag{3-46}$$

将式（3-44）、式（3-45）和式（3-46）联立，可求出 a_1，α，s_0。由式（3-43）可知，辊缝凸度 C_w 与 a_2 无关，所以 a_2 应该由其他因素确定。

式（3-39）表示的辊形曲线造成的最大辊径差可能出现在曲线的两端，如图 3-20 中的曲线 2 的 C、F 两点；也可能出现在曲线的极值点处，如图 3-20 中的曲线 1 的 A、E 两点。但是从图中可看出，在辊径差 ΔD 一定的条件下，由曲线两端确定最大允许辊径差而得到的辊面中部较平滑；边部虽较陡，但板带轧制一般都在中部，边部可通过修形进行。

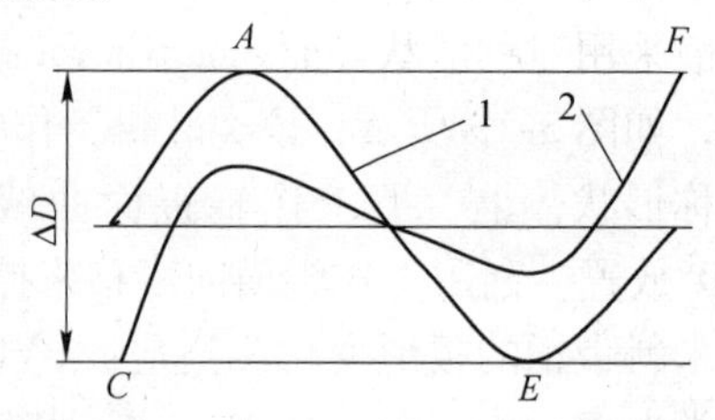

图 3-20 最大辊径差的不同确定方式

因此，若最大允许的辊径差为 ΔD，则由上述讨论可知：

$$\Delta D = a_1\sin\left(\frac{\pi\alpha}{180}\right)\cos\left(\frac{\pi\alpha s_0}{180B/2}\right) + a_2 B \tag{3-47}$$

至于 a_3 则可由工作辊辊径的设计要求确定，实际生产中：

$$a_3 = D(0) \tag{3-48}$$

所以，通过上述方法确定的辊形函数 $D(x)$ 为：

$$D(x) = -4612.1491\sin\left[\frac{\pi}{3420}(x - 133.0432746)\right] + 3.86x - 201.1736 \tag{3-49}$$

A 形状角

所谓的形状角的定义就是辊身边缘的位置对应的某个特定角度。SmartCrown 辊缝可表示为余弦函数，即无载辊缝形状对应于余弦曲线顶点区域的某一段。轧制过程中，板形的控制实际上是对辊缝的控制。

考虑到带钢截面基本上是对称的，SmartCrown 的承载辊缝可用余弦函数表示，其标准式为：

$$f(x) = a_0 + a_1\cos(x) \quad x \in [-1, +1] \tag{3-50}$$

式中，x 为以辊缝中心为原点，相对计算宽度（例如辊身长度或轧件宽度等）的相对坐标；a_0，a_1 为项系数。

由式（3-50）可以看出：该辊缝函数的周期为 2π，其形状角为 1rad。

SmartCrown 的承载辊缝的一般式为：

$$f(x) = a_0 + a_1\cos(\omega x) \quad x \in [-1, +1] \tag{3-51}$$

由式（3-51）可以看出：该辊缝函数的周期为 $\frac{2\pi}{\omega}$，其形状角为 ωrad。

SmartCrown 的承载辊缝的通用式为：

$$f(x) = a_0 + a_1\cos(\frac{\pi\alpha}{90B}x) \quad x \in [-\frac{B}{2}, +\frac{B}{2}] \tag{3-52}$$

式中，x 为辊缝中心为原点，计算宽度（例如辊身长度或轧件宽度等）的绝对坐标；a_0、a_1 为项系数；B 为计算宽度。

由式（3-52）可以看出：该辊缝函数的周期为 $\frac{180B}{\alpha}$，其形状角为 $\frac{\pi\alpha}{180}$ rad，即 α°。

所以，SmartCrown 工作辊的形状通过所谓的形状角 α 角进行调节。通过精调形状角，也就相应调节了辊缝形状，不同表达式下的形状角见表 3-2。

表 3-2 不同表达式下形状角的定义

类 别	标准式	一般式	通 式
表达式	$f(x) = a_0 + a_1\cos(x)$	$f(x) = a_0 + a_1\cos(\omega x)$	$f(x) = a_0 + a_1\cos\left(\frac{\pi\alpha}{90B}x\right)$
自变量取值范围	$x \in [-1, +1]$	$x \in [-1, +1]$	$x \in [-B/2, +B/2]$
周期	2π	$2\pi/\omega$	$180B/\alpha$
形状角的大小	1rad	ω rad	$\frac{\pi\alpha}{180}$ rad，即 α°

B 板形分量

二次部分 $f_2(x)$ 为：

$$f_2(x) = C_{w2}\left[1 - \left(\frac{2x}{B}\right)^2\right] = a_1\sin\left[\frac{\pi\alpha}{90B}(s_0 + s)\right]\left[1 - \cos\left(\frac{\pi\alpha}{180}\right)\right]\left[1 - \left(\frac{2x}{B}\right)^2\right] \tag{3-53}$$

高次部分 $f_4(x)$ 为：

$$\begin{aligned} f_4(x) &= D(x) - f_0(x) - f_2(x) \\ &= a_1\sin\left[\frac{\pi\alpha}{90B}(s_0 + s)\right]\left\{\cos\left(\frac{\pi\alpha}{90B}x\right) - 1 - \left[1 - \cos\left(\frac{\pi\alpha}{180}\right)\right]\left[1 - \left(\frac{2x}{B}\right)^2\right]\right\} \end{aligned} \tag{3-54}$$

C 辊缝凸度与窜辊量的关系

SmartCrown 的辊缝的二次凸度 C_{w2} 与窜辊量 s 之间的关系（图 3-21）：

$$C_{w2} = a_1\sin\left[\frac{\pi\alpha}{90B}(s_0 + s)\right]\left[1 - \cos\left(\frac{\pi\alpha}{180}\right)\right] \tag{3-55}$$

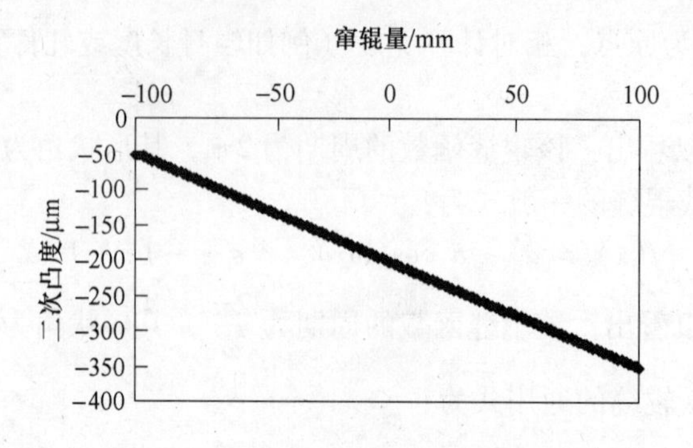

图 3-21　辊缝二次凸度与窜辊量的关系

SmartCrown 的辊缝的高次凸度 C_{w4} 与窜辊量 s 之间的关系（图 3-22）：

$$C_{w4} = a_1 \sin\left[\frac{\pi\alpha}{90B}(s_0 + s)\right]\left(\cos\frac{\pi\alpha}{360} - \frac{3}{4} - \frac{1}{4}\cos\frac{\pi\alpha}{180}\right) \tag{3-56}$$

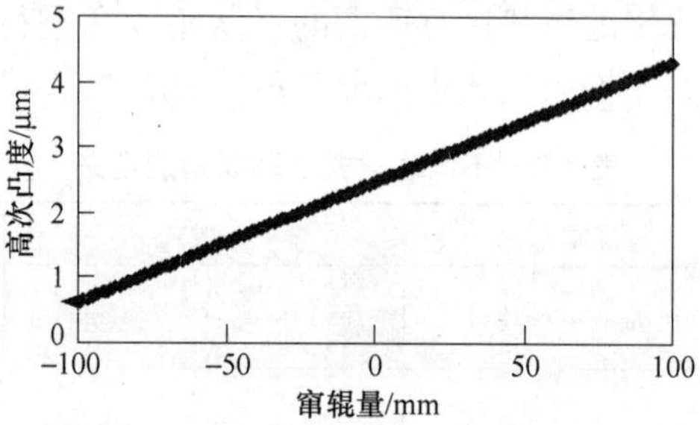

图 3-22　辊缝高次凸度与窜辊量的关系

D　辊缝凸度与形状角的关系

SmartCrown 辊缝的形状可以通过所谓的形状角进行调节，通过精调形状角，也就相应调节和优化了辊缝形状。形状角对辊缝形状的影响如图 3-23 所示。

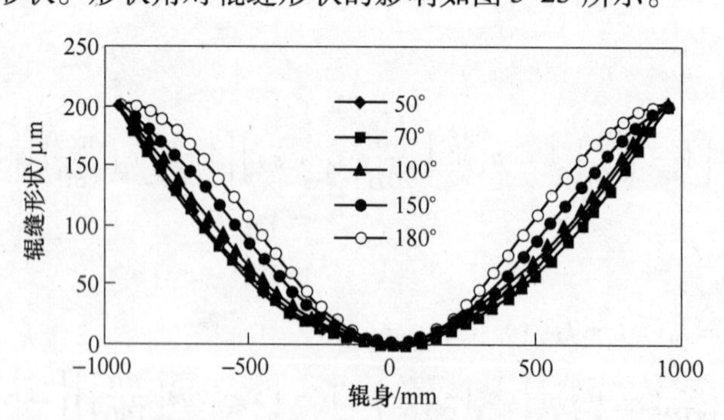

图 3-23　无载辊缝形状随形状角的变化

板带轧制实践表明，随着大宽度带钢的增加，四次板形缺陷所占比重明显提高，如图 3-24 所示。如果正确选择形状角，那么 SmartCrown 的优势就能充分发挥出来，从轧制开始就可以避免出现 1/4 浪。因为无载辊缝分离在这一区域比较大，在 1/4 波浪敏感区域的局部厚度减小从而得到控制，从而降低了该区域的局部厚度减薄程度。局部厚度的降低，减弱了带钢中产生纵向压应力的趋势，而纵向压应力正是产生带钢浪形的原因。

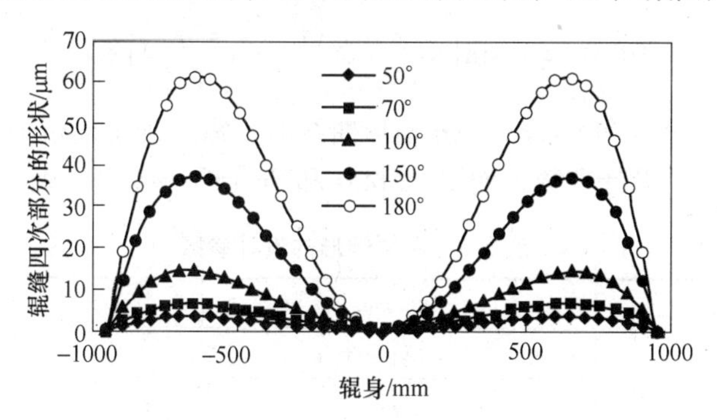

图 3-24 无载辊缝四次部分随形状角的变化

3.3.1.2 工作辊辊形和辊缝曲线对比

圆柱形轧辊的直径沿辊身长度是均匀不变的，CVC、CVC plus 和 SmartCrown 等特殊形状的轧辊直径则是变化的，它们都可以用直径函数 $D(x)$ 来表示。由于轧辊的直径函数 $D(x)$ 代表了轧辊的辊身形状，因此，直径函数 $D(x)$ 又可称为辊形函数。

当轧辊轴向移动距离 s 时，上辊辊形函数（半径函数）$G_t(x)$ 为：

$$G_t(x) = \frac{1}{2}D_t(x-s) = \frac{1}{2}D(x-s) \tag{3-57}$$

根据轧机上、下工作辊的反对称性，可知下辊的辊形函数 $G_b(x)$ 为：

$$G_b(x) = \frac{1}{2}D_b(x+s) = \frac{1}{2}D(-x-s) \tag{3-58}$$

于是，辊缝函数 $G(x)$ 为：

$$G(x) = D + H - G_t(x) - G_b(x) \tag{3-59}$$

辊缝凸度 C_w 为：

$$C_w = G(0) - G\left(\pm\frac{L}{2}\right) \tag{3-60}$$

式中，D 为轧辊名义直径；H 为辊缝中点开口度；L 为轧辊辊身长度。

对于一对凸度相同的简单凸度辊，按定义轧辊的凸度与辊缝的凸度大小相等、符号相反。尽管 CVC、CVC plus 和 SmartCrown 等工作辊不是简单定义的凸度辊，不能用凸度来计量，但其形成的辊缝与简单凸度辊形成的辊缝相同。所以，CVC、CVC plus 和 SmartCrown 工作辊辊形仍可以用凸度来表征，该凸度称为轧辊的等效凸度。该凸度不是从 CVC、CVC plus 和 SmartCrown 辊形上直接测到的，而是由其形成的辊缝来求出。辊缝凸度与轧辊的等效凸度大小相等、符号相反。本书采用辊缝凸度来表示辊缝的大小和形状。

A 辊形曲线

CVC 辊形为三次幂关系，其辊形函数（直径函数）为：

$$D(x) = b_0 + b_1\left(\frac{x-s_0}{L/2}\right) + b_3\left(\frac{x-s_0}{L/2}\right)^3 \tag{3-61}$$

CVC plus 辊形则为高次幂曲线，其辊形函数（直径函数）为：

$$D(x) = b_0 + b_1\left(\frac{x-s_0}{L/2}\right) + b_3\left(\frac{x-s_0}{L/2}\right)^3 + b_5\left(\frac{x-s_0}{L/2}\right)^5 \tag{3-62}$$

SmartCrown 辊形可描述为正弦和线性叠加的函数，其辊形函数（直径函数）为：

$$D(x) = c_2\sin\left[\beta\left(\frac{x - s_0}{L/2}\right)\right] + c_1\left(\frac{x - s_0}{L/2}\right) + c_0 \tag{3-63}$$

设计 CVC、CVC plus 和 SmartCrown 辊形曲线时，需要确定的辊形参数，见表 3-3。可知，CVC 需要确定 3 个设计参数，而 CVC plus 和 SmartCrown 需要确定 4 个设计参数。

表 3-3　不同辊形的设计参数

CVC	CVC plus	SmartCrown
b_1	b_1	c_1
b_3	b_3	c_3
s_0	s_0	s_0
—	b_5	β

由泰勒公式可知：

$$\begin{aligned} D(x) &= c_2\sin\left[\beta\left(\frac{x - s_0}{L/2}\right)\right] + c_1\left(\frac{x - s_0}{L/2}\right) + c_0 \\ &= c_2\beta\left(\frac{x - s_0}{L/2}\right) - \frac{c_2\beta^3}{6}\left(\frac{x - s_0}{L/2}\right)^3 + \frac{c_2\beta^5}{120}\left(\frac{x - s_0}{L/2}\right)^5 - \cdots + \\ &\quad (-1)^{n-1}\frac{c_2\beta^{2n-1}}{(2n-1)!}\left(\frac{x - s_0}{L/2}\right)^{2n-1} + c_1\left(\frac{x - s_0}{L/2}\right) + c_0 \quad (n = 1, 2, \cdots) \end{aligned} \tag{3-64}$$

式（3-64）的等式右边只取到 $n = 2$，并结合式（3-61）可得：

$$\begin{cases} b_1 = c_2\beta + c_1 \\ b_3 = -\dfrac{c_2\beta^3}{6} \end{cases} \tag{3-65}$$

式（3-64）的等式右边只取到 $n = 3$，并结合式（3-62）可得：

$$\begin{cases} b_1 = c_2\beta + c_1 \\ b_3 = -\dfrac{c_2\beta^3}{6} \\ b_5 = \dfrac{c_2\beta^5}{120} \end{cases} \tag{3-66}$$

式（3-65）和式（3-66）建立了 CVC、CVC plus 与 SmartCrown 辊形对应的关系。

B　辊缝曲线

传统的 CVC 辊缝形状为抛物线形状，其辊缝函数为：

$$G(x) = D + H - (b_0 - b_1t - b_3t^3 - 3b_3tX^2) \tag{3-67}$$

CVC plus 的辊缝函数为：

$$G(x) = D + H - (b_0 - b_1t - b_3t^3 - b_5t^5 - 3b_3tX^2 - 10b_5t^3X^2 - 5b_5tX^4) \tag{3-68}$$

对于任何窜辊位置，SmartCrown 辊缝形状表现为余弦函数：

$$G(x) = D + H + c_2\sin(\beta t)\cos(\beta X) + c_1t - c_0 \tag{3-69}$$

式中，$t = \frac{s_0 + s}{L/2}$，$X = \frac{x}{L/2}$，$\beta = \frac{\pi}{180}\alpha$，将$\beta$称为形状角，即辊身边缘的位置对应的某个特定角度。

按表 3-3 的参数分别设计出 CVC 辊形，其与 SmartCrown 辊形的对比如图 3-25 所示。其中图 3-25（a）为 CVC 和 SmartCrown 辊形对比图，图 3-25（b）为 SmartCrown 与 CVC 的辊形差对比图。从中可以看出，由外商所提供的 SmartCrown 工作辊辊形与 3 次 CVC 辊形差别不大，沿辊身长度方向上，SmartCrown 和 CVC 的辊形差相差不超过 10μm，由于 SmartCrown、CVC 等辊形曲线通常由数控磨床磨削出，目前数控磨床的磨削公差带通常在 ±5 μm，所以，就目前来说，外商提供的 SmartCrown 辊形和 3 次 CVC 辊形一样，其空载辊缝只能提供对 2 次凸度即 2 次浪形的控制。

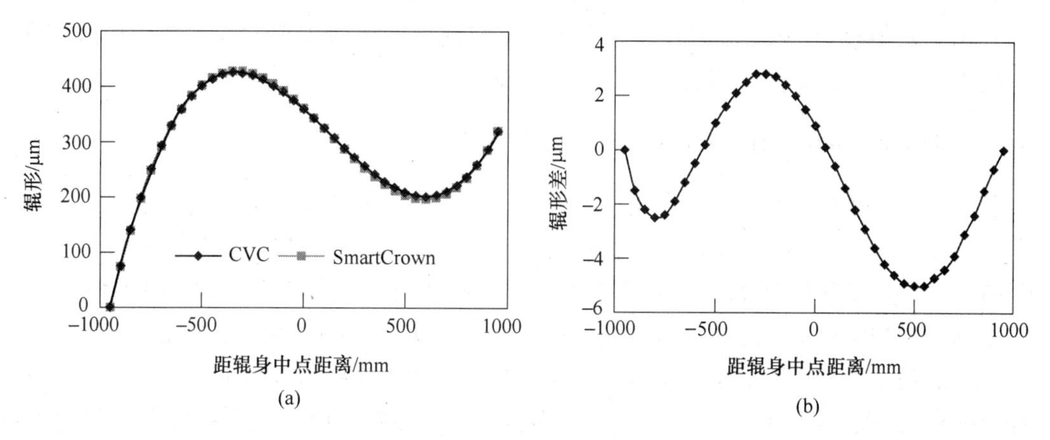

图 3-25 CVC 和 SmartCrown 辊形对比图（a）和辊形差图（b）

C 空载辊缝的凸度调节能力对比

CVC 的辊缝凸度调节与带钢宽度成平方关系，即：

$$C_{wb} = -3b_3t\left(\frac{B}{L}\right)^2 \tag{3-70}$$

CVC plus 的辊缝凸度调节与带钢宽度的关系为：

$$C_{wb} = -3b_3t\left(\frac{B}{L}\right)^2 - 10b_5t^3\left(\frac{B}{L}\right)^2 - 5b_5t\left(\frac{B}{L}\right)^4 \tag{3-71}$$

SmartCrown 的辊缝凸度调节与带钢宽度的关系为：

$$C_{wb} = c_2\sin(\beta t)\left[1 - \cos\left(\beta\frac{B}{L}\right)\right] \tag{3-72}$$

当所轧带钢宽度为 $B \in [B_{min}, B_{max}]$ 时，定义空载辊缝的凸度调节能力为：

$$\lambda = \frac{C_{wb} - C_{max}}{C_{max}} \tag{3-73}$$

式中，λ 为带钢宽度为 B 时的空载辊缝凸度调节变化率；C_{max} 为带钢宽度为 B_{max} 时的空载辊缝凸度调节能力；C_{wb} 为带钢宽度为 B 时的空载辊缝凸度调节能力。

SmartCrown 和 CVC 空载辊缝凸度调节能力对比如图 3-26 所示。从图 3-26 中可以看出，带钢宽度从 1500mm 变为 900mm 时，SmartCrown 和 CVC 空载辊缝凸度调节能力下降基本相同，分别为 63.0719% 和 63.0844%。从图 3-26 中还可以看出，外商提供的 Smart-

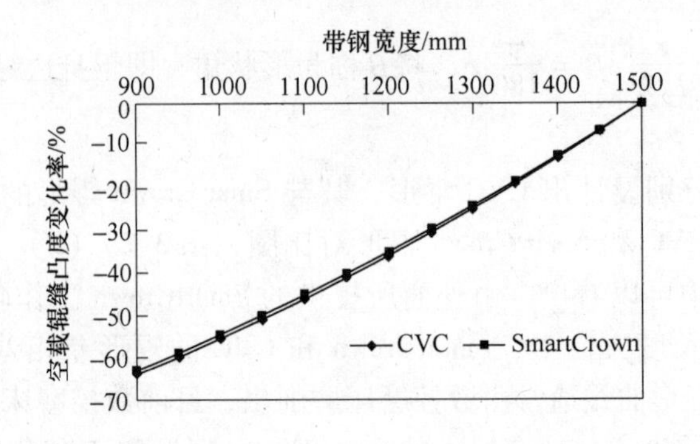

图 3-26　SmartCrown 和 CVC 空载辊缝凸度调节能力对比

Crown 连续变凸度工作辊的空载辊缝凸度调节与带钢宽度近似成平方的关系，带钢宽度越窄，轧机对带钢的控制能力越弱，并没有发挥出其优势作用。

3. 3. 2　4200mm SmartCrown 中厚板轧机辊形设计

随着建筑、造船和石油等行业的巨大发展，对中厚板如力学性能、表面质量和尺寸公差等方面提出了越来越高的要求。而良好的尺寸公差则需要对辊缝形状进行精确控制，需要机械传动和自动化控制系统的协同作用。中厚板轧机往往是由单个机架生产出不同厚度、不同宽度的中厚板产品，所以其轧辊磨损和板形质量等难以得到有效控制。

为了满足用户和市场需求，提高中厚板的板形质量，国内某 4200mm 中厚板轧机在其新建时配套引进了 SmartCrown 板形控制新技术，其核心即是由奥钢联 VAI 基于提供 CVC 技术的经验所研究开发的 SmartCrown 工作辊。SmartCrown 技术已经成功应用于铝带轧机、冷连轧机和热连轧机上，在中厚板轧机应用该技术轧制板带还是首次。由于 SmartCrown 和 CVC 技术均为轴向移位连续变凸度技术，辊形都采用了特殊的“S”形。从 SmartCrown 和 CVC 以往的现场使用生产中发现其特殊的辊形曲线导致支持辊辊身中部易呈现不规则磨损，自保持性差，影响板形控制性能及轧制过程稳定性，甚至时有支持辊严重边部剥落事故发生，使现场的正常生产无法进行。而该 4200mm 中厚板轧机采用的 SmartCrown 工作辊沿辊身长度方向的直径差高达 1. 2mm（图 3-27），所以有必要对 SmartCrown 中厚板轧机的辊形配置进行研究，并对 SmartCrown 工作辊相配套的支持辊辊形进行优化设计，可以为生产现场缩短调试周期，降低辊耗，节约生产成本，具有重要的理论意义和工程应用价值。

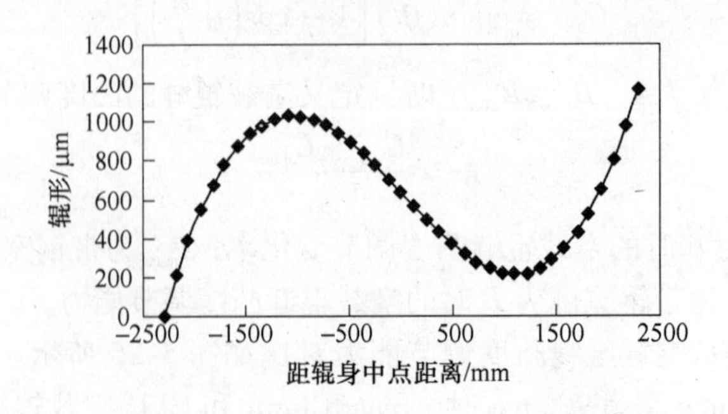

图 3-27　中厚板 SmartCrown 工作辊辊形

3.3.2.1 工作辊辊形设计

对于轧机的上工作辊（图 3-28），SmartCrown 辊形函数（半径函数）$y_{t0}(x)$ 可用通式表示为：

$$y_{t0}(x) = R_0 + a_1 \sin\left[\frac{\pi\alpha}{90L}(x - s_0)\right] + a_2 x \tag{3-74}$$

式中，a_1、α、s_0、a_2 为辊形设计待定常数；R_0 为轧辊名义半径；L 为辊形设计使用长度，一般取为轧辊辊身长度。

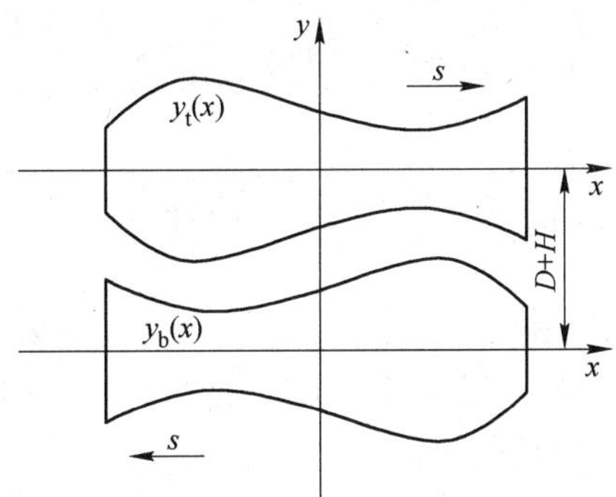

图 3-28 工作辊辊形及辊缝

当轧辊轴向移动距离 s 时（图 3-28 中所示方向为正），上辊辊形函数为 $y_{ts}(x)$ 为：

$$y_{ts}(x) = y_{t0}(x - s) = R_0 + a_1 \sin\left[\frac{\pi\alpha}{90L}(x - s - s_0)\right] + a_2(x - s) \tag{3-75}$$

根据 CVC 技术上、下工作辊的反对称性，可知下辊的辊形函数为：

$$y_{b0}(x) = y_{t0}(L - x) \tag{3-76}$$

$$\begin{aligned} y_{bs}(x) &= y_{b0}(x + s) = y_{t0}(L - x - s) \\ &= R_0 + a_1 \sin\left[\frac{\pi\alpha}{90L}(L - x - s - s_0)\right] + a_2(L - x - s) \end{aligned} \tag{3-77}$$

于是，辊缝函数 $g(x)$ 为：

$$\begin{aligned} g(x) &= D + H - y_{ts}(x) - y_{bs}(x) \\ &= (D + H - 2R_0) - 2a_1 \sin\left[\frac{\pi\alpha}{90L}\left(\frac{L}{2} - s - s_0\right)\right]\cos\left[\frac{\pi\alpha}{90L}\left(x - \frac{L}{2}\right)\right] - a_2(L - 2s) \end{aligned} \tag{3-78}$$

式中，D 为轧辊名义直径，等于 $2R_0$；H 为辊缝中点开口度。

辊缝凸度 C_w 则为：

$$\begin{aligned} C_w &= g(L/2) - g(0) \\ &= 2a_1 \sin\left[\frac{\pi\alpha}{90L}\left(\frac{L}{2} - s - s_0\right)\right]\left(\cos\frac{\pi\alpha}{180} - 1\right) \end{aligned} \tag{3-79}$$

辊缝凸度 C_w 仅与系数 a_1、α、s_0 有关，且与轧辊轴向移动量 s 呈非线性关系。设轧辊轴向移动的行程范围为 $s \in [-s_m, s_m]$，相应的辊缝凸度范围为 $C_w \in [C_1, C_2]$。分别代入式（3-79）有：

$$C_1 = 2a_1 \sin\left[\frac{\pi\alpha}{90L}\left(\frac{L}{2} + s_m - s_0\right)\right]\left(\cos\frac{\pi\alpha}{180} - 1\right) \tag{3-80}$$

$$C_2 = 2a_1\sin\left[\frac{\pi\alpha}{90L}\left(\frac{L}{2} - s_m - s_0\right)\right]\left(\cos\frac{\pi\alpha}{180} - 1\right) \tag{3-81}$$

$$C_1 + C_2 = 4a_1\left(\cos\frac{\pi\alpha}{180} - 1\right)\sin\left[\frac{\pi\alpha}{90L}\left(\frac{L}{2} - s_0\right)\right]\cos\left(\frac{\pi\alpha}{90L}s_m\right)$$

$$C_1 - C_2 = 4a_1\left(\cos\frac{\pi\alpha}{180} - 1\right)\sin\left(\frac{\pi\alpha}{90L}s_m\right)\cos\left[\frac{\pi\alpha}{90L}\left(\frac{L}{2} - s_0\right)\right]$$

对某套轧机，L、s_m均为已知，若给出 α，则可根据以上两方程解出：

$$s_0 = \frac{L}{2} - \frac{90L}{\pi\alpha}\arctan\left(\tan\frac{\pi\alpha s_m}{90L} \times \frac{C_1 + C_2}{C_1 - C_2}\right) \tag{3-82}$$

$$a_1 = \frac{C_1}{2\sin\left[\frac{\pi\alpha}{90L}\left(\frac{L}{2} + s_m - s_0\right)\right]\left(\cos\frac{\pi\alpha}{180} - 1\right)} \tag{3-83}$$

由式（3-79）可知，辊缝凸度与 a_2无关，所以 a_2由其他因素确定。若为了减小轧辊轴向力，可以轧辊轴向力最小作为判据确定 a_2；若为了减小带钢的残余应力改善带钢质量，可以轧辊辊径差最小作为设计判据。

当辊径一定时，由曲线两端确定最大允许辊径差而得到的辊面中部较平缓，边部虽陡峭，但板带轧制一般在中部，边部可通过修形进行处理。

所以由：

$$\Delta D = 2[y_{t0}(L/2 + B/2) - y_{t0}(L/2 - B/2)] = 0 \tag{3-84}$$

可得：

$$a_2 = 2\frac{a_1}{B}\sin\left[\frac{\pi\alpha}{90L}\left(\frac{L}{2} - s_0\right)\right]\cos\frac{B}{2} \tag{3-85}$$

高次凸度 C_h 为：

$$\begin{aligned} C_h &= g\left(\frac{L}{4}\right) - \frac{3}{4}g\left(\frac{L}{2}\right) - \frac{1}{4}g(0) \\ &= -2a_1\sin\left[\frac{\pi\alpha}{90L}\left(\frac{L}{2} - s - s_0\right)\right]\left(\cos\frac{\pi\alpha}{360} - \frac{1}{4}\cos\frac{\pi\alpha}{180} - \frac{3}{4}\right) \end{aligned} \tag{3-86}$$

凸度比：

$$R_c = \frac{C_w}{C_h} = -\frac{\cos\frac{\pi\alpha}{180} - 1}{\cos\frac{\pi\alpha}{360} - \frac{1}{4}\cos\frac{\pi\alpha}{180} - \frac{3}{4}} \tag{3-87}$$

可以看出，SmartCrown 辊形的凸度比仅与形状角 α 有关，所以可以根据生产实际情况来确定凸度比 R_c，进而求解出 α。

确定了辊形曲线的各个参数，就可以得出辊形曲线。某厂所采用的工作辊辊形曲线如图 3-29 所示，很明显上、下辊的辊形曲线是对称的。

3.3.2.2　工作辊辊形参数分析

在 B 和 L 一定的情况下，R_c 取决于 α 的大小。R_c 和 α 的关系如图 3-30 所示。可以看出，α 取值越小，高次凸度控制能力越弱，α 取值越大，高次凸度控制能力越强。当 α 取 360°时，凸度比 α 为 0，即二次凸度控制能力为 0，轧辊只具有高次凸度控制能力。

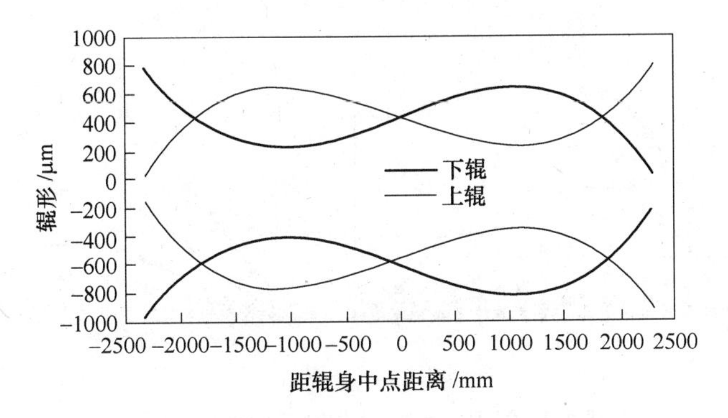

图 3-29　某厂所采用的上、下工作辊辊形曲线

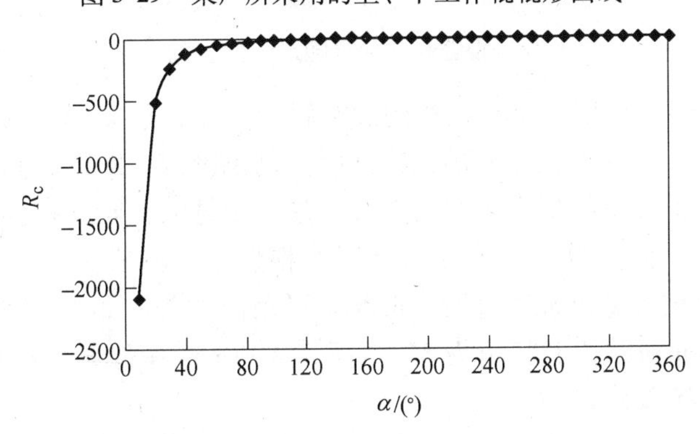

图 3-30　凸度比 R_c 和形状角 α 的关系

SmartCrown 辊缝的形状可以通过所谓的形状角进行调节，通过精调形状角，也就相应调节和优化了辊缝形状。形状角 α 理论上可以取 0°～360°。辊缝形状随形状角 α 的变化如图 3-31 所示。辊缝高次部分随形状角 α 的变化如图 3-32 所示。由图 3-31 可以看出，当形状角较小时，当其由 50°变化为 100°时，其辊缝形状改变较小，但是随着形状角的增大，其辊缝形状也变化较大。当形状角超过 180°时，其辊缝形状由近似抛物线变化为“M”形，且形状角越大，“M”形越明显，这样的辊缝形状给板形的调整带来了较大不利影响。所以，形状角可控制在 0°～180°之间。

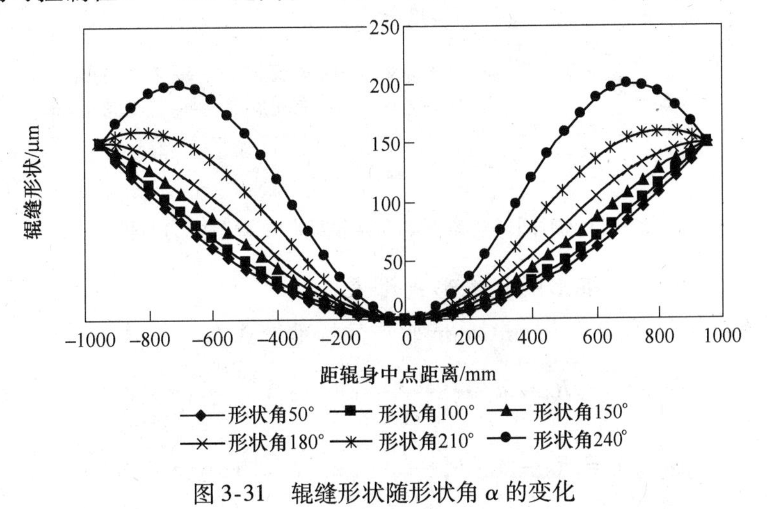

图 3-31　辊缝形状随形状角 α 的变化

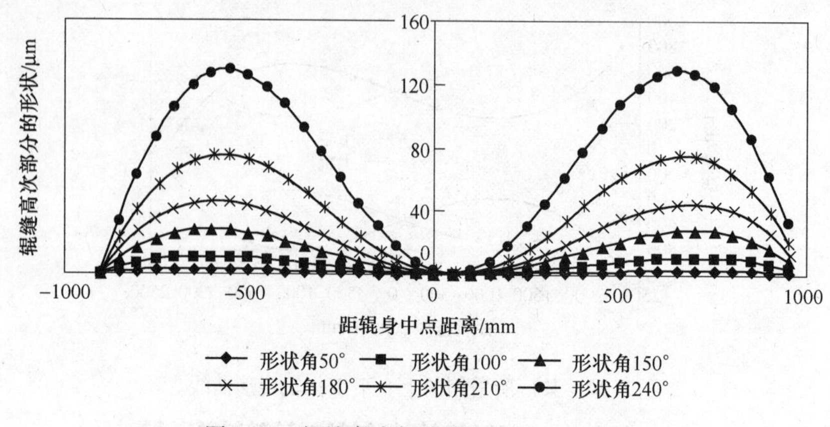

图3-32 辊缝高次部分随形状角 α 的变化

从图3-31和图3-32可以看出，在相同的窜辊距离下，选取不同的形状角，相应的二次凸度和高次凸度都不一样，在相同的二次凸度控制范围内，随形状角的增大，四次凸度控制范围也在增大，但并不是形状角越大越好，形状角越大，辊缝在四分之一处变化越剧烈，而生产中主要以控制二次凸度为主。所以要根据生产的实际需要，选择合适的形状角，一般越宽的带钢越容易出现四分浪，形状角可稍微大些，如某1700mm冷轧机的工作辊（辊身长度为1900mm）的形状角为25°，而某4300mm中厚板轧机的工作辊（辊身长度为4600mm）的形状角为75°。

图3-33为不同形状角下的空载辊缝凸度调节能力对比。可以看出，形状角越大，空载辊缝凸度调节能力越强，特别是对于带钢宽度较小的带钢来说，效果更明显。当宽度为900mm时，形状角由50°变为270°时，空载辊缝凸度调节能力提高80.8%；当宽度为1200mm时，形状角由50°变为270°时，空载辊缝凸度调节能力提高123.2%。

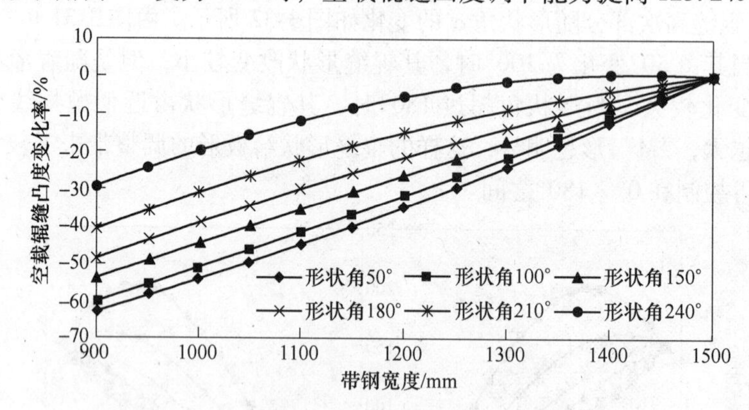

图3-33 不同形状角下的空载辊缝凸度调节能力对比

3.3.2.3 SmartCrown辊形的标准形式讨论

目前，奥钢联VAI给出了SmartCrown辊形的标准形式为：

$$D_{\mathrm{U}}(x) = R_0 + a_1 \sin\left[\frac{\varphi}{L_{\mathrm{REF}}/2}(x - s_0)\right] - a_2(x - s_0) \tag{3-88}$$

$$D_{\mathrm{L}}(x) = R_0 - a_1 \sin\left[\frac{\varphi}{L_{\mathrm{REF}}/2}(x - s_0)\right] + a_2(x - s_0) \tag{3-89}$$

而本章分析的 SmartCrown 辊形形式（即式（3-74））看似与其有所区别，但将式（3-74）进一步处理，即：

$$
\begin{aligned}
D(x) &= a_1\sin\left[\frac{\pi\alpha}{90B}(x-s_0)\right]+a_2x+a_3 \\
&= a_1\sin\left[\frac{\pi\alpha}{180\times B/2}(x-s_0)\right]+a_2x+a_3 \\
&= a_1\sin\left[\frac{\pi\alpha}{180}\times\frac{1}{B/2}(x-s_0)\right]+a_2x+a_3
\end{aligned}
\tag{3-90}
$$

对比上述式子可以看出，式（3-88）和式（3-90）本质上是一致的，只是式（3-88）中的形状角 φ 的单位为弧度，而式（3-90）中的形状角 α 的单位为角度。同时，两个式子中的 a_2 符号相反。

3.4 UPC 辊形设计研究

3.4.1 UPC 轧机工作原理

UPC（Universal Profile Control Mill）轧机是德国 MDS（曼内斯曼·德马克·萨克）公司研制的万能辊缝板形控制轧机，是继 HC、CVC 技术之后又一种可改善辊缝的轧辊横移式轧机。其原理是将普通四辊轧机的工作辊磨成“雪茄”形，大、小头相反布置，构成一个不同凸度的辊缝。UPC 轧机投产的数量不及 HC 轧机和 CVC 轧机，最早使用 UPC 技术的是德国克虏伯 1250mm 轧机和芬兰 2000mm 轧机。

UPC 轧机工作辊辊廓曲线如图 3-34 所示。UPC 轧机的工作辊辊身呈“雪茄”形，其辊形特点是中间大，两头小，且一头大一头小。中心线一侧是辊径最粗的截面，另一侧是

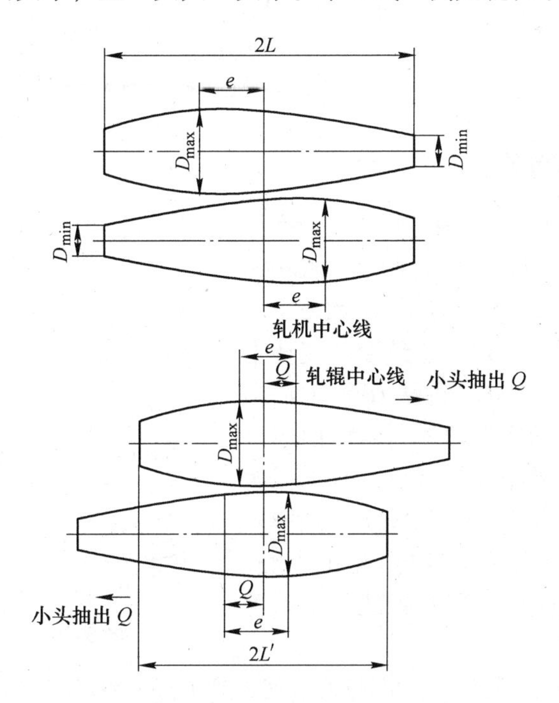

图 3-34 UPC 轧机工作辊辊廓曲线

辊径最细的截面，辊径最粗和最细的两截面之差称为 UPC 轧辊的辊径差 $\Delta D = D_{max} - D_{min}$。辊身最大直径位于离辊身中央 e 处。图 3-35 中的 e 为偏心值，S 为移动行程。

类似于其他轴向移位变凸度技术工作辊的工作原理，UPC 轧机工作时，也是通过工作辊的轴向窜动，调整出一个轧制周期内所需要的辊缝，如图 3-35 所示。当轧辊的小端沿辊身方向分别从轧机的两侧抽动时，轧辊的最大辊径截面所在位置就会向轧机的中心靠近，这时，形成的辊缝凸度称作负凸度；相反，轧辊的大端沿辊身方向分别从轧机的两侧抽动时，轧辊的最大辊径截面所在位置就会远离轧机中心，这时则形成正的辊缝凸度。UPC 技术既可用于四辊轧机，又可用于六辊轧机。当 UPC 技术用于六辊轧机时，可以抽动中间辊。工作辊或中间辊的轴向移动装置，是由设在轧辊端部（操作侧）的双向液压缸来驱动的，在调整压下装置的过程中，或在轧制过程中，可实现连续的轴向移动调整。

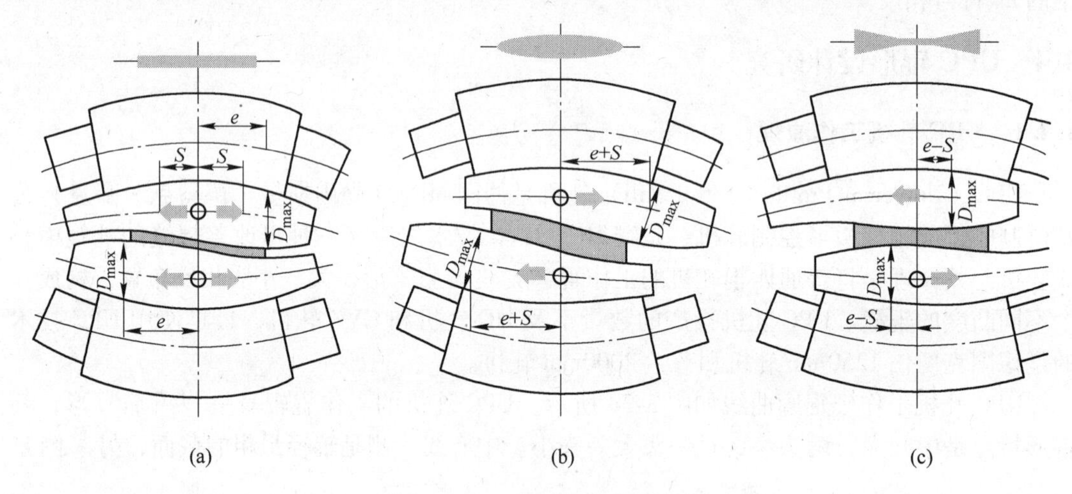

图 3-35 UPC 轧机工作原理
（a）零凸度；（b）正凸度；（c）负凸度

3.4.2 UPC 辊形曲线分析

UPC 辊是早先使用的一种轴向移位变凸度技术辊形，虽然现在已经被 CVC 辊和 SmartCrown 辊所逐渐代替，不过研究其与 CVC 和 SmartCrown 辊的区别与联系对于研究连续变凸度技术有一定的参考意义。下面首先将从 CVC 辊形出发，导出 UPC 工作辊的辊形曲线：UPC 曲线可以看做是 CVC 曲线与抛物线的合成，基于三次 CVC 辊形曲线，可设 UPC 辊形曲线为 $y = -ax^3 + bx^2 + cx$，坐标原点建立在 UPC 轧机中心，UPC 曲线的合成过程及其与 CVC 曲线的关系可参照图 3-36。

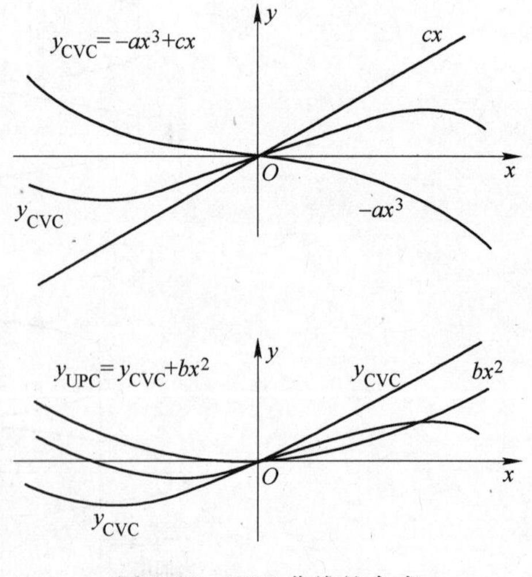

图 3-36 UPC 曲线的合成

将图 3-37 中曲线上的特殊点，即极值点代入到上述 CVC 辊形曲线中 $y = -ax^3 + cx$，便可以解出待定系数 a 和 c。

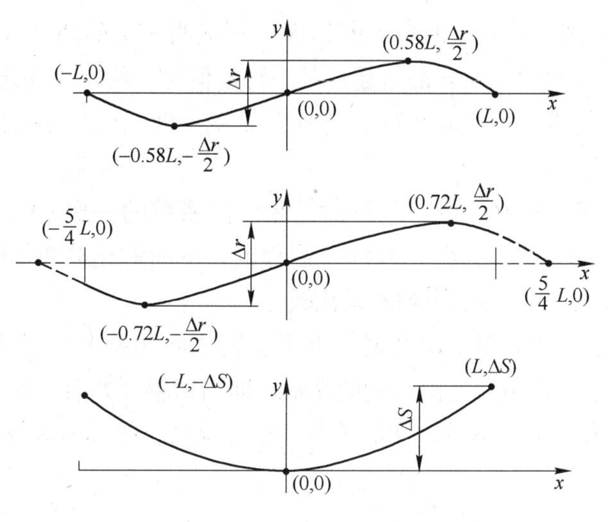

图 3-37　曲线上的特殊点

n 表示参与与 CVC 曲线合成 UPC 曲线的抛物线形状，$bx^2 = n\Delta r\left(\frac{x}{2L}\right)^2$，即用 n 来表示抛物线的曲线程度，取 $n = \pm(0,1,2,3,\cdots,8)$，这样便可写出一下两种情况下 UPC 轧辊的辊形曲线。

CVC 辊形曲线极值点在距离轧辊中心约 $\frac{1}{4}$ 处，即极值点取 $\pm\left(0.58L,\frac{\Delta r}{2}\right)$ 时：

$$y = -10.4\Delta r\left(\frac{x}{2L}\right)^3 + n\Delta r\left(\frac{x}{2L}\right)^2 + 2.6\Delta r\left(\frac{x}{2L}\right) \tag{3-91}$$

CVC 辊形曲线极值点在距离轧辊中心约 $\frac{5}{8}$ 处，即极值点取 $\pm\left(0.72L,\frac{\Delta r}{2}\right)$ 时：

$$y = -5.3\Delta r\left(\frac{x}{2L}\right)^3 + n\Delta r\left(\frac{x}{2L}\right)^2 + 2.1\Delta r\left(\frac{x}{2L}\right) \tag{3-92}$$

式中，Δr 为 CVC 轧辊的半径差。

三次 CVC 辊形曲线的极值点一般出现在距离轧辊中心位置的 $\frac{1}{4}$ 处，所以以下分析基于上述计算所得的第一种曲线形式，即 CVC 曲线极值点在 $\pm\left(0.58L,\frac{\Delta r}{2}\right)$ 处时所得的 UPC 辊形曲线，取辊身长度 $2L = 1700\text{mm}$ 的轧辊，探究不同的 n 对于曲线形状的影响，如图 3-38 所示。

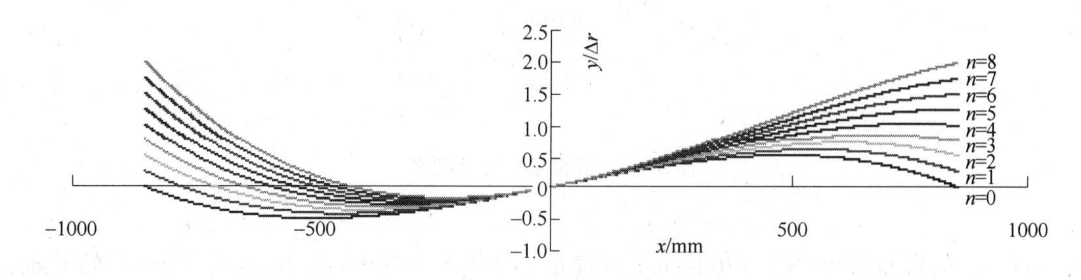

图 3-38　UPC 辊形曲线

由图 3-38 可以发现，随着 n 的值不断增大，轧辊曲线上的两个极值点一个向原点接近，而另外一个在远离原点，当 n 的值超过某一特定值时，约 $n = 5$ 之后，远离原点的极值点就会消失，移出辊端，形成真正的“雪茄”形的 UPC 辊形，这时曲线就只有一个极值点。

通过上述分析发现，UPC“雪茄”形曲线是由同系数的三次 CVC 曲线与一条抛物线合成而成的，决定其形状的即为抛物线的弯曲程度。下面对比分析 UPC 轧辊窜辊量对于辊缝的影响情况，并与 CVC 辊形影响效果比较。

如图 3-39 所示，当窜辊量 $s = 0$ 时，上下轧辊之间相差一个辊缝值 h ，即 $y_u(x) - y_b(x) = h$ ，且 h 是一个沿着 x 方向不变的常数。而当窜辊开始后，即 $s \neq 0$ 时，辊缝值沿 x 方向不再为定值，此时上、下辊之间的关系可以写成与 x 相关的函数：

$$y_u(x) - y_b(x) + h = \varphi(x) \tag{3-93}$$

大头抽出时　　$y_u(x - s) - y_b(x + s) + h = \varphi(x)$

小头抽出时　　$y_u(x + s) - y_b(x - s) + h = \varphi(x)$

取上述计算结果：

$$y_u = -10.4\Delta r\left(\frac{x}{2L}\right)^3 + n\Delta r\left(\frac{x}{2L}\right)^2 + 2.6\Delta r\left(\frac{x}{2L}\right)$$

则：

$$y_b = 10.4\Delta r\left(\frac{x}{2L}\right)^3 - n\Delta r\left(\frac{x}{2L}\right)^2 - 2.6\Delta r\left(\frac{x}{2L}\right)$$

当大头抽出时，有如下关系：

$$\frac{\varphi(x) - h}{\Delta r} = \frac{y_u(x - s) - y_b(x + s)}{\Delta r} = -2.6\left[\frac{x(x^2 + s^2)}{L^3}\right] + \frac{n(x^2 + s^2)}{2L^2} + 2.6\left(\frac{x}{L}\right) \tag{3-94}$$

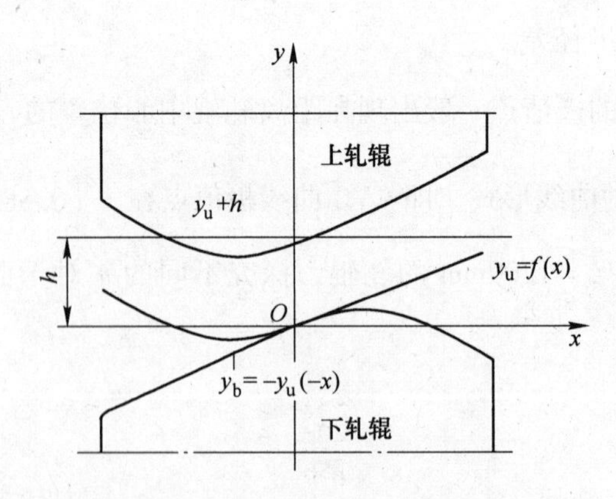

图 3-39　窜辊量与辊缝轮廓

同样，取辊身长度 $2L = 1700$mm，窜辊量 s 分别为 −100mm，0mm 和 100mm 的轧辊，绘制窜辊量与辊缝之间的关系曲线，如图 3-40 所示。

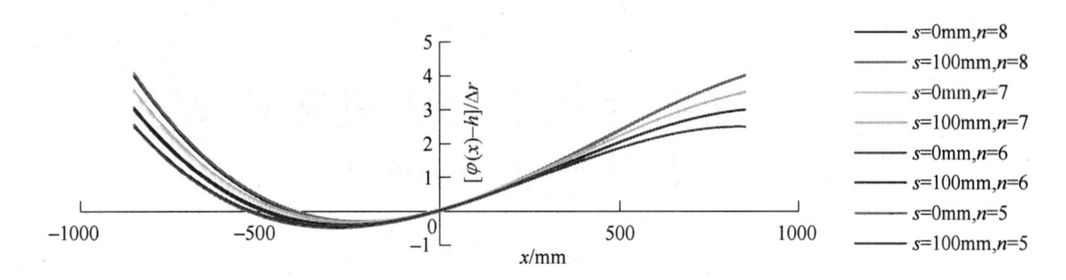

图 3-40 窜辊量与辊缝之间的关系曲线

由图 3-40 可以看出，随着参与合成 UPC 辊形的抛物线弯曲程度，即 UPC 曲线二次项系数 n 、窜辊量 s 的增大，辊缝凸度也随之增大，即 UPC 轧辊的辊缝凸度较 CVC 轧辊的大。

轴向移位变凸度轧辊配套支持辊的设计研究

支持辊支撑着工作辊，通过工作辊接触轧件可以减小工作辊直径、增强工作辊刚度。支持辊的破坏形式为辊面磨损和剥落。支持辊的辊形有多种方法，早期的阶梯辊形能消除边部有害接触区的影响，但边部应力集中较大；锥形辊形改进了边部应力集中；SC 支持辊、VC 支持辊、DSR 支持辊则实现了支持辊的动态调整。支持辊辊形优化设计的基本原则为：提高轧辊接触压力分布均匀性，消除局部应力集中；缩短支持辊边部有害接触区等。目前轧制生产线主要采用的支持辊有普通凸度辊、双阶梯支持辊、大凸度支持辊、VCR 变接触支持辊等。

大型热轧支持辊轧制特性要求（图 4-1）：

（1）具有较高的抗压强度和良好的刚性，足以承受高轧制力和峰值负荷；

（2）具有良好的韧性，以避免断辊、辊身裂纹和表面剥落；

（3）辊身工作层有良好的耐磨损性能和抗疲劳性能，以降低辊耗；

（4）辊身工作层具有均匀的组织和硬度，使得全辊面具有均匀的耐磨损性；

（5）具有良好的耐蚀性，以抵抗热轧过程中高温与润滑或冷却媒介的腐蚀。

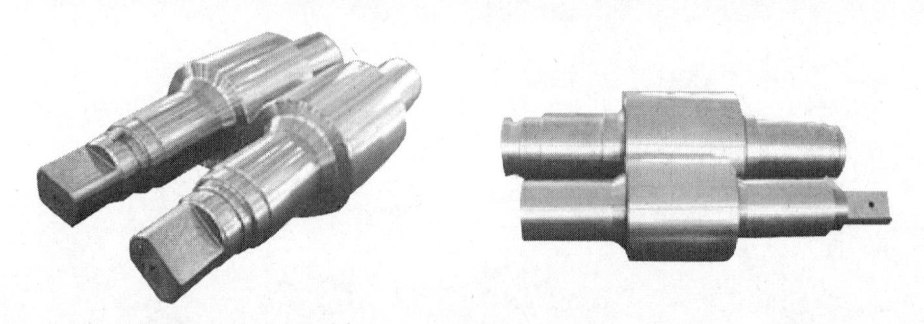

图 4-1　实际所用的支持辊

4.1　热连轧支持辊剥落的原因分析

在钢板的轧制过程中，虽然支持辊没有直接与轧件接触，但却承受着绝大部分弯曲力矩，并对轧线的正常运行起着重要的作用。一方面，支持辊的更换时间长，特别是有事故发生时，对轧线的影响就更大；另一方面，支持辊的成本高，支持辊发生剥落事故，就会使支持辊的有效使用率降低。某热轧厂前后共使用过两种支持辊：铸钢支持辊和锻钢支持辊，这两种不同材质的支持辊在使用过程中都出现过不同程度的剥落，不但影响轧线的正常运行，造成巨大的经济损失，而且增加了板材生产的成本。

4.1.1　支持辊的剥落形式

支持辊在使用过程中主要有辊身剥落和辊身边部剥落即“掉肩”两种失效形式，这两种失效形式常常造成支持辊有效使用直径的巨大损失。如在生产中某支轧辊当时作为 F2 机架的下支持辊，出现在辊身中部呈“猫舌状”，且剥落周边的裂纹沿辊面不断延伸至辊端，沿径向延伸至整个工作层，整个缺陷的范围覆盖了 2/3 周向的辊面，引起剥落的裂纹扩展到结合层，从而破坏结合层。这种情况在生产中属于严重缺陷，即轧辊不能再继续使用，最终只能报废，严重减少了轧辊的有效使用层，增加了成本。

另一种失效形式是轧辊辊身边部出现剥落的情况。这种剥落相比上述情况的剥落要小得多，但这种剥落事故的发生率也较高，经常出现在轧辊端部（一般都是在工作侧）。

4.1.2 支持辊失效形式分析

4.1.2.1 基本参数

本节分析的支持辊所用材质为 75Cr2Mn2NiMo，其化学成分、力学性能和基本尺寸见表 4-1 ~ 表 4-3。

表 4-1 支持辊材质化学成分 （%）

元 素	C	Si	Mn	P	S	Cr	Ni	Mo
含量	0.6 ~ 1.0	0.3 ~ 0.8	1.0 ~ 2.5	≤0.03	≤0.03	1.0 ~ 2.5	0.8 ~ 2.0	0.2 ~ 1.0

表 4-2 支持辊材质力学性能

项 目	抗拉强度/MPa	屈服强度/MPa	伸长率/%	杨氏模量/MPa
数值	≥800	≥600	≥1.5	210000

表 4-3 支持辊基本尺寸

轧辊参数	最大辊径/mm	最小辊径/mm	辊身长度/mm	质量/kg	轧辊全长/mm
粗轧支持辊	1385	1260	1429	26492	4486
精轧支持辊（F1 ~ F3）	1380	1260	1429	24306	3925
精轧支持辊（F4 ~ F6）	1380	1260	1429	23315	3925

4.1.2.2 失效形式分析

A 加工硬化对支持辊剥落的影响

支持辊始终与高硬度的工作辊或中间辊保持滚动接触，辊面承受周期性接触压应力。周期性的滚动接触应力常会在支持辊表面产生加工硬化层，当硬化程度增加的应力值与轧制应力叠加后超过材料的屈服极限时，就会出现微裂纹，继而扩展产生剥落。随支持辊要求硬度的不同，导致剥落的硬度升高临界值也不一样，一般认为，对于硬度超过 HSD65 的支持辊，加工硬化硬度增加值超过 HSD3 就有剥落的危险。

B 磨损对支持辊剥落的影响

支持辊表面磨损不均匀，加工硬化层呈条带状分布，不同条带之间存在硬度差，应力状态也不同。轧制过程如有过载，如工作辊剥落、缠辊、卡钢、滑动等轧制事故，氧化铁皮嵌入，酸浸腐蚀辊面等，引起支持辊局部剪切应力增大而屈服，使加工硬化层底部产生表面皮下微裂纹，微裂纹自内向外发展到辊面，造成剥落掉块。在剥落发生以前，这种微裂纹在轧辊使用中很难被发现，也看不到裂纹的扩展情况。如果这些皮下微裂纹在轧辊下机修磨时未被发现和修磨，再次使用时裂纹会急速扩展，抵达辊面造成剥落。

C　冶金缺陷对支持辊剥落的影响

支持辊辊身工作层材料中存在非金属夹杂物等冶金缺陷，特别是脆性的带有棱角的氧化物、硅酸盐类夹杂物，尖角部位存在应力集中，一定周期循环后产生微裂纹，微裂纹沿夹杂物和应力方向扩展最终引起表层剥落。

D　辊身边部倒角设计对支持辊掉肩的影响

轧钢过程中，由于支持辊和工作辊磨损不均衡，工作辊的正负弯辊力作用，形成支持辊或工作辊辊身中部凹陷、两端凸起的辊形，使辊身端部接触应力迅速增大。当超过材料的屈服极限时，产生塑性变形，多次交变的变形产生微裂纹，裂纹扩展就会造成掉肩。为避免或延缓这种失效发生，支持辊辊身端部常做出一段硬度较低的软带，并设计成有一定轴向长度的锥面或圆弧过渡。不同的倒角设计对应力集中的影响如图 4-2 所示。不同类型倒角，倒角部位产生的应力集中系数差距很大。在锥度小于 0.50°、弧度超过 500mm 的情况下，应力集中系数可以忽略不计。推荐使用的两种倒角如图 4-3 所示。

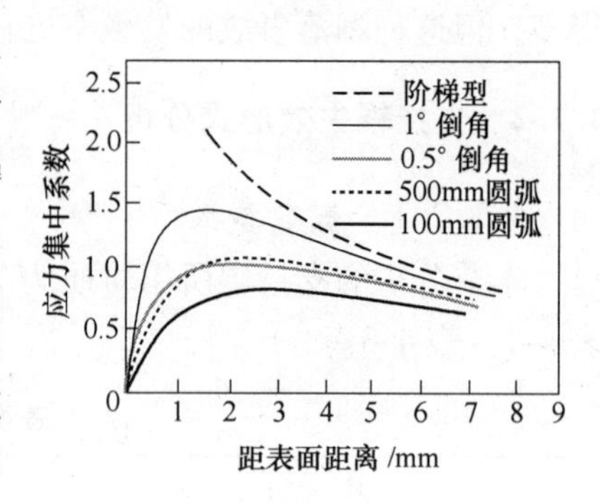

图 4-2　不同的倒角设计对应力集中的影响

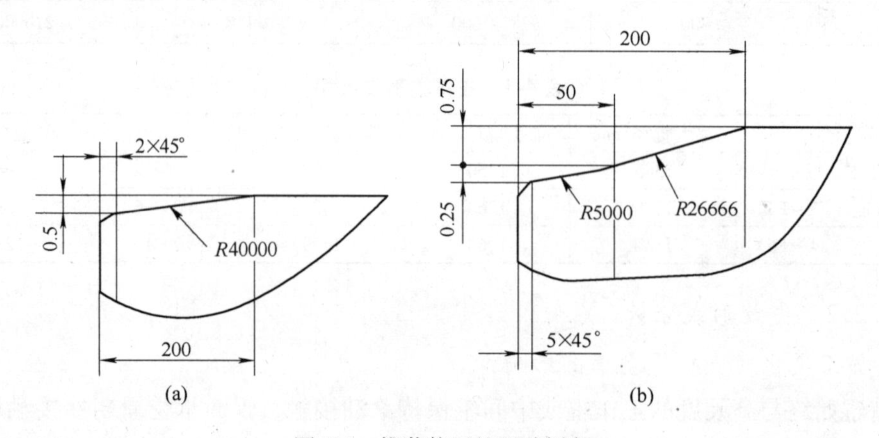

图 4-3　推荐使用的两种倒角

4.1.3　防止支持辊失效的工艺

防止支持辊失效的工艺包括：

（1）加工硬化的监控。支持辊下机后，对辊面进行硬度检测，记录硬度值，确认硬度增高值和硬度不均匀度；如硬度较上机前增高超过 HSD3，应适当减少轧制周期，经过实践调整确定最佳换辊周期。磨削完毕后，再次检测辊面硬度，以确认加工硬化层是否修磨干净，要求达到前次上机时的硬度，并记录硬度检测值。

（2）疲劳裂纹。采用磁粉、渗透或超声波探伤检查，进行辊面表层及表层以下微裂纹的无损检测，确认疲劳裂纹和皮下裂纹清除干净，并适当增加修磨量去除疲劳层。由于支持辊在机使用的周期长，因此在修磨时，一定要把疲劳层彻底去除。在实际生产中，通过不断的努力和摸索，最终将下机后的疲劳层磨削由原来的 2.0mm 增大到 2.5mm，支持辊的剥落明显减少。

（3）辊身两端倒角。辊身两端修磨合适的倒角或大圆弧复合倒角，可有效降低辊身端部接触应力，避免掉肩的发生，并且做到新上机和每次修磨时都严格修磨，有效地防止了支持辊掉肩。

4.2 支持辊设计原则

轧辊的破坏取决于各种应力的综合影响，包括弯曲应力、扭转应力、接触应力、由于温度分布不均或交替变化引起的温度应力，以及轧辊制造过程中形成的残余应力等的综合影响。具体来讲，轧辊的破坏可能由下列三方面原因造成：（1）轧辊的形状设计不合理或设计强度不够。例如，在额定负荷下，轧辊因强度不够而断裂或因接触疲劳超过许用值，使辊面疲劳剥落等。（2）轧辊的材质、热处理或加工工艺不合要求。例如，轧辊的耐热裂性、耐黏附性及耐磨性差，材料中有夹杂物或残余应力过大等。（3）轧辊在生产过程中使用不合理。热轧轧辊在冷却不足或冷却不均匀时，会因热疲劳造成辊面热裂；冷轧时事故黏附也会导致热裂甚至表层剥落；在冬季新换上的冷辊突然进行高负荷热轧或者冷轧机停车，轧热的轧辊骤然冷却，往往会因温度应力过大，导致轧辊表层剥落甚至断辊；压下量过大或因工艺过程安排不合理造成过载荷轧制也会造成轧辊破坏等。

所以，为防止轧辊破坏，应从设计、制造和使用等各方面去努力。考虑到变凸度冷连轧机的实际生产情况，SmartCrown 或 SmartCrown plus 工作辊配套支持辊的辊形设计应该遵循以下两个原则：

（1）减小有害接触区的原则。有害接触区是四辊轧机（常规四辊轧机、HCW 和 CVC4 等）中导致钢板板形恶化和降低轧机板形抗干扰能力的重要原因。优化设计后的支持辊辊形首先应该能使辊间接触长度与带钢宽度相适应，即对于不同的带钢宽度，辊间接触长度能与带钢宽度大致相等。根据这一思想，本小节提出了 VCR 支持辊，其设计思想是：采用特殊设计的支持辊辊形，基于辊系弹性变形的特性，使在受力状态下支持辊与工作辊之间的接触线长度正好与轧制带钢的宽度相适应，做到自动消除“有害接触区”。针对生产的实际状况，参照生产中出现的几种典型工况下的辊间接触长度。优化设计的过程就是使这几种工况下辊间接触长度大于带钢宽度并且使总的辊间接触长度最小，用公式表示如下：

$$\min F_1 = \sum_{i=1}^{M} [L_C(i) - B(i)] \tag{4-1}$$

式中，$L_C(i)$ 为第 i 工况下辊间接触长度；$B(i)$ 为第 i 工况下的带钢宽度；M 为工况数。

（2）辊间接触压力均匀化原则。影响支持辊磨损和辊面剥落最主要的因素是辊间接触压力。辊间接触压力的作用主要是通过以下两种方式来影响：辊间接触压力的均匀性影响支持辊沿辊身方向磨损的均匀性；辊间接触压力的最大值影响轧辊的剥落。以上两者也有密不可分的联系。在冷连轧机实际生产中工作辊服役期内磨损比较大，对辊间接触压力的分布影响比较大。从这一思想出发，为了综合考虑这些因素对辊间接触压力分布的影响，可以用 M 种工况下各点辊间接触压力之和的平均值的均方差值来表示：

$$\min F_2 = \sqrt{\frac{1}{N} \sum_{i=1}^{N} \left[qa(i) - \frac{1}{N} \sum_{k=1}^{N} qa(k) \right]^2} \tag{4-2}$$

式中，$qa(i) = \frac{1}{M}\sum_{j=1}^{M} q(j,i)$，各工况下第 i 点辊间接触压力之和的平均值；$q(j, i)$ 为第 j 种工况下第 i 点的辊间接触压力；N 为支持辊辊身长度所划分的单元数。

4.3　热轧粗轧支持辊辊形研究

武钢 2250mm 热轧生产线目前采用的是两个粗轧机，其中 R1 属于单道次轧制，R2 是多道次轧制，R2 粗轧机与 E2 轧机以串列的方式在前进道次上同时轧制，在返回道次上单独轧制。四辊可逆式粗轧机是将板坯轧 38 ~60mm 厚，轧制道次为 3 ~7 道次，因此 R2 轧制量相当于其他轧机的 5 ~7 倍，所以 R2 稳定的生产是整个轧线生产的关键。

为了给精轧机提供稳定粗轧的来料板形，包括稳定的凸度和减少带坯的镰刀弯、有效延长粗轧工作的轧制长度、提高轧辊使用效率及减少粗轧支持辊损耗，对改善粗轧轧机的生产条件进行了系统的研究。

自投产以来，R2 机架支持辊一直采用西马克提供的常规辊形，距边部 440mm 进行倒角（图 4-4）。

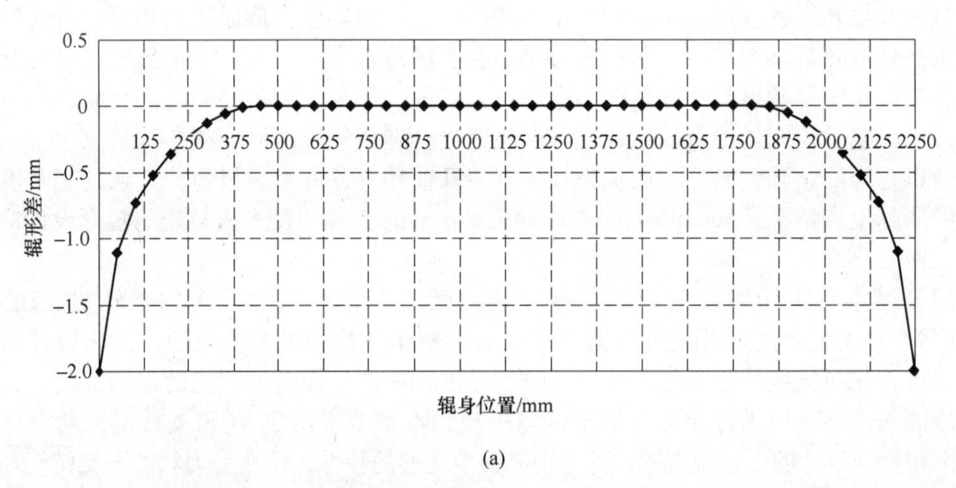

(a)

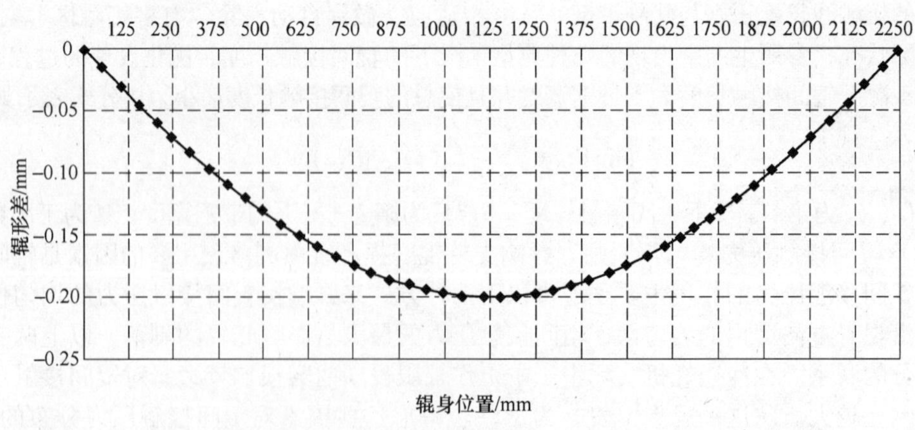

(b)

图 4-4　西马克提供的 R2 机架支持辊和工作辊辊形
（a）支持辊；（b）工作辊

在生产实际中发现，该机架的凸度控制能力不足，轧后的凸度变化范围较大。所以，提高轧机的辊缝刚度对于稳定凸度具有重要意义。为此，尝试将变接触支持辊VCR引入该机架。采用VCR支持辊，一方面可以增加辊缝的刚度，减少轧制力波动对带钢板形的影响；另一方面，VCR辊形较好的辊形自保持性也提高了轧机板形控制的稳定性。

4.3.1 辊形设计方案比较

鉴于R2机架工作的复杂性，采用了三种VCR辊形方案并进行了比较，如图4-5所示。采用有限元方法，对西马克辊形及三种VCR辊形方案的辊间压力进行了对比分析，如图4-6所示，计算时的轧制力为2900t，带钢宽度为1800mm。可见，方案3的辊间压力最均匀，对均匀磨损比较有利。

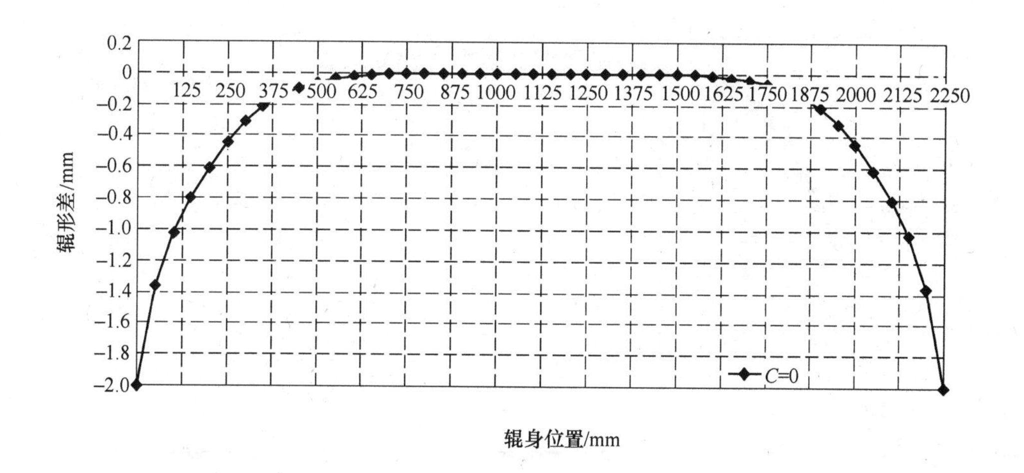

(a)

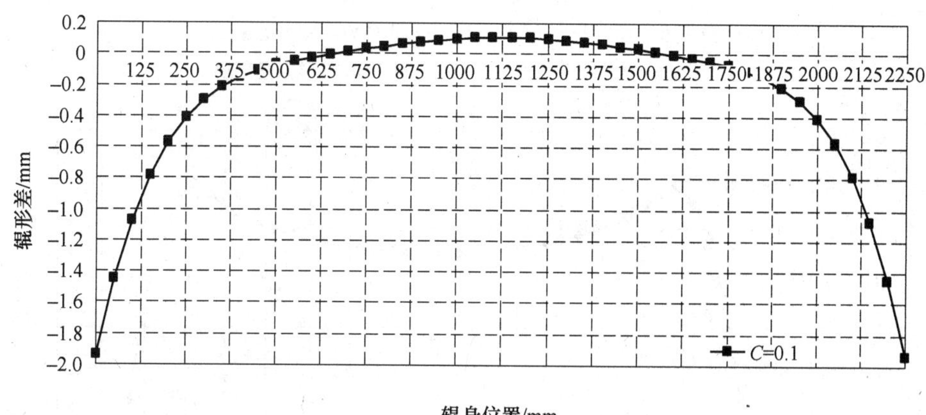

(b)

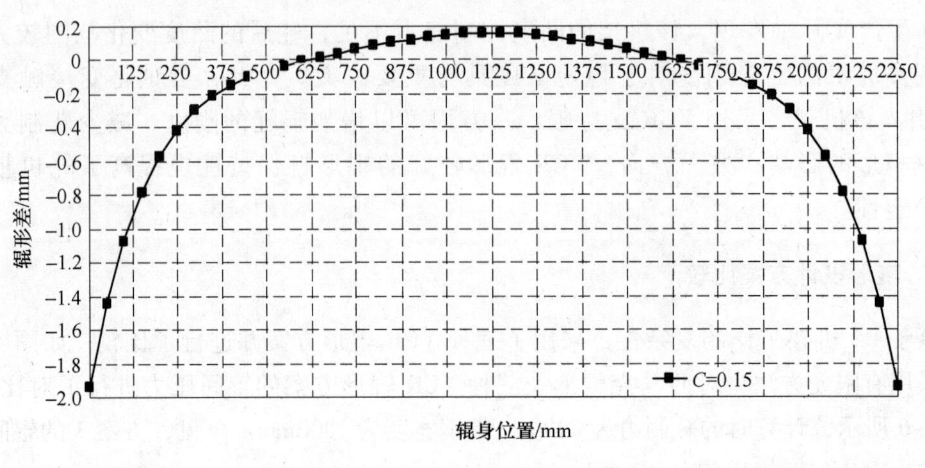

(c)

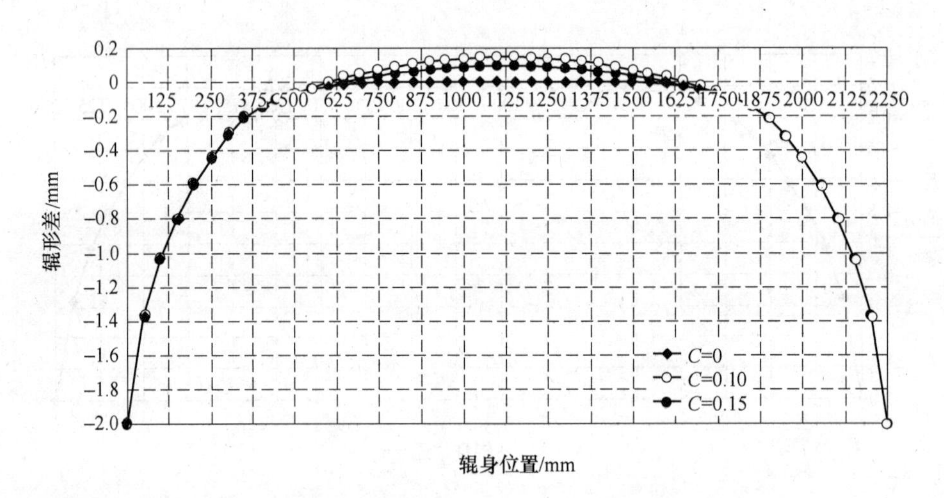

(d)

图 4-5 三种 VCR 辊形方案的比较

(a) R2 机架 VCR 辊形方案 1；(b) R2 机架 VCR 辊形方案 2；
(c) R2 机架 VCR 辊形方案 3；(d) 三种 VCR 辊形方案比较

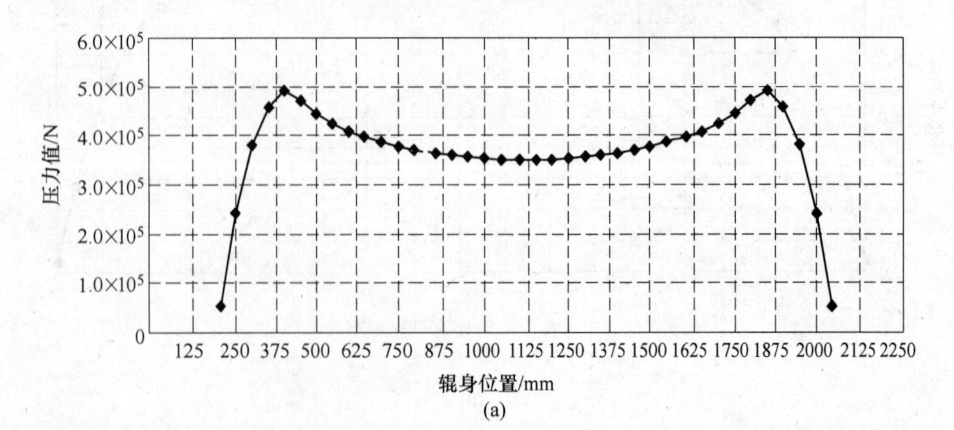

(a)

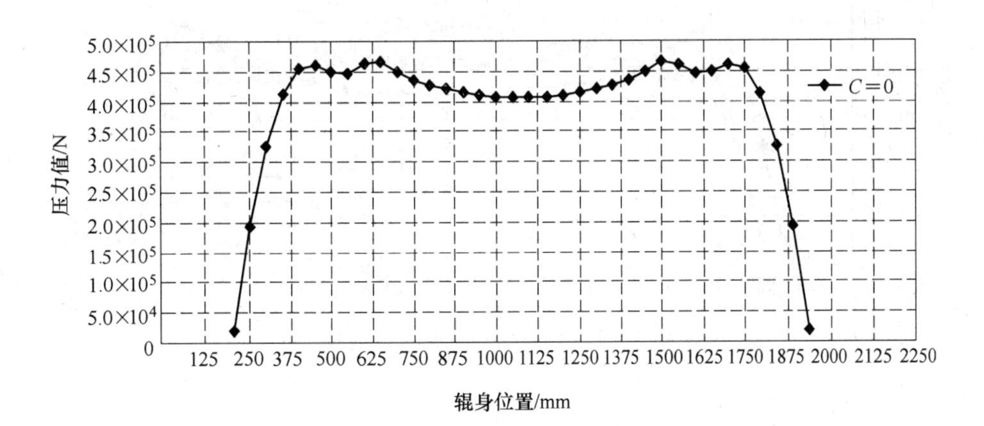

压力值/N
5.0×10^5
4.5×10^5
4.0×10^5
3.5×10^5
3.0×10^5
2.5×10^5
2.0×10^5
1.5×10^5
1.0×10^5
5.0×10^4
0
125 250 375 500 625 750 875 1000 1125 1250 1375 1500 1625 1750 1875 2000 2125 2250
辊身位置/mm
C=0

(b)

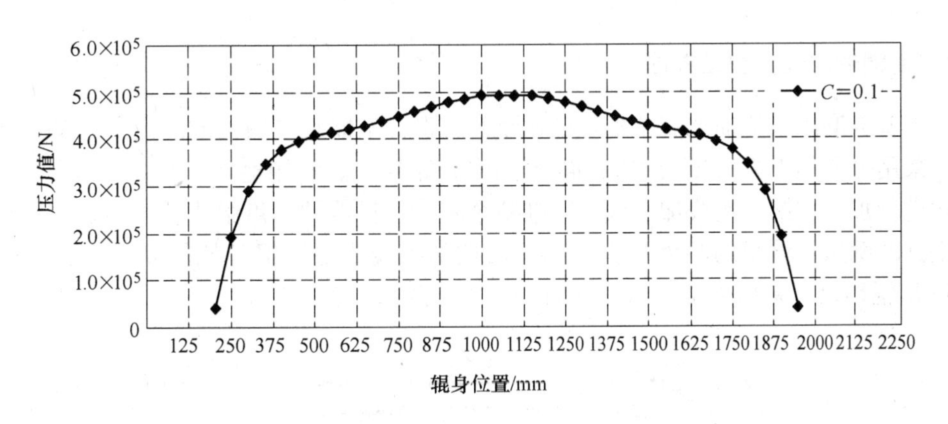

压力值/N
6.0×10^5
5.0×10^5
4.0×10^5
3.0×10^5
2.0×10^5
1.0×10^5
0
125 250 375 500 625 750 875 1000 1125 1250 1375 1500 1625 1750 1875 2000 2125 2250
辊身位置/mm
C=0.1

(c)

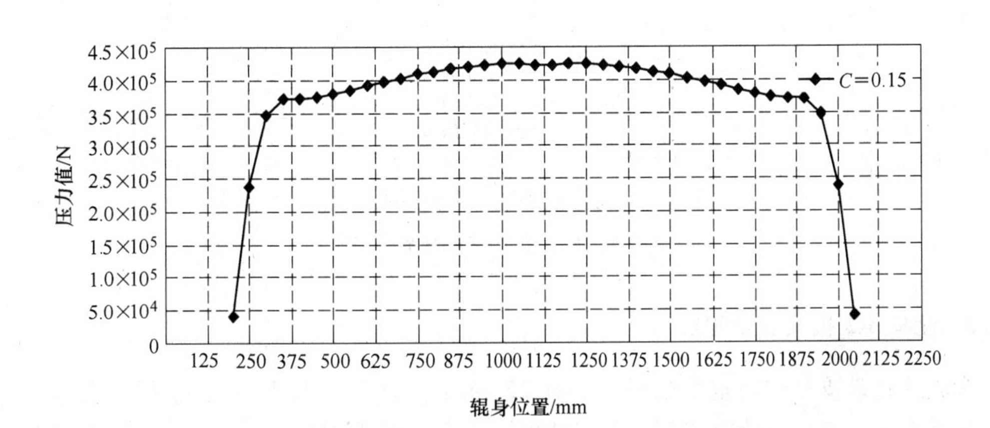

压力值/N
4.5×10^5
4.0×10^5
3.5×10^5
3.0×10^5
2.5×10^5
2.0×10^5
1.5×10^5
1.0×10^5
5.0×10^4
0
125 250 375 500 625 750 875 1000 1125 1250 1375 1500 1625 1750 1875 2000 2125 2250
辊身位置/mm
C=0.15

(d)

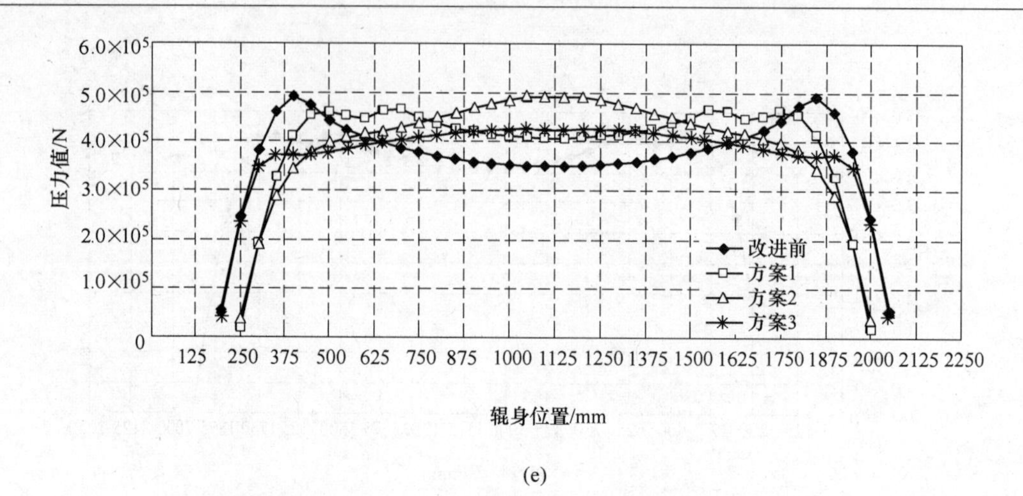

(e)

图 4-6 三种 VCR 辊形方案的辊间压力和原方案的比较

(a) 西马克辊形的辊间压力分布；(b) 方案 1 的辊间压力分布；(c) 方案 2 的辊间压力分布；(d) 方案 3 的辊间压力分布；(e) 不同方案的辊间压力比较

4.3.2 新辊形的近似加工方法

由于普通磨床只能加工简单近似抛物线的辊形，不能直接加工前面提出的 VCR 辊形。为此，采用分段加工方法进行 VCR 辊形磨削（图 4-7），利用磨床的简单凸度加工功能，分三次进行加工：第一次按加工线 1 磨削整个辊身，该线的凸度最小；第二次按加工线 2 加工辊身的两边，该线的凸度较大；第三次按加工线 3 加工辊身的段部，该线的凸度最大。VCR 辊形也可采用数控磨床进行加工，加工精度较高。

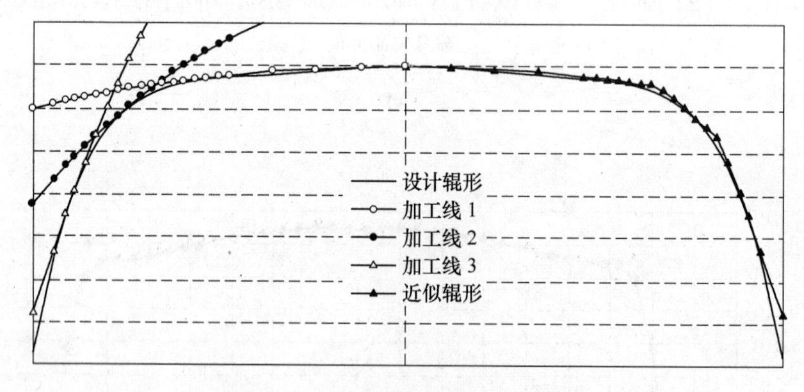

图 4-7 近似磨削法磨削 VCR 辊形

4.3.3 粗轧 R2 机架支持辊实验

为验证粗轧支持辊新辊形的效果，在 2250mm 热轧生产线上进行了系统的试验研究。图 4-8 所示为 4 支上支持辊和 3 支下支持辊下机后的磨损辊形，其中标有 standard 为设计辊形。可见，支持辊的边部区域磨损较大，但辊形的保持性比较好，这对保持轧机凸度特性的稳定是十分重要的。

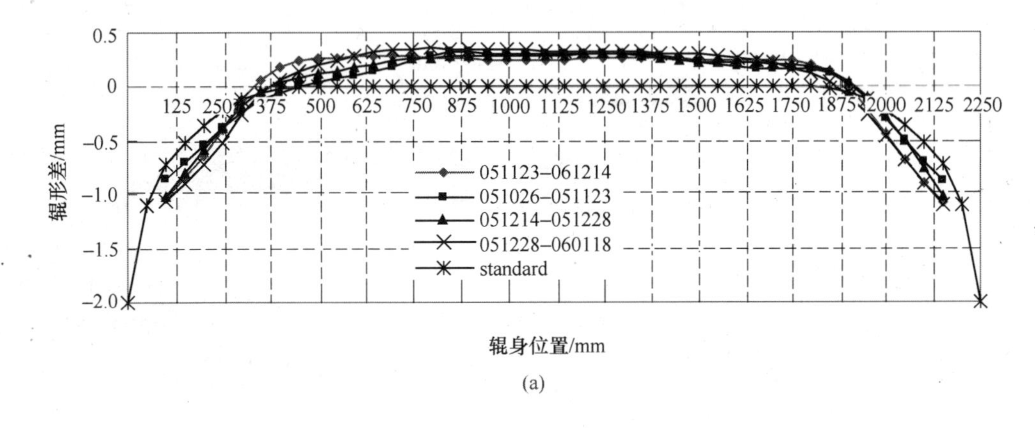

(a)

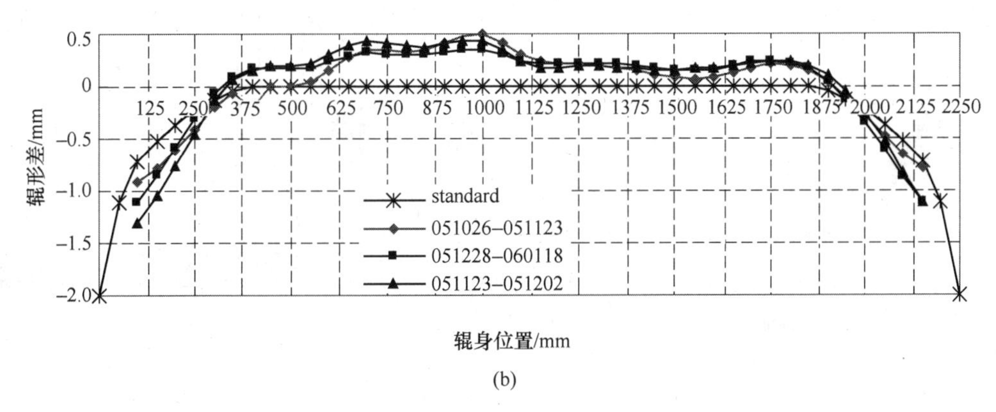

(b)

图 4-8 粗轧 R2 新支持辊的磨损

(a) 4 支上支持辊；(b) 3 支下支持辊

4.4 常规热轧精轧 CVC 支持辊辊形研究

首钢迁钢 2250mm 热连轧机组于 2006 年年底投产，是首钢的第 1 条薄板生产线，设备由西马克设计，控制系统由西门子提供。精轧机组 6 个机架的工作辊采用西马克设计 CVC 辊形，支持辊均为平辊形。精轧机组的工作辊弯辊力和窜辊的设备能力分别为 150t 和 150mm。

从 2008 年年初开始，在轧制单位中，出现了带钢凸度变得越来越小，尤其是对薄而窄规格的产品，有时甚至出现负凸度现象。对 2008 年上半年的生产数据进行了收集，并按轧制单位行了数据处理。在图 4-9（a）所示的一个轧制计划内，带钢凸度从开始轧制时的 80μm 左右减小至零或者负凸度，并且随着轧制带钢卷数和节奏的加快，凸度降低的趋势也加快（图 4-9（b））；F1 到 F6 的 CVC 窜辊的位置很快就用到了负极限（图 4-9（c）），且弯辊力也用到了最小（图 4-9（d））。这种凸度降低的趋势还是得不到有效控制，冷轧用薄而窄规格的产品问题更加严重。

从 2008 年上半年的大量数据可以看出：凸度从轧制计划开始时的 70 ~ 80μm，很快随着轧制降低到 30μm 以下，尤其是当轧制 1020mm（宽度）×3mm（厚度）以下规格时，出现负凸度，不能满足冷轧用料的凸度要求。从 4 月份开始，随着冷轧用料大量生产，带钢凸度不能稳定控制的问题更加严重。

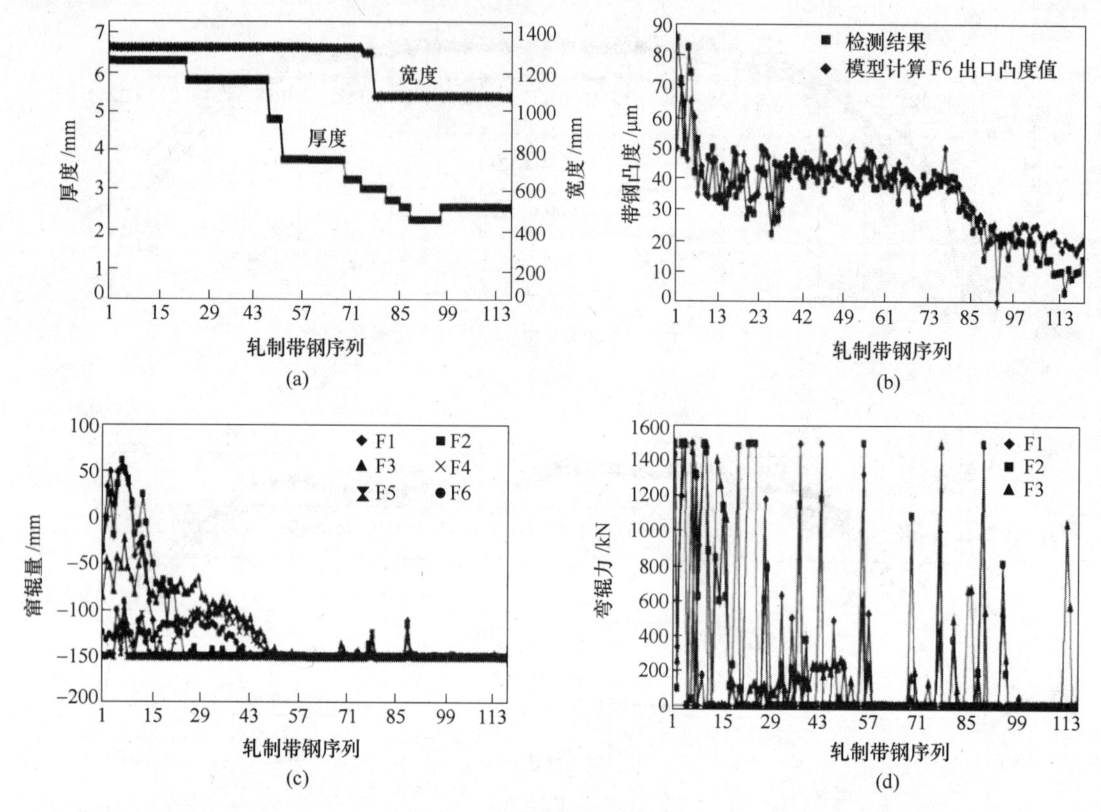

图 4-9　现场轧制工艺参数

在生产过程中出现带钢凸度偏小且带钢凸度控制不住的问题根源在于：

（1）轧辊冷却能力不够，工作辊热凸度大，导致现有 CVC 辊形调控能力不足；

（2）由于产量的要求，轧制节奏快，加剧了此问题的严重性。

解决此问题的直接方法是增大精轧工作辊的冷却能力，可以从增大冷却水流量和降低冷却水温度两方面考虑。由于轧辊冷却水系统改造费用高，需要停产，根据增大板形调控能力的方法，修正精轧工作辊的 CVC 辊形曲线，增大 CVC 调控能力，增大 CVC 轧辊辊形辊径差，增大辊缝凸度调控范围，是解决带钢凸度控制能力不够的一个有效途径。故选择优化 CVC 工作辊辊形技术方案，同时，也进行了 CVC 支持辊辊形的技术开发工作。

宽带钢热连轧生产中，边浪和中浪是主要的板缺陷，对四次板形的调节能力要求较小，因此在生产实践中，CVC 轧机大都以二次板形为主要控制目标。此次 2250mm 热连轧机工作辊辊形改进仍然采用的是三次 CVC 辊形曲线。工作辊辊形方程表达式如下：

$$CVC_{wr}(x) = a_0 + a_1x + a_2x^2 + a_3x^3$$

式中，$a_0 \sim a_3$为辊形方程系数；x 为辊身轴向坐标，mm。

根据生产数据分析结果，对精轧机组工作辊的 CVC 曲线进行了优化，辊形曲线的半径差加大，带钢凸度的调控范围增大。新 CVC 辊形的空载辊缝形状，调节范围为 -1200 ~ 1200μm，直径差 3.9mm。原有 CVC 辊形的调节范围为 -700 ~ 700μm，具体辊形曲线如图 4-10 所示。

工作辊 CVC 辊形加大，支持辊辊形也相应地做了调整，优化了辊形配置。支持辊从平辊改成 CVC 辊形。支持辊辊身中部辊形曲线为：

$$CVC_{br}(x) = \beta \cdot CVC_{wr}(x)$$

式中，β 为系数，在 0 ~ 1 范围内；x 为辊身轴向坐标，mm。

在辊身边部，进行中部辊形与边部倒角进行光滑过渡处理。图 4-11 所示为精轧机组所有机架已经全部使用的支持辊 CVC 辊形曲线。

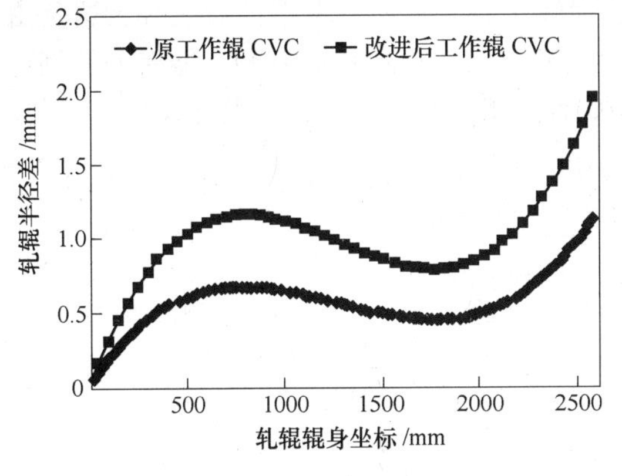

图 4-10 工作辊 CVC 辊形曲线

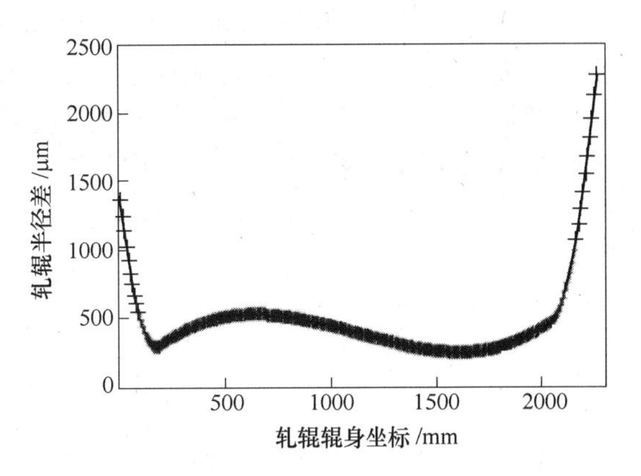

图 4-11 支持辊 CVC 辊形曲线

对设计优化前后的辊形配置进行了板形调控能力计算分析比较。计算了 CVC 工作辊与平辊形支持辊配置和工作辊与支持辊均采用 CVC 辊形配置的有载辊缝对带钢二次和四次凸度的调控范围，计算结果如图 4-12 所示。从图中比较结果看，新的辊形配置不仅具有很大的二次凸度调控能力，而且在四次凸度调控能力上得到一定的提高。

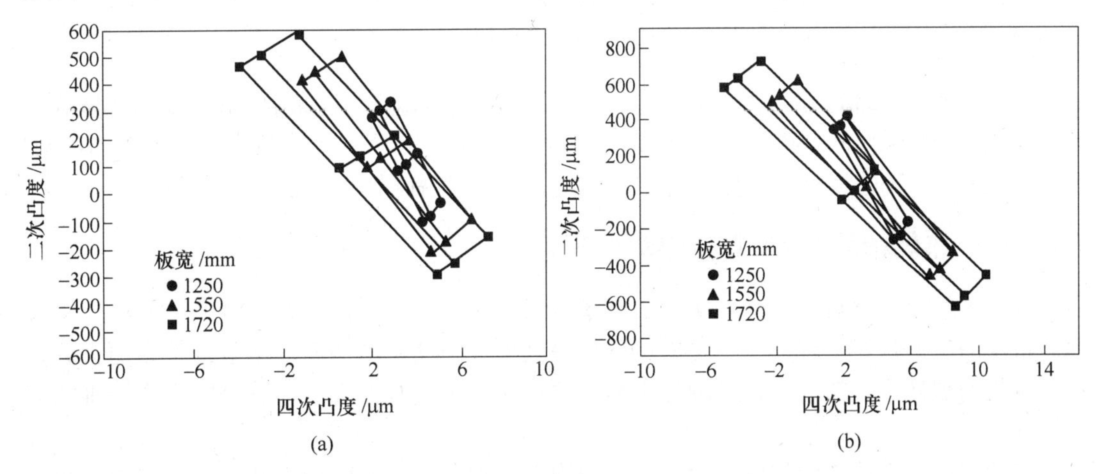

图 4-12 辊形配置改进前后板形调控范围比较

（a）平辊形支持辊与原 CVC 工作辊；（b）优化后 CVC 工作辊与 CVC 支持辊

2008 年下半年首先把 F4 ~ F6 的工作辊辊形换成了新的 CVC 辊形，因为凸度主要由前 3 架进行控制，后 3 架对凸度的控制能力有限，所以没能彻底解决凸度控制能力不够的问题。而后，在 2009 年初，又把 F1 ~ F3 机架的工作辊辊形也改成了新的 CVC 辊形，然后将所有支持辊磨削了所设计的 CVC 支持辊辊形，增大了板形调控能力，板形控制出现的凸度过小问题得到了有效的控制。应用新 CVC 辊形配置后，带钢凸度在轧制单位内较为稳定，而且，窜辊和弯辊力 2 个调控手段也得到了有效发挥，计算凸度与仪表测量的带钢凸度很接近。

从图 4-13 所示的支持辊采用 CVC 辊形前后的磨损辊形比较结果看，支持辊采用 CVC 辊形具有良好的辊形自保持性。在采用平辊形时，支持辊磨损辊形呈现箱形并且非对称，而且中部的轮廓与 CVC 工作辊非常类似，证明非均匀接触应力存在，平辊形支持辊边部存在应力集中。从 CVC 支持辊下机后测量的磨损辊形看，辊形自保持性比较好，这是由于支持辊辊形与工作辊辊形匹配良好。辊形保持性良好，对板形控制有利，能保证轧制计划末期带钢保持良好的板形质量。因此，与 CVC 辊形工作辊相配套的支持辊 CVC 辊形技术，降低了辊耗，增强了带钢板形控制能力。

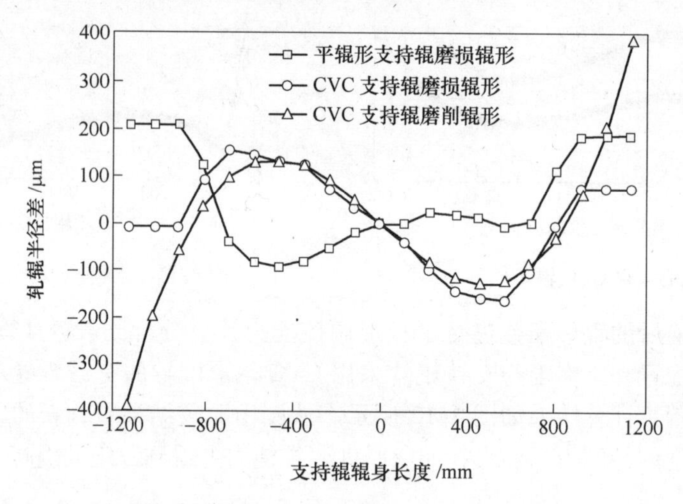

图 4-13　辊形优化前后支持辊磨损辊形比较

2008 年 6 ~ 8 月份，按照目标凸度 ±20μm 作为衡量指标，凸度命中率仅为 67.2%，存在的主要问题是凸度偏低，特别是 1.3% 为负凸度，这给冷轧造成一定不良影响。2009 年 CVC 辊形优化后，带钢的板形控制精度有了明显的提高，凸度命中率指标达到了 93% 以上。

4.5　常规热轧精轧 CVR 支持辊辊形研究

轧辊辊耗是轧钢行业的消耗大户，占整个生产成本的 2% ~ 15%，如果考虑因轧辊辊耗而带来的生产停机、降产，设备维护增加等因素，则其所占生产成本的比重会更大。在各类轧机的辊耗中，热轧薄板的辊耗占据首位，而其中又有很大一部分是因为支持辊的失效引起。

一般来讲，支持辊的使用寿命可以表示为支持辊在其整个服役周期内所轧带钢的吨数或长度，实际生产中常用支持辊的最小辊径作为其报废评价。由于支持辊的出厂辊径即最大辊径是一定的，因此，其有效辊径范围也是确定的。怎样在有效辊径范围内轧制更多的带钢是延长支持辊使用寿命的关键所在。

热轧中支持辊的失效形式主要有辊身断裂、辊径断裂、辊身剥落、轧辊磨损等，其中剥落是轧辊损坏的首要形式，轧辊磨损对辊身剥落有重要影响。究其原因，造成支持辊剥落的原因有以下两种：

(1) 支持辊表面层内存在初始裂纹，这些裂纹在载荷冲击或热冲击等作用下迅速扩展而导致支持辊“掉肉”。防止这种剥落的产生只能是加强对支持辊的管理和维护，定期对轧辊进行裂纹探伤，对表层有裂纹存在的轧辊增加磨削量，尽量避免非正常轧制以减少载荷冲击和热冲击。

（2）在与工作辊的接触中承受周期性的载荷，产生接触疲劳。这种剥落主要与工作辊和支持辊的局部严重磨损有关，多发生在支持辊辊身边部，是热轧中常发生的支持辊剥落方式。其断口多呈凹坑形式，表明其剥落裂纹源不在辊面，而是距辊面有一定的深度。轧辊表层的交变剪应力是导致这种剥落发生的直接原因，而剪应力的大小由作用在辊面的载荷即辊间接触压力决定，剪应力的交变次数由轧辊的转速决定。大量的研究和实践均表明，轧辊载荷越大，转速越高，疲劳加剧，轧辊越易产生剥落。

防止这种剥落的措施主要有：

（1）改变轧辊材质，增加支持辊的辊面硬度，可以增加其耐磨性和抗疲劳性，如适当增加碳、铬等合金元素的含量以增加辊面硬度。

（2）改变支持辊的制造方式以增加轧辊的疲劳强度，如采用锻钢轧辊可以使辊面晶粒精细均匀以消除支持辊表层的缺陷如空穴、沙眼等。

（3）采用经济合适的修磨量，消除支持辊表面的疲劳层。修磨量的确定可以采用理论计算和硬度测试相结合的方法。

（4）选择合理的倒角类型及大小。对于常规支持辊，采用圆弧形的倒角比锥形倒角和阶梯形倒角好，可以较少轧辊边部剥落。

（5）减少或均匀化辊间接触压力，减少轧辊表面的局部疲劳损伤，如缩短换辊周期以减少轧辊的不均匀磨损、采用合理的支持辊辊形等，使辊间接触压力均匀，避免支持辊两端接触压力尖峰的出现。前者是以牺牲轧机的生产率为代价，实际生产中不可取，而后者不涉及这个问题。相反，合理的支持辊辊形由于辊间接触压力均匀，轧辊沿辊身长度磨损均匀，辊形得到有效保持，这样可以延长支持辊的换辊周期，提高轧机的作业率，因而是一种减少轧辊剥落的最佳方法。

武钢2250 CVC热连轧机是目前世界上产量最大、轧制宽度最大的热连轧机，自2003年3月29日建成投产以来，年实际产量已逾487万吨。该热连轧机组宽度覆盖范围广：700～2130mm，厚度覆盖范围大：1.2～25.4mm。

4.5.1 辊系有限元模型的建立

由于有限元计算辊系变形具有求解精度高、无过多假设、既可计算位移量又可计算应力量等优点，因此本节采用ANSYS12.0有限元分析软件，建立辊系变形分析模型。

ANSYS是一种应用广泛的通用有限元工程分析软件，包括简单线性静态分析和复杂非线性动态分析。辊系模型属于接触问题，是一种高度非线性行为，需要较大的计算资源，因此理解问题的特性和建立合理的模型是很重要的。基于ANSYS 12.0建立2250mm超宽轧机辊系有限元模型，其建模过程如下：

（1）假设。实际轧制过程中，承载辊缝的形状受轧制张力、扭矩、材料特性、轧制温度、润滑情况、轧制压力的分布等多种因素的影响，这些影响因素在实际的轧制过程中时刻变化，进而影响出口辊缝的形状。本节的研究重点集中在2250mm轧机的几种板形调控手段的调节对承载辊缝形状和辊间接触压力的影响。根据辊系变形的特点，建立有限元模型时，进行了以下假设：

1）忽略张力、轧制扭矩及润滑情况的影响。

2）轧辊的几何参数、材质特性均相同，且均为匀质、各向同性材料。

3）工作辊与支持辊间无滑动。

（2）建模。由于分析中涉及工作辊的轴向窜动、轧辊沿辊身磨损不均匀等不对称的计算工况，因此需建立整个辊系变形模型。但考虑到计算资源（计算时间、计算机存储大小等）的限制，沿直径将辊系分割成两半，只计算其中一半的变形，这样，可将单元数和节点数减半。建模参数见表4-4，其有限元模型如图4-14所示。

表4-4　建模参数

建模参数	F1 ~ F4	F5 ~ F7
工作辊（辊身直径×辊身长度）/mm×mm	ϕ(765 ~ 850)×2550	ϕ(630 ~ 700)×2550
支持辊（辊身直径×辊身长度）/mm×mm	ϕ(1440 ~ 1600)×2250	
工作辊辊颈直径/mm	ϕ600 ~ 730	
支持辊辊颈直径/mm	ϕ830 ~ 1200	
弯辊力/t	0 ~ 150	
窜辊范围/mm	-150 ~ 150	
弯辊力加载中心距/mm	3500	
支持辊约束中心距/mm	3350	

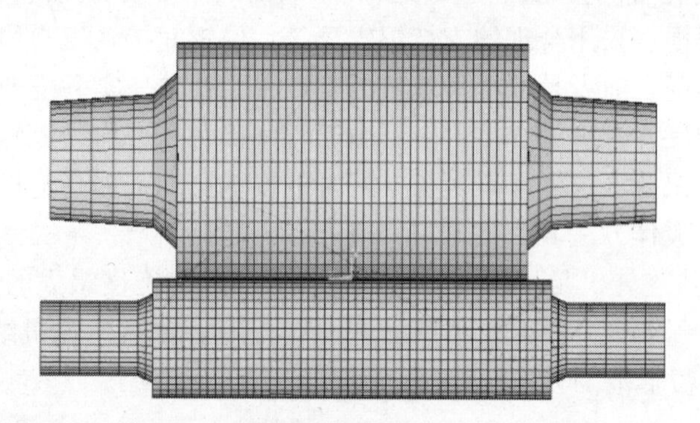

图4-14　四辊辊系ANSYS有限元模型

工作辊和支持辊辊形即可以按曲线函数方法输入，由于考虑到磨损辊形的不均匀性，也可以按离散点输入，可精确反映辊形的实际值，这样更加方便灵活。

定义材料的属性，选择的分析属于静力分析类型，弹性模量 $E_x = 2.1\times10^{11}$ Pa，泊松比 $\mu=0.3$，摩擦系数 $f=0.1$。接下来是划分单元，选用"Brick8node45"（八节点六面体）单元，在轧辊相互接触的地方网格细化，以保证足够的计算精度。

最后一步是定义接触对，接触是一种边界高度非线性行为，需要较大的计算资源。求解接触问题存在两个难点：接触区域、表面之间是接触或是分开是未知的，突然变化的；大多数接触问题需要计算摩擦，而摩擦使问题的收敛性变得困难。不解决好接触问题就不可能获得最后的结果。ANSYS软件支持三种接触方式：点-点、点-面、面-面接触，每种接触使用特定的接触单元。对于判断表面间是否接触的问题，ANSYS采用了事先指定接触面和目标面的处理方法，当接触面上节点穿透目标面时，表明表面间接触了。1/4 对称四辊辊系模型则只有一个接触对。在辊系变形模型中，工作辊与支持辊之间的接触属于柔-柔接触问题。为了减少计算时间，仅在工作辊和支持辊的一部分可能发生接触的表面上附加接触单元，并将支持辊表面指定为目标面，使用的单元号为 TARGET170，工作辊表面指定为接触面，使用的单元号为 CONTACT174，以上两单元均为面-面接触单元。

求解接触问题，除了需注意以上所讲外，还需确定以下参数：选择摩擦类型、最大接触摩擦应力、初始接触因子或初始允许的穿透范围等。这些参数大部分需经过试算确定。

（3）约束的施加。模型坐标轴定义方向为，Z 轴为水平方向，Y 轴为竖直方向，X 轴垂直于平面方向。为保证计算过程中模型不发生移动和转动，需要依据真实情况在支持辊和工作辊上施加以下位移约束：由于是半辊系，因此需要约束辊系在 X 轴方向的移动和平面方向的转动，需要在 YOZ 平面上施加对称约束；在工作辊和支持辊中心位置施加 $UZ=0$，约束水平方向的移动；在支持辊两端轴承座中心位置节点上施加 $UY=0$，约束其在竖直方向的移动。

（4）载荷的施加。由于模型为半辊系模型，因此在施加轧制力和弯辊力时应该为实际力的一半，假设实际轧制中工作辊单侧弯辊力为 F_w，在作用弯辊力时工作辊液压缸中心距两个节点上各为 $F_w/2$，如图 4-15 所示。

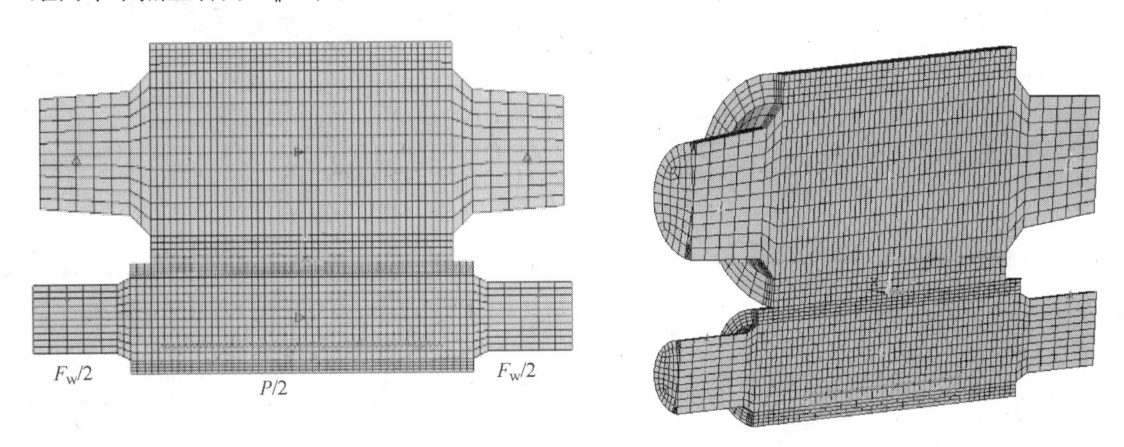

图 4-15 辊系变形模型载荷简化

轧制力在带钢宽度范围内按抛物线分布，并以线载荷的形式作用于辊系的对称面内。载荷步、子步和平衡迭代次数的设定为了提高模型计算的可收敛性，设定一个载荷步，在此载荷步中设定了七个子步。平衡迭代次数是在给定子步下为了收敛而设定的，在此模型的分析中，平衡迭代次数设为 7。

（5）后处理。对本节研究内容来讲，需要距带钢边部 25mm 处的纵向位移 ΔY 来计算横向刚度，还需要受力变形后辊缝的形状和辊间接触压力的分布，可以通过读取节点的位移变形和压力分布获得。

采用 ANSYS12.0 大型通用有限元分析软件，针对 2250mm 宽带钢热轧机，建立了辊系变形三维有限元分析模型。整个模型采用 APDL 语言（ANSYS Parametric Design Language，ANSYS 参数化设计语言）通过辊形曲线函数进行轧辊实体的建模，并根据配对工作辊与支持辊辊形自动寻找初始接触位置，在辊间及辊与带钢接触区采用细密网格单元进行划分。本模型在实体建模、网格划分、约束加载、结果分析等方面具有高度的灵活性、高效性，可以适应大量工况的灵活计算。

4.5.2　CVR 支持辊辊形的设计

为了研究 2250mm 热连轧机精轧支持辊的磨损，在现场跟踪采集分析了 90 支常规支持辊辊形磨损数据（图 4-16），由数据分析及现场情况可知：

（1）支持辊磨损严重，且下支持辊的磨损量大于相应的上支持辊磨损量。

（2）支持辊磨损曲线存在明显的不均匀性，80% 左右中部呈现近似 S 形，边部两端 200mm 处存在高点。

（3）上支持辊磨损量最大处偏向操作侧，而下支持辊磨损量最大处偏向传动侧（左侧为传动侧，右侧为操作侧）。

（4）原辊形配置支持辊不时发生掉肉和边部剥落现象。

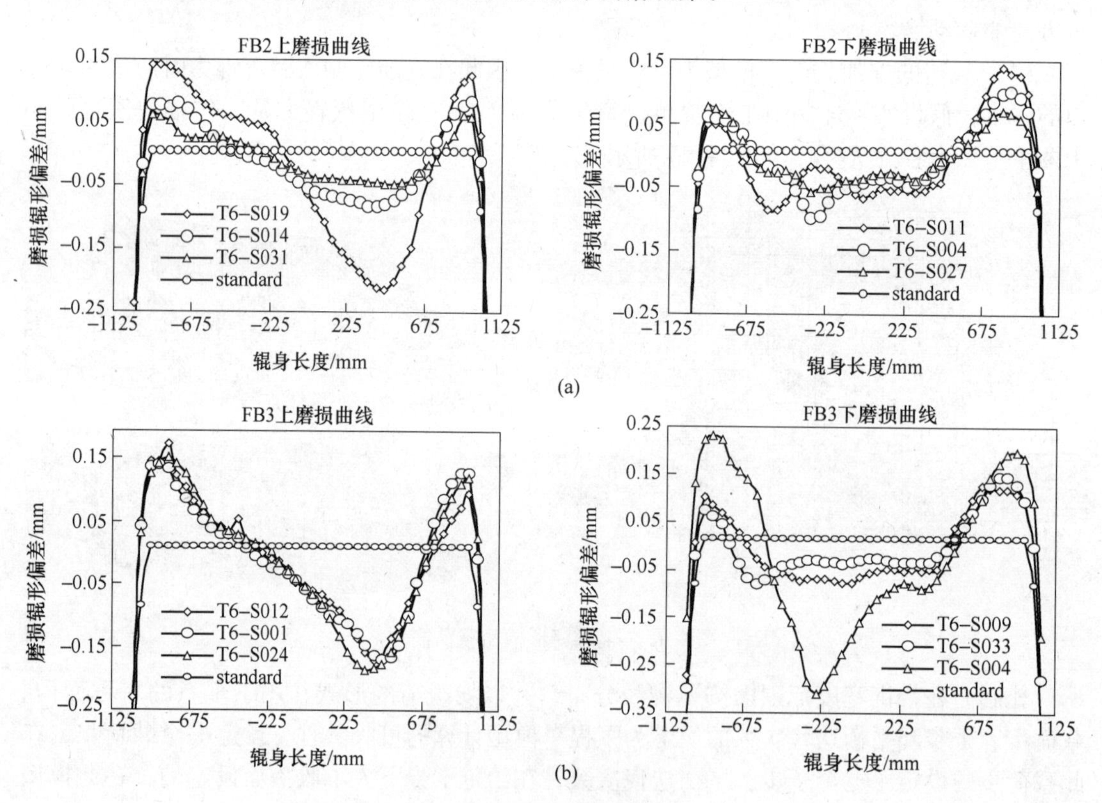

图 4-16　支持辊磨损辊形

（a）精轧第二机架；（b）精轧第三机架

轧制过程中，导致支持辊磨损的主要因素是与工作辊的接触摩擦。由于 CVC 工作辊的特殊辊形，而且在带钢宽度范围内，工作辊辊面温度相对较高，致使支持辊轴向接触状态不一样，辊间接触压力差异比较大。同时，工作辊与带钢接触区辊面粗糙，尤其是与带钢边部接触区的辊面更粗糙，造成支持辊在带钢宽度范围内的中部区域磨损严重且不均匀，并在两端容易出现高点。

武钢 2250mm 宽带钢热连轧机工作辊为 CVC 辊形，支持辊原辊形中部为平辊段，边部为各有 200mm × 1.0mm 倒角的常规辊形，如图 4-17 所示。

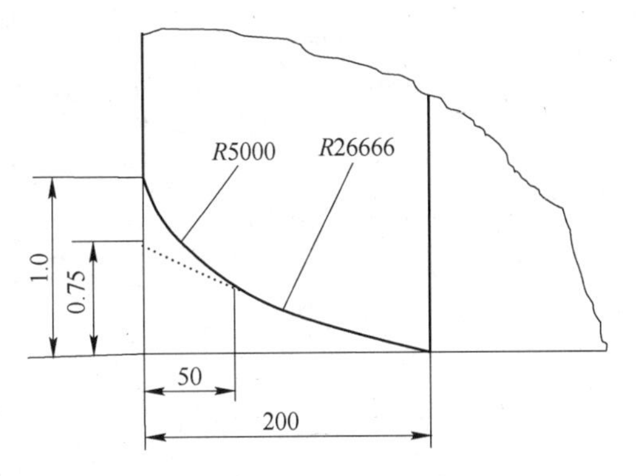

图 4-17 武钢 2250mm 宽带钢热连轧机常规支持辊边部倒角曲线

在此辊形配置情况下，单位轧制力为 12kN/mm，工作辊不窜辊，弯辊力最小时，分别以带钢宽度为 1250mm、1550mm、1850mm 和 2150mm 四种工况进行仿真计算。图 4-18 所示为不同带钢宽度下工作辊与支持辊辊间接触压力的计算结果。由图可知，辊间接触压力呈现 S 形，且尽管带钢宽度不同，应力集中点几乎均出现在距端部 200mm 的位置，并随轧制力的增大应力集中越严重。这表明，支持辊为常规辊形，工作辊采用 CVC 辊形后，极大地影响了辊间压力的分布，辊间接触的不匹配造成了局部接触区压力集中。

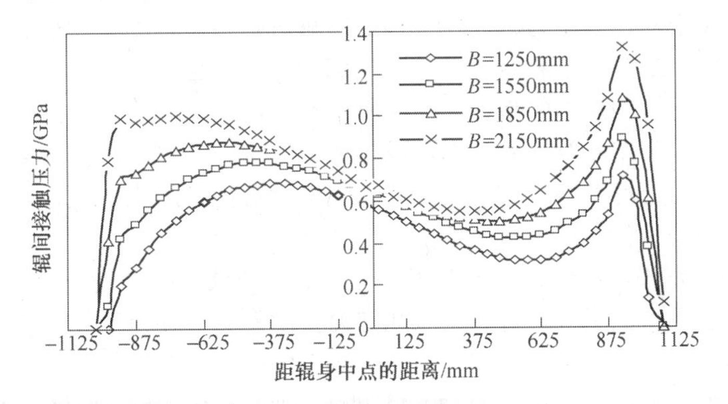

图 4-18 不同带钢宽度下工作辊与支持辊辊间接触压力的计算结果

据文献可知，类似轧机机型中由于倒角的存在，在开始使用时，支持辊右端倒角处出现明显的接触压力集中，本节的分析结果也同样证明了该点。CVC 工作辊辊形极大地影响了辊间压力的分布，辊间接触的不匹配造成了局部接触区压力集中。这势必使其自然磨损速率沿轴向不均匀，从而因个别部位过早严重磨损，缩短服役时间，增加磨削量，造成很大的经济浪费。

以实际测量 F3 上支持辊磨损辊形曲线代入有限元软件进行分析，可以得出支持辊的磨损辊形对辊缝凸度调节域的影响，如图 4-19 所示。

由图 4-19 可以看出，支持辊磨损后辊形对凸度调节域的影响，凸度调节域的面积基本没有变化，说明支持辊的磨损对板凸度和平坦度的控制能力基本没有变化，其表现形式是凸度调节域的平移，此平移效果说明磨损凸度会使得承载辊缝凸度实际值偏离其设定的目标值，对板形产生不良的影响，随着磨损凸度在轧辊服役期间不断的积累增大，从而导致承载辊缝凸度实际值不断偏离目标值，不断地恶化实际轧后的板形质量，恶化形成到一定程度就导致板形控制的失效，在此之前就应该换辊。其具体变化是由于磨损二次凸度相应增加，四次凸度相应减小，且对二次凸度的影响要大于四次凸度的影响，随着磨损凸度

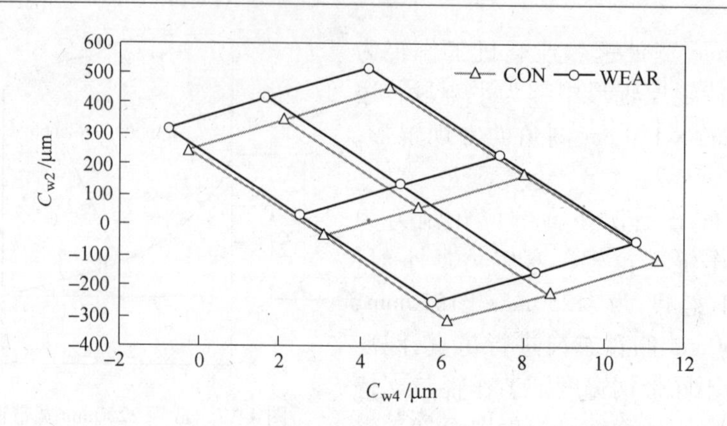

图 4-19　支持辊磨损对 CVC 轧机凸度调节域的影响

的增加，二次凸度和四次凸度基本呈线性变化。随着支持辊磨损凸度的增加，带钢的凸度呈线性增加，其增幅可达 100μm，由此可说明支持辊的磨损对带钢的板形影响较大。

严重而且不均匀的磨损大大增加了轧辊的损耗，延长了磨辊时间，同时支持辊辊形的不断变化直接影响辊间接触压力的变化，进而影响弯辊和窜辊的使用效果，导致工作辊承载辊缝形状的变化，最终的结果将影响热轧板廓和板形质量。

严格地讲，对于每种规格的带钢，每一机架都有最优的支持辊辊形。由于支持辊服役期较长，在支持辊服役期内所轧的带钢数及带钢规格均非常多。显然，要想计算出对每种规格的带钢均最优的支持辊辊形不切实际，只能是针对特定的轧机设计出适合大部分规格带钢的支持辊辊形。

VCR 支持辊辊形很早就应用于大型工业轧机上，其核心技术是通过特殊设计的支持辊辊廓曲线，依据辊系弹性变形的特性使在轧制力作用下支持辊与工作辊之间的接触线长度与轧制宽度自动适应，从而消除或减少辊间有害接触区的影响。但是，VCR 支持辊辊形左右对称，中部几乎为平辊，在工作辊为 CVC 辊形的情况下，不能很好达到“变接触”的目的。为此，根据精轧支持辊的磨损特性，基于 VCR 变接触思想，综合考虑支持辊的磨损现状和工作辊的 CVC 辊形曲线，提出新的 CVR（CVC-VCR Compounded Roll）辊形曲线，其设计充分考虑了精轧支持辊的磨损情况，又考虑了窜辊的影响，设计辊形必须要达到“变接触”效果，即辊间接触随着带钢的宽度自动适应；而且要达到均匀辊间接触压力，避免过大的应力尖峰；同时由于引入了不对称的支持辊辊形，还要避免过大的轴向力，其设计过程如图 4-20 所示。

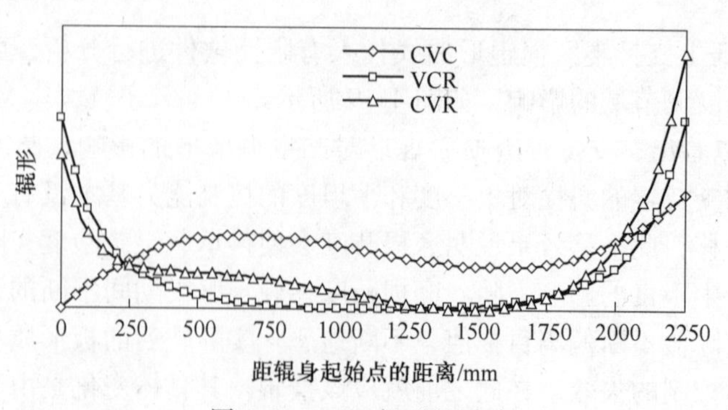

图 4-20　CVR 辊形的设计

4.5.3 CVR 辊形的工作性能分析

对设计的新辊形进行评价，评价轧机板形控制性能的指标主要包括以下几方面：承载辊缝凸度调节域、辊缝横向刚度、辊间接触压力峰值和辊间接触压力分布不均匀度。分析这些影响，可以对比采用新辊形后对生产的影响和在宽带热连轧机上的应用价值。

4.5.3.1 辊缝横向刚度

承载辊缝横向刚度是一个比较重要的指标。较高的横向刚度可以抵抗由于轧制力波动而引起的辊缝形状的变化，提高辊缝形状的保持性，从而保证良好的板形。

辊缝横向刚度和全辊缝形状如图 4-21 所示，*A*、*B* 分别为采用常规支持辊时弯辊力为零和最大值 150t 时的承载辊缝特性曲线，它们之间的距离为在常规支持辊下的弯辊力对承载辊缝的调节幅度。*C*、*D* 为采用 CVR 支持辊时弯辊力为零和最大值 150t 时的承载辊缝特性曲线，同样它们之间距离为 CVR 辊形下的弯辊力对承载辊缝的调节幅度。对于常规带倒角支持辊横向刚度分别为 0.0863MN/μm 和 0.0928MN/μm，而对于 CVR 支持辊它们分别为 0.0962MN/μm 和 0.1050MN/μm。CVR 支持辊相对于常规带倒角支持辊来说，横向刚度分别增加了 11.5% 和 13.1%。

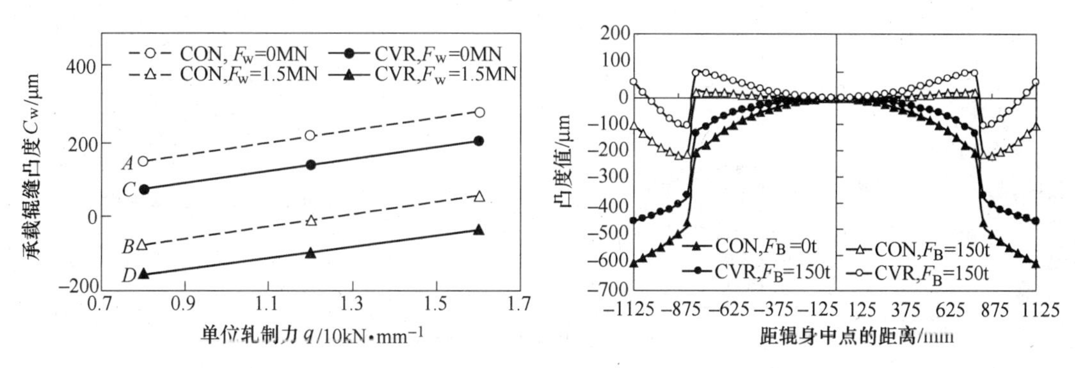

图 4-21 辊缝横向刚度和全辊缝形状

从图 4-21 中可以看出，在采用常规倒角支持辊时弯辊力调节范围变为 219.95μm，而 CVR 支持辊时弯辊力调节范围变为 231.8μm，可以看出采用 CVR 后增加了弯辊的调节能力，既增加了刚性特性，又兼顾了柔性。

4.5.3.2 辊间接触压力

CVR 支持辊通过其合理设计的辊形，改变辊间接触状态，使得工作辊换辊周期内接触压力的峰值和变化幅度都下降。计算表明，CVR 支持辊的辊间接触压力分布比常规支持辊的要好，说明 CVR 支持辊相对常规支持辊而言，可以减少轧辊的疲劳破坏，延长其服役周期。均匀磨损的理想辊形是与工作辊 CVC 辊形方向相反的辊形，考虑到现场实际装备水平，本节综合消除有害接触区与均匀磨损两个目标，将两种辊形综合考虑，设计出 CVR 辊形。

图 4-22 是有限元模拟带钢宽度为 1550mm、轧制力为 1860t 情况下，常规支持辊和 CVR 支持辊在各种板形调节手段下辊间接触压力对比。从图中可以看出，采用支持辊新辊形后，辊间分布接触压力有了很大的改善，避免了局部应力集中，从而减少了支持辊剥落的可能性。

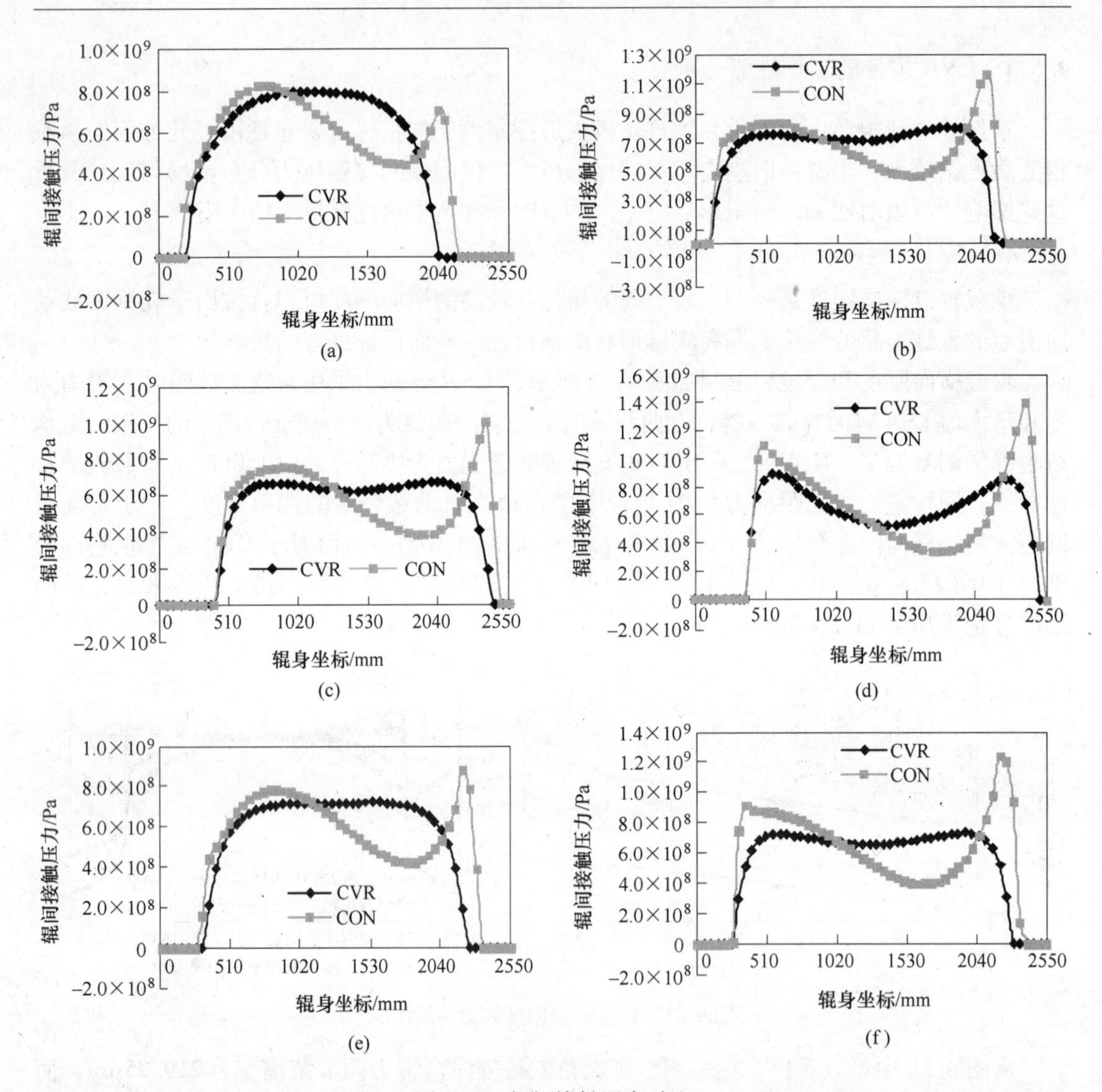

图 4-22　辊间接触压力对比

（a）窜辊量 150mm，弯辊力 0t；（b）窜辊量 150mm，弯辊力 150t；（c）窜辊量 -150mm，弯辊力 0t；（d）窜辊量 -150mm，弯辊力 150t；（e）窜辊量 0mm，弯辊力 0t；（f）窜辊量 0mm，弯辊力 150t

辊间接触压力通过两种方式影响支持辊的疲劳：接触压力的峰值（表 4-5）和辊间接触压力分布不均匀度（表 4-6）。辊间接触压力分布不均匀度表示沿接触线长度方向辊间压力的最大值和其平均值的比值。常规支持辊/CVC 工作辊和 CVR 支持辊/CVC 工作辊两种辊形配置在带钢宽度为 1550mm、轧制力为 18.6MN、窜辊为负的最大位置 150mm、单侧弯辊力为 1500kN 工况下，在支持辊服役前期的辊间接触压力分布不均匀度分别为 2.13 和 1.53；两种辊形配置在服役前期的辊间接触压力峰值分别为 1415MPa 和 1025MPa；服役后期两种配置的辊间接触压力分布不均匀度分别为 2.68 和 1.9；服役后期的辊间接触压力峰值分别可达 1960MPa 和 1480MPa。可知采用 CVR 辊形后辊间接触压力分布不均匀度在服役前后期分别下降了 28.17% 和 29.1%，辊间压力峰值分别下降了 27.56% 和 24.49%。因此，可知 CVR 可以明显改善辊间压力分布情况，轧制过程中可稳定发挥其板形控制性能，并有利于减小轧辊辊身边部产生剥落的可能性，提高轧制过程的稳定性。

表 4-5　辊间接触压力峰值对比

窜辊量/mm		-150	-150	0	0	150	150
弯辊力/t		0	150	0	150	0	150
辊间接触压力峰值/GPa	CON	1.011	1.415	0.886	1.247	0.719	1.167
	CVR	0.676	1.025	0.719	0.730	0.797	0.798

表 4-6　辊间接触压力分布不均匀度对比

窜辊量/mm		-150	-150	0	0	150	150
弯辊力/t		0	150	0	150	0	150
辊间接触压力分布不均匀度	CON	1.702	2.135	1.484	1.908	1.172	1.739
	CVR	1.109	1.530	1.127	1.110	1.184	1.154

带钢的宽度不仅对承载辊缝有影响，对辊间接触压力分布也有很大的影响，如图 4-23 所示。带钢宽度不同，辊间接触长度也不同，对工作辊产生的弯矩也不同，辊间接触压力分布也不同，从这里可以看出 CVR 的变接触原理，即辊间接触随着带钢宽度的变化而相应的变化，从而达到“变接触”的效果。

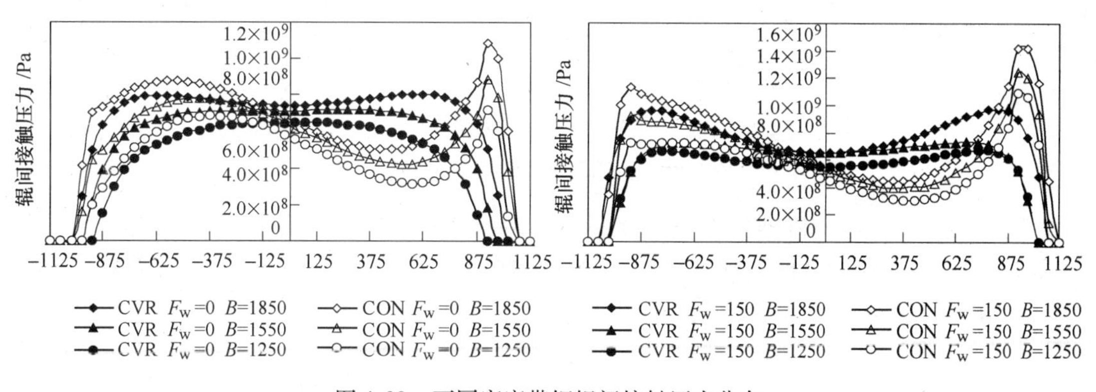

图 4-23　不同宽度带钢辊间接触压力分布

4.5.3.3　辊缝凸度调节域

辊缝凸度调节域是指轧机各板形调控技术对承载辊缝的二次凸度 C_{w2} 和四次凸度 C_{w4} 的最大调节范围，反映了承载辊缝调节柔性。图 4-24 为支持辊采用带倒角的常规辊形和 CVR 辊形进行仿真计算的结果，可以看出后者调节域面积略有增大。由此可见，采用

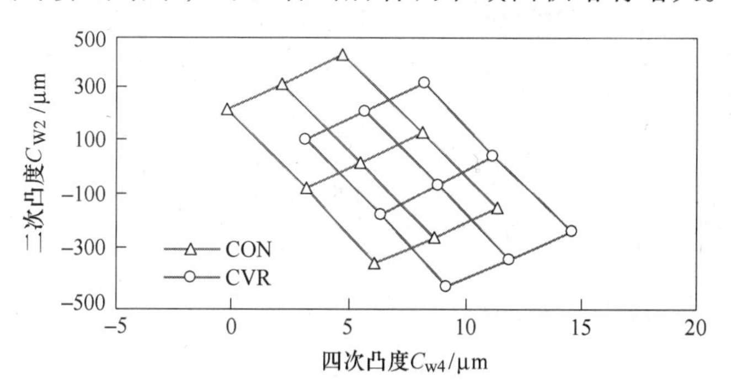

图 4-24　凸度调节域对比

CVR 支持辊保持了常规倒角支持辊的性能，在一定程度上增加了辊缝的调节柔性。

4.5.4　工业试验及效果

为了验证所设计支持辊 CVR 的性能，首先选择了轧制相对比较稳定，对板形影响较小的 F3 机架进行了辊形设计，通过 F3 机架的磨损数据，结合 CVR 辊形的设计思想，设计了 F3 的支持辊辊形曲线，在 2250mm 热连轧机精轧 F3 机架上进行上机轧制试验。在轧制时为避免轧制过程不稳定，防止出现辊面失效及辊间剥落情况，在轧制期间换辊间歇时均由操作工对试验辊形进行检查，首轮试验经过 3 周的稳定轧制，效果比较明显。

图 4-25 所示为新辊形试验前 F3 机架上、下支持辊一个换辊周期下机后的磨损辊形，由图中可以看出其磨损量较大。

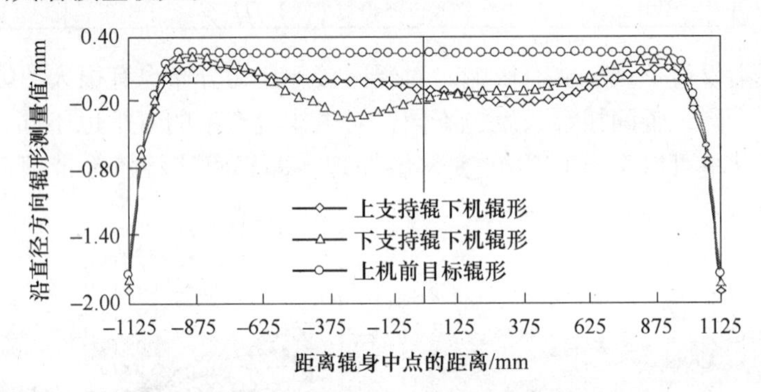

图 4-25　试验前 F3 支持辊磨损辊形

图 4-26 所示为 F3 机架的新支持辊下机后的磨损辊形。由两图相比可以得出，采用 CVR 后，F3 支持辊的自保持性相对较好，为方便对比，在这里引入一个评价参数，即轧辊自保持参数 R_{tc} 来描述辊身曲线范围内辊形变化幅度，用此参数来衡量支持辊的自保持性，R_{tc} 定义如下：

$$R_{tc} = 1 - 1000 \times \frac{A}{L_R}$$

式中，A 为轧辊最大磨损量，mm；L_R 为轧辊辊身长度，mm。如果 $A = 0$，则 $R_{tc} = 100\%$，轧辊没有磨损。A 越大，说明轧辊磨损越大，轧辊的自保持性越差。该参数从整体上描述轧辊的磨损幅度。

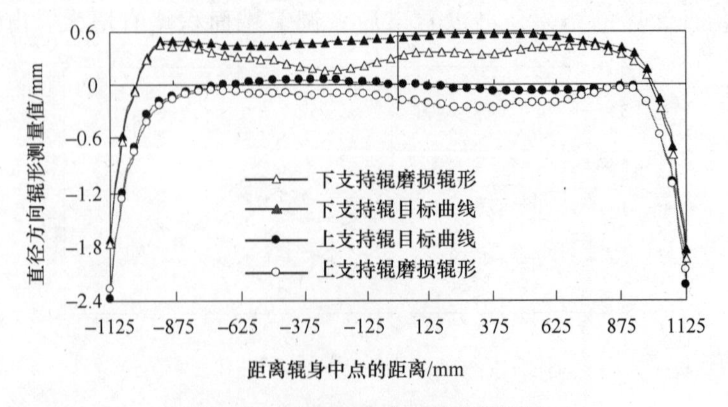

图 4-26　试验后 F3 支持辊磨损辊形

由计算可以得出，在 F3 上支持辊的轧辊自保持参数 R_{tc} 在改进前后由原来的 86.9% 提高到 91.6%，F3 下支持辊的轧辊自保持参数 R_{tc} 由原来的 79.5% 提高到 88.3%，改进后的辊形磨损趋于均匀化，磨损辊形具有良好的保持性。

由此可证明，采用 CVR 支持辊后，改善了辊间接触压力分布，有效降低了辊间压力尖峰，从而避免了宏观表面疲劳失效的过早形成，新辊形稳定发挥了其性能，其性能优于原支持辊。此新辊形现已应用于大型工业轧机实际生产当中，并可推广应用到其他同类轧机。

4.6 宽带钢热连轧机组均压支持辊辊形开发与应用

首钢迁钢 2250mm 热连轧机组于 2006 年年底投产，是首钢的第 1 条薄板生产线，设备是西马克设计，控制系统由西门子提供。精轧机组 6 个机架 4 辊轧机的工作辊采用西马克设计 CVC 辊形，支持辊均为平辊。为了解决 2250mm 热连轧机组支持辊剥落事故频发问题，在 2008 年推广应用了变接触（VCR）支持辊辊形，改善了工作辊与支持辊辊间接触压力分布，效果明显，粗轧机组轧辊剥落的问题得到了根治。VCR 支持辊辊形的特点是可以消除工作辊与支持辊间的有害接触区，使得接触长度适应所轧制带钢宽度，改善辊间的压力分布，避免了压力集中。VCR 支持辊辊形也推广到了精轧机组，对带钢横断面控制有明显效果。然而，在精轧机组下游机架，VCR 支持辊辊形与 CVC 工作辊配置使用，支持辊的磨损辊形就没有了上游机架和粗轧机架 VCR 辊形的自保持特性，出现了非均匀磨损，中部呈现 CVC 的形状，具体如图 4-27 所示。平支持辊与 CVC 工作辊配置，无论是哪一个机架均是出现非均匀磨损，而且呈现箱形，中部还具有 CVC 的形状。

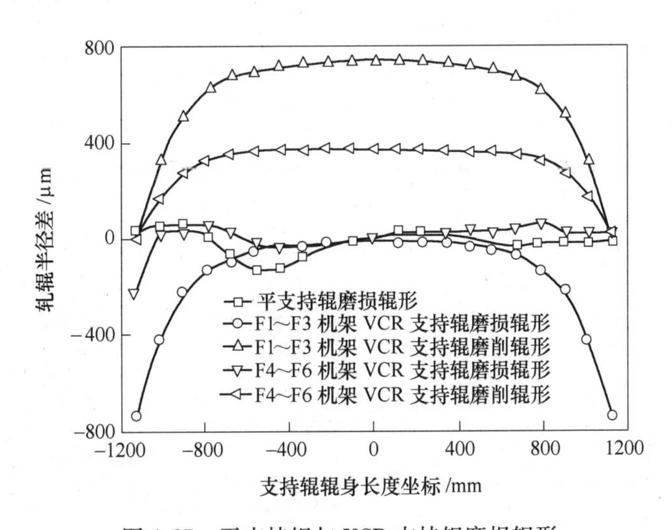

图 4-27 平支持辊与 VCR 支持辊磨损辊形

从图 4-27 中可以看出，与 CVC 工作辊配对使用时，平支持辊具有最差的磨损辊形，其次是下游机架的 VCR 支持辊。考虑到 CVC 工作辊的辊形存在非对称的形状特点，设计了 CVC 支持辊辊形，希望解决与 CVC 工作辊配置支持辊的问题。CVC 支持辊辊形与 CVC 工作辊辊形类似。由于 CVC 支持辊辊形磨削完后需要边部磨削倒角，倒角与 CVC 辊形结合的具体形状如图 4-28 所示。2009 年，将 CVC 支持辊辊形投入了实际应用。下机后的磨损辊形与 VCR 支持辊辊形出现了相同的结果，在下游机架同样出现了非均匀磨损，而且也是在轧辊辊身的一半部分被磨得很平，上、下游情况比较结果如图 4-29 所示。

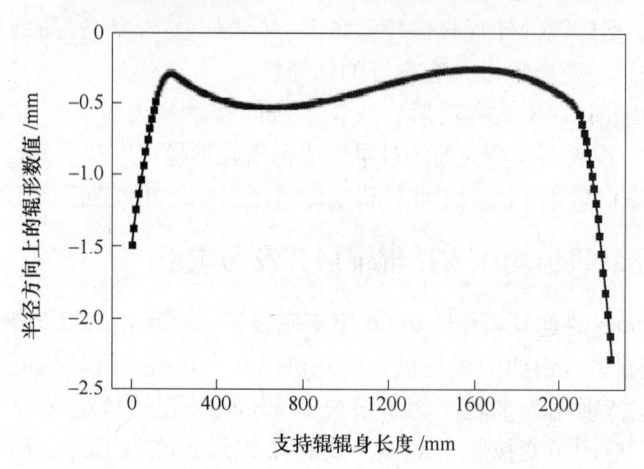

图 4-28　与边部倒角结合后的 CVC 支持辊辊形

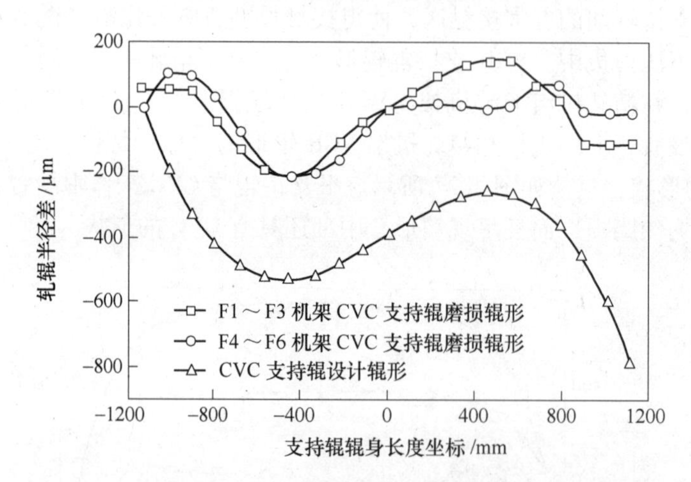

图 4-29　精轧机组上、下游机架 CVC 支持辊磨损辊形比较

在 CVC 支持辊辊形应用的过程中，另外一个不利影响是在 F5 机架发生了多次工作辊边部剥落的轧辊失效事故，轧辊剥落照片如图 4-30 所示。剥落位置分别发生在下辊传动侧和上辊操作侧，而且距离轧辊边部的距离范围均为 400 ~ 500mm。发生轧辊剥落的位置恰巧是在支持辊 CVC 辊形与边部倒角结合后的尖点与工作辊接触的位置，尖点如图 4-28 所示。在 CVC 曲线上扬的趋势段，与倒角方向相反，导致此过渡尖点。此尖点会导致辊间压力集中，最终产生轧辊疲劳剥落。轧辊磨损对板形控制有很大的影响，轧辊非均匀磨损又与辊间接触压力分布相关。接触压力集中位置，在赫兹接触压力的作用下，轧辊容易出现微小

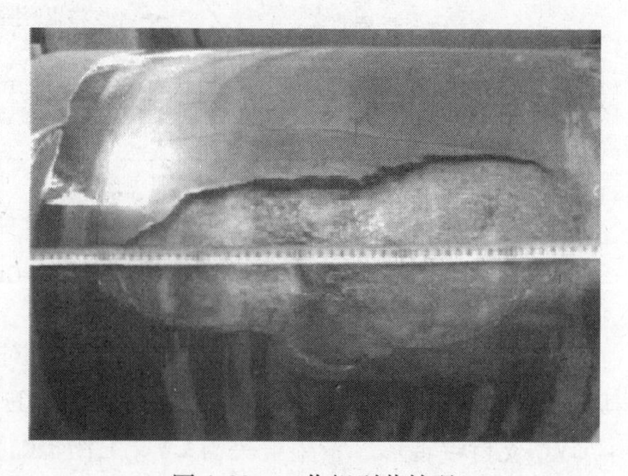

图 4-30　工作辊剥落情况

疲劳裂纹，如果磨削时候没有发现或者磨削不彻底，那么容易发生裂纹扩展，最终导致剥落事故发生。因此，找到更加合适的支持辊辊形与 CVC 工作辊辊形配置使用，避免上述问题，成了主要工作内容。

4.6.1 均压支持辊辊形设计

为了解决上述轧辊非均匀磨损和剥落问题，将 VCR 支持辊辊形曲线与 CVC 支持辊辊形曲线进行线性叠加，进而生成一种新的辊形曲线，如图 4-31 所示。具体辊形方程如下：

$$R_{\mathrm{CVC+VCR}}(x) = VCR(x) + \beta \cdot CVC_{\mathrm{wr}}(x)$$
$$= b_0 + b_1x + b_2x^2 + b_3x^3 + b_4x^4 + b_5x^5 + b_6x^6$$
$$VCR(x) = c_0 + c_1x + c_2x^2 + c_3x^3 + c_4x^4 + c_5x^5 + c_6x^6$$

式中，$b_0 \sim b_6$为辊形方程系数；$c_0 \sim c_6$为辊形方程系数；β 为系数，在 0 ~ 1 范围内；x 为辊身轴向坐标，mm。

此辊形曲线具备了 CVC 和 VCR 两种曲线的优点，使得边部辊形过渡光滑，同时中部又具有 CVC 的形状，具有均匀辊间接触压力的功能，故称为“均压支持辊辊形”。

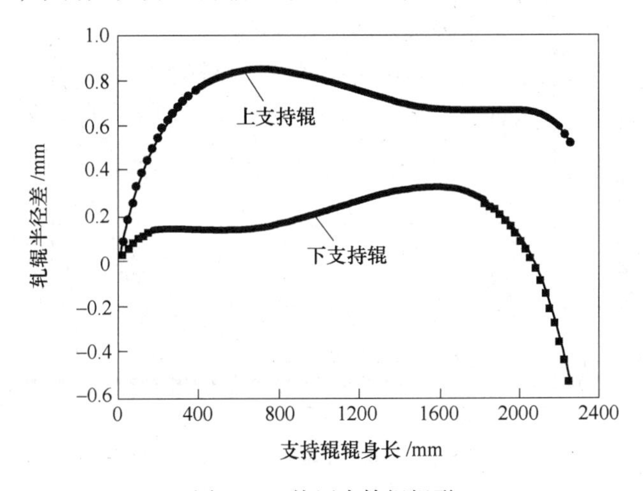

图 4-31 均压支持辊辊形

4.6.2 辊形特性分析

本小节采用二维变厚度有限元分析方法对所设计均压支持辊辊形与 CVC 工作辊配置的辊系变形特性进行了分析，同时也与平支持辊、VCR 和 CVC 支持辊辊形的结果进行了对比。

辊间接触压力分布体现了轧辊间接触工作状况，可以用接触压力分布系数表示：

$$\beta_{\mathrm{p}} = \frac{p_{\max}}{p_{\mathrm{avg}}}$$

式中，β_{p}为辊间接触压力分布非均匀程度系数，表示抵抗轧辊沿辊身长度上的非均匀磨损和抗剥落能力的大小；$p_{\max}$和 p_{avg}为辊间接触压力的最大值和平均值，MPa。

沿辊身方向的接触压力均匀分布对降低轧辊疲劳破坏有利，好的支持辊辊形可以做到这点。4 种支持辊与 CVC 工作辊配置的辊间接触压力分布计算结果如图 4-32 所示。图中所示结果的工况条件：带钢宽度为 1750mm；弯辊力与工作辊横移分别为 1500kN 和 150mm。从图中可以看出，平支持辊辊形和 CVC 支持辊辊形与 CVC 工作辊配置时，在轧辊的边部存在接触压力集中。而 VCR 支持辊辊形和新设计的均压支持辊辊形与 CVC 配置时，没有压力集中。从计算结果看，新设计的均压支持辊辊形与 CVC 配置使用，不存在辊间接触压力集中的问题，可以给辊系工作提供良好的工况条件。从图 4-32 中可以明显看出，采用平支持辊辊形和 CVC 支持辊辊形时，在轧辊两端或者一端存在压力集中，超出所轧制带钢宽度范围，也就是说存在有害接触区，同样对带钢横断面控制不利。承载辊缝横向刚度定义为：

$$k_s = \frac{\Delta Q_s}{\Delta C_g}$$

式中，ΔQ_s为单位宽度轧制力变化量，kN；ΔC_g为承载辊缝凸度变化量，mm，此参数反映了承载辊缝对轧制力波动的抵抗能力，此值越大，表明轧制力对辊缝性质影响越小，轧制带钢横断面板形质量也越稳定。

图 4-33 所示为 4 种辊形配置的承载辊缝计算结果比较，工况条件与接触压力示例与图 4-32 的相同。从图 4-33 中可以明显看出，VCR 和均压支持辊辊形可以显著提高承载辊缝横向刚度。

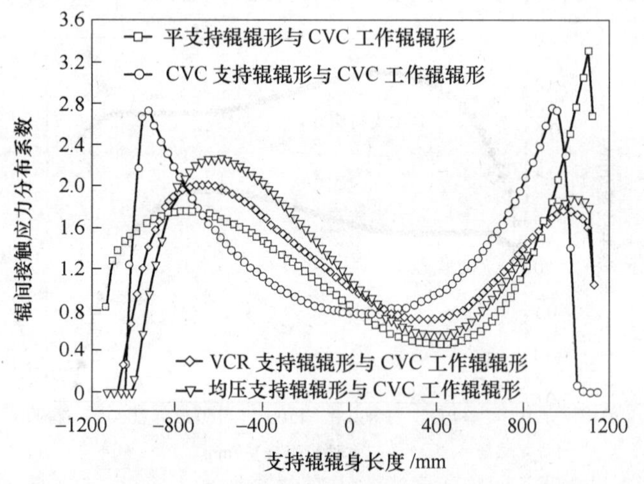

图 4-32　辊间接触压力计算结果

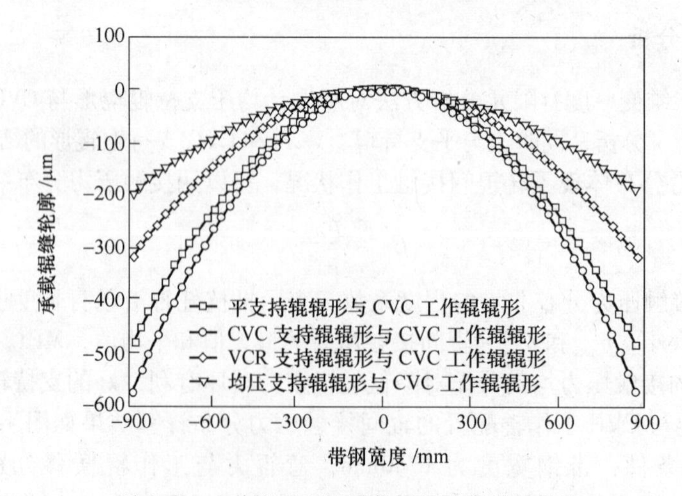

图 4-33　4 种辊形配置承载辊缝轮廓计算结果

从上述分析结果看，所设计均压支持辊辊形可以使得辊间接触压力分布均匀，可以避免轧辊疲劳破坏，同时还具有改善带钢板形质量的能力。

4.6.3 应用效果

于2010年，在首钢迁钢2250mm热连轧生产线的精轧机组进行了此均压支持辊辊形的试验与推广应用工作，应用效果良好，F5机架的工作辊剥落问题得到了有效的解决，可以作为CVC工作辊辊形配对使用的最优支持辊辊形。具体应用效果体现在轧辊下机磨损辊形和带钢横断面形状质量改善两方面。

4.6.3.1 磨损辊形改善效果

均压支持辊辊形在精轧机组应用，与CVC工作辊配置，下机后的磨损辊形结果如图4-34所示。结果表明轧辊磨损均匀，磨损辊形与设计辊形类似，辊形自保持性良好。采用此辊形后，在上、下游机架的支持辊的磨损辊形一样，没有发生前面所叙述的VCR和CVC支持辊在下游机架出现的非均匀磨损情况。证明此均压支持辊辊形具有良好的CVC工作辊匹配效果，使得辊间接触压力均匀化。

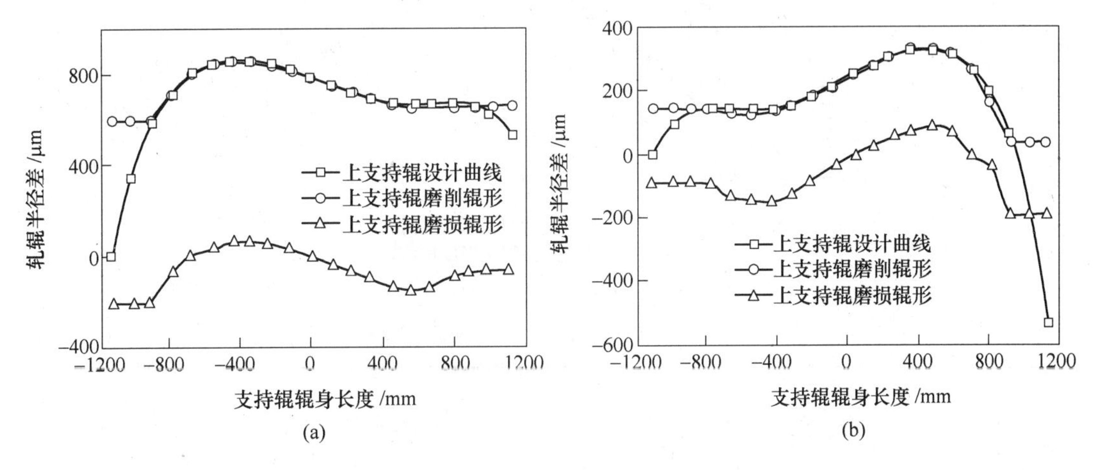

图4-34 均压支持辊辊形下机磨损结果

(a) 上支持辊；(b) 下支持辊

4.6.3.2 带钢凸度改善效果

对均压支持辊辊形应用前后的带钢凸度控制结果进行了对比，如图4-35所示。图4-35是轧制单位内带钢凸度数值的比较，2个轧制单位所轧制带钢具有相同钢种和规格，钢种为SPHC，宽度和厚度规格分别为1300mm和4.5mm。从图4-35中可以看出，应用均压支持辊辊形后，带钢在凸度数值上有20μm的降低，而且凸度控制的稳定性得到加强。在图4-35中的2个轧制单位内各随机选出一卷带钢，对它们的厚度横断面轮廓进行了比较，结果如图4-36所示。带钢的横断面轮廓改善幅度较大，凸度和边降都得到了降低。应用此均压支持辊辊形后，带钢横断面轮廓改善的效果要归功于此辊形具有高横向刚度的承载辊缝的特性。对2250mm热连轧生产线生产的供冷轧用热轧带钢的板形控制精度进行了统计，应用此均压支持辊辊形后，带钢凸度控制精度有10%的提高。

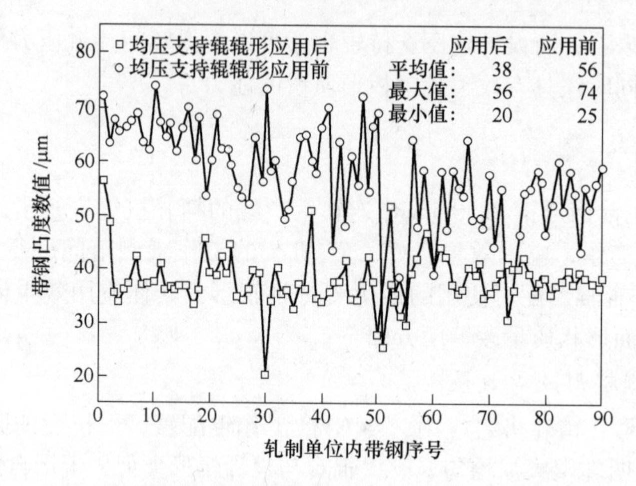

图 4-35　均压支持辊辊形应用前后带钢凸度控制比较

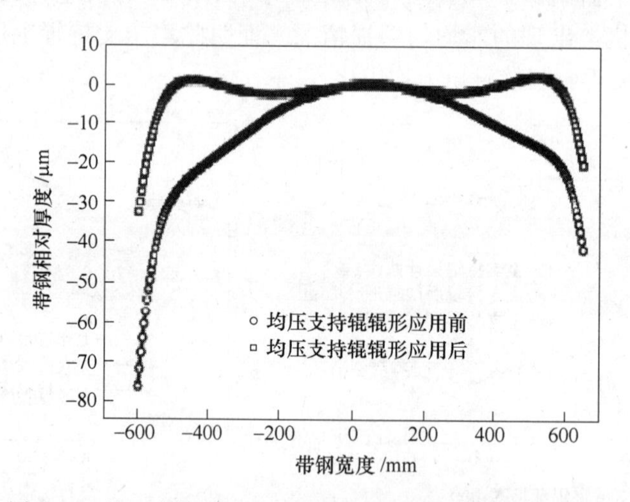

图 4-36　均压支持辊辊形应用前后带钢厚度横断面轮廓比较

4.7　热轧 CSP 生产线 CVC 轧机配套支持辊研究

CVC 工作辊辊形自 20 世纪 80 年代问世以来，在板带材生产领域被广泛应用。国内近年新建的宽带钢热连轧机精轧机组多采用四辊 CVC 机型，在 1999 年后国内引进的 18 套热连轧机中占到 13 套。最新宽带钢 CVC 机型工作辊采用可 ±100 ~ 150mm 窜辊的 CVC 辊形，支持辊为端部 200mm、采用两段圆弧倒角的对称平辊，上辊系辊形配置如图 4-37 所示，下辊系为反对称布置。

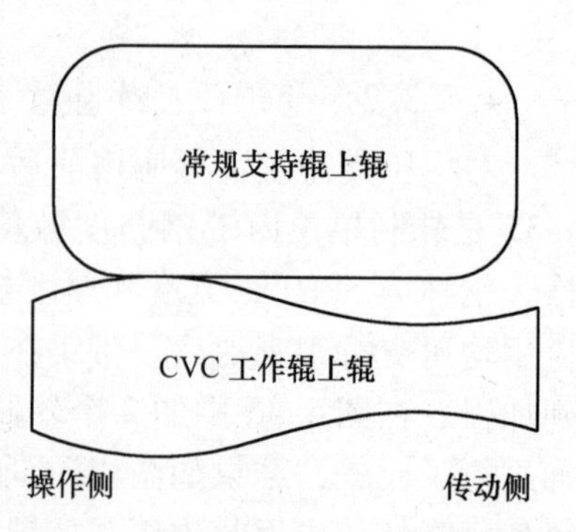

图 4-37　CVC 轧机上辊条辊形配置

在马钢 1800mmCVC 热连轧机生产现场采集 140 余套支持辊磨损辊形数据，发现 CVC 特殊的辊形曲线导致支持辊辊身中部易呈现不规则磨损，自保持性差，影响板形控制性能及轧制过程稳定性，甚至时有支持辊严重边部剥落事故发生，现场曾经发生 3 次严重剥落的事故，其支持辊轧制量分别为 130000t、65000t 和 120000t，剥落后车削量

（含磨损量）分别为 51.85mm、37.52mm 和 72.45mm，从而造成支持辊平均损耗为 53.94mm（+1.0mm 磨削量），而不发生剥落的正常状态约为 0.94mm（+1.0mm 磨削量），可见剥落所造成损失之巨大。支持辊磨损及剥落属于接触疲劳破坏，是与工作辊接触的支持辊辊面下某一深度处产生的循环切应力超过材料接触疲劳极限的结果。对辊内应力状态进行有限元仿真可以了解影响轧辊磨损及剥落的主要因素，通过辊间接触压力分析了解 CVC 辊形配置及各工艺手段下的压力分布形式，进而对支持辊辊形进行优化设计，可以为生产现场降低辊耗、节约生产成本，具有重要的理论意义和工程应用价值。

4.7.1 支持辊辊内应力有限元分析

赫兹接触理论认为，支持辊剥落与主切应力 $\tau_{45°}$ 的大小有关，轧辊截面内切应力 τ_{xy} 虽然比 $\tau_{45°}$ 要小，但轧辊转动时，$\tau_{45°}$ 是脉动循环，而 τ_{xy} 为对称循环，因此 τ_{xy} 较 $\tau_{45°}$ 更危险，是接触疲劳破坏的主要原因。利用 MSC. Marc 有限元软件，建立二维 CVC 热连轧机支持辊与工作辊非均质材料动态力学模型，并考虑轧辊表面工作淬硬层与芯部材料性能差异，具体模型如图 4-38 所示。

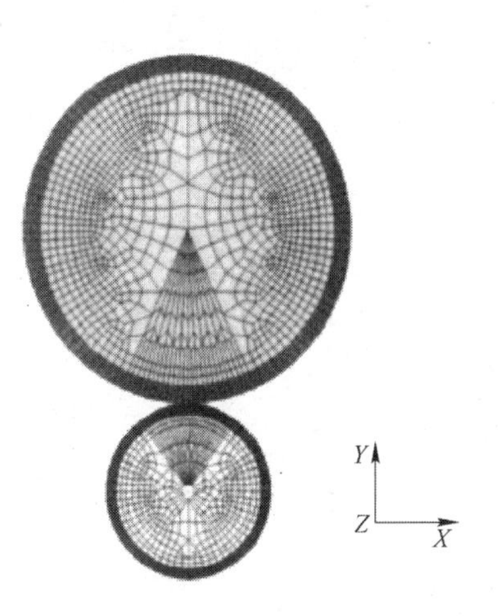

图 4-38 MSC. Marc 有限元模型

4.7.1.1 辊间接触压力对辊内应力的影响

通过给定不同的单位轧制力，模拟不同大小的辊间接触压力作用下的辊内应力状态，进而分析轧制力不均匀分布对辊内应力状态的影响，如图 4-39 所示。由图 4-39 可以看到，随着单位轧制力的增加，支持辊辊内正应力 σ_y 与剪应力 τ_{xy} 均线性增大。所以认为，辊间接触压力大的地方，辊内正应力及剪应力均较大；也可证明，不均匀的辊间接触压力分布是支持辊不均匀磨损甚至剥落的主要原因，辊间接触压力大的地方，轧辊更易磨损并有剥落的危险。

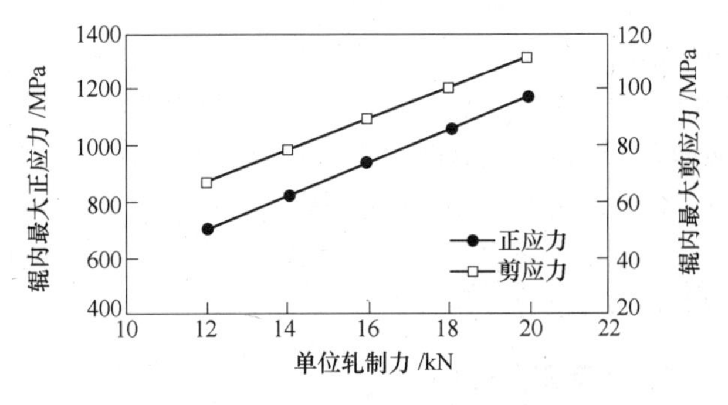

图 4-39 轧制力对辊内应力的影响

4.7.1.2 轧辊硬度对辊内应力的影响

有关文献认为，轧辊的硬度与弹性模量成近似线性关系，所以通过给定轧辊工作层不同的弹性模量，模拟分析不同的工作层硬度对辊内应力状态的影响，如图 4-40 所示。由图 4-40 可知，支持辊弹性模量的增大，相应增大了辊内最大纵向正应力和剪应力，但幅度相当小，所以支持辊硬度的增加对辊内应力状态影响并不大。但由于支持辊的表面硬度对支持辊表面的抗疲劳性能与抗磨损性能将有一定的影响，所以仍应通过必要的硬度检测保证支持辊磨削上机的硬度指标。仿真结果表明，工作辊的弹性模量变化基本不影响辊内最大纵向正应力和剪应力。

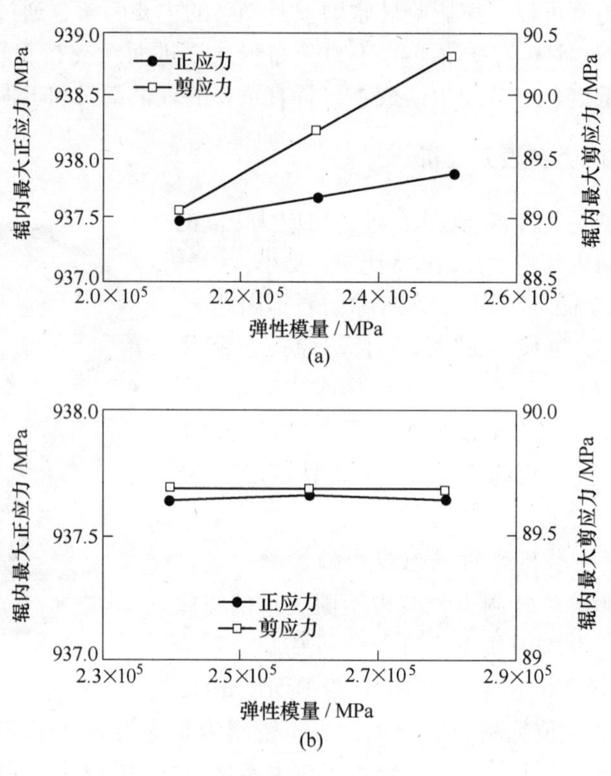

图 4-40　轧辊弹性模量对辊内应力的影响

（a）支持辊；（b）工作辊

4.7.1.3　轧辊工作层厚度对辊内应力的影响

轧辊在工作过程中逐渐磨损，经磨削后重新上机，工作层厚度逐渐减小。轧辊工作层厚度对辊内应力的影响如图 4-41 所示，具体有待进一步研究。由图 4-41 可知，支持辊工作层厚度的减小明显增大了辊内最大纵向正应力和剪应力，当支持辊工作层厚度由 75mm 减小到 25mm 时，最大纵向正应力和剪应力分别增大了 14.9% 和 11.2%，所以应在支持辊整个寿命期内注重辊间接触压力的均匀分布及轧辊的安全。而工作辊工作层厚度的变化基本不影响支持辊辊内最大纵向正应力和剪应力。

4.7.2　支持辊辊间接触压力有限元分析

MSC. Marc 仿真结果表明，不均匀辊间接触压力分布是造成支持辊不均匀磨损及剥落的主要原因，因此掌握轧辊的辊间接触压力分布形式，通过合理的工艺和设备手段来改善辊间接触压力的分布，可以取得减少轧辊磨损、避免轧辊剥落等效果。辊间接触压力通过两种方式影响支持辊的疲劳，即接触压力的峰值和接触压力的变化幅度，相应的用辊间接触压力峰值和接触压力分布不均匀度来衡量。接触压力的峰值是指沿接触线长度方向上的

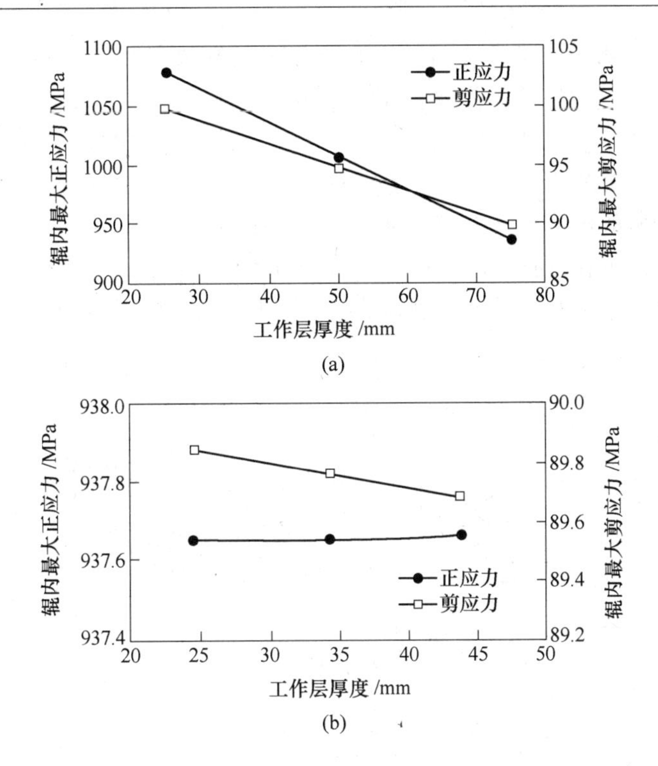

图 4-41 轧辊工作层厚度对辊内应力的影响

（a）支持辊；（b）工作辊

压力最大值。接触压力分布不均匀度是指沿接触线长度方向辊间压力的最大值与其平均值的比值。

支持辊和工作辊间的接触压力受很多因素影响，除初始辊形外，主要是受带钢宽度、轧制力、弯辊力以及窜辊等工艺的影响。建立 ANSYS 有限元模型（具体建模参数见表 4-7），对上述影响因素逐一进行分析。

表 4-7 ANSYS 有限元模型建模主要计算参数

项　目	参　数
工作辊规格/mm	$\phi700\times2000$
支持辊规格/mm	$\phi1450\times1800$
单侧弯辊力范围/kN	0 ~ 1000
窜辊行程/mm	-100 ~ 100
弯辊力加载中心距/mm	2900
支持辊约束中心距/mm	2900

4.7.2.1 板宽对辊间接触压力的影响

图 4-42 所示为单位轧制力 16kN/mm，工作辊不窜辊、无弯辊力情况下，不同带钢宽度的辊间接触压力情况。可以看出，随着带钢宽度的增加，相应的轧制力增大，辊间接触压力的峰值也增大，当带钢宽度由 900mm 变化到 1500mm 时，辊间接触压力峰值增大了 57.0%。虽然对于不同宽度的带钢，辊间接触压力分布趋势是一样的，近似呈“S”形，

辊间接触压力分布不均匀度系数也所差无几，但当带钢宽度为 900 ~ 1100mm 时，辊间接触压力峰值出现在上支持辊的操作侧，而当带钢宽度为 1200 ~ 1500mm 时，辊间接触压力峰值则出现在支持辊的传动侧。带钢宽度的不断变化有利于改善支持辊的受力状况，分析表明，上支持辊对应操作侧的极值点位置随带钢宽度的增加，由 -350mm 变化到 -500mm，但传动侧的极值点位置基本不变，在轴向坐标 750mm 左右。支持辊服役期较长（2 ~ 4 周），所以可在支持辊服役期内通过安排不同宽度的轧制计划，以缓解支持辊局部集中磨损，使服役期延长。辊间接触压力分布不均匀系数并不随带钢宽度的增加而呈现规律的线性变化。

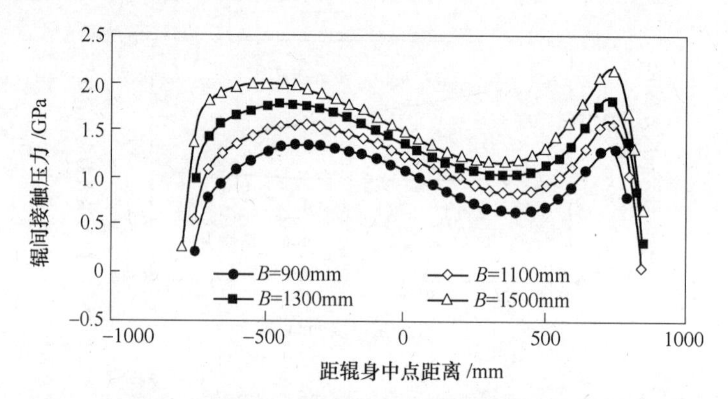

图 4-42　不同带钢宽度对辊间接触压力的影响

4.7.2.2　单位轧制力对辊间接触压力的影响

图 4-43 所示为 1200mm 宽度带钢，在单位轧制力为 12 ~ 20kN/mm 的情况下，辊间接触压力的分布。单位轧制力由 12kN/mm 变化到 20kN/mm 时，轧制力增大了 66.7%，辊间接触压力峰值由 1.39GPa 增大到 1.99GPa，增大了 43.2%，辊间压力分布不均匀度随着单位轧制力的增大而减小，从 1.42 降低到 1.29。随着单位轧制力的增加，上支持辊操作侧与传动侧的极值都相应增大，但操作侧增大较快，辊间接触压力最大值位置也逐渐从传动侧变向操作侧。

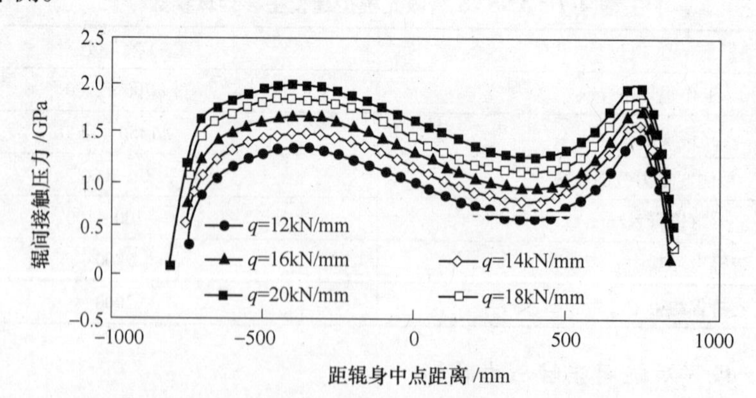

图 4-43　单位轧制力对辊间接触压力的影响

4.7.2.3　弯辊力对辊间接触压力的影响

弯辊力对辊间接触压力也有很大的影响，如图 4-44 所示。由图 4-44 可见，正弯辊力使得辊间接触压力峰值更大，而且峰值出现在辊身的一端，即上支持辊的传动侧，使得这个位置更容易出现应力集中。当单侧弯辊力由零增大到 1000kN 时，其辊间接触压力峰值由 1.69GPa 增加到 2.05GPa，增幅达 21.3%，而辊间压力分布不均匀度也由 1.33 增加到 1.50，增幅达 12.8%。

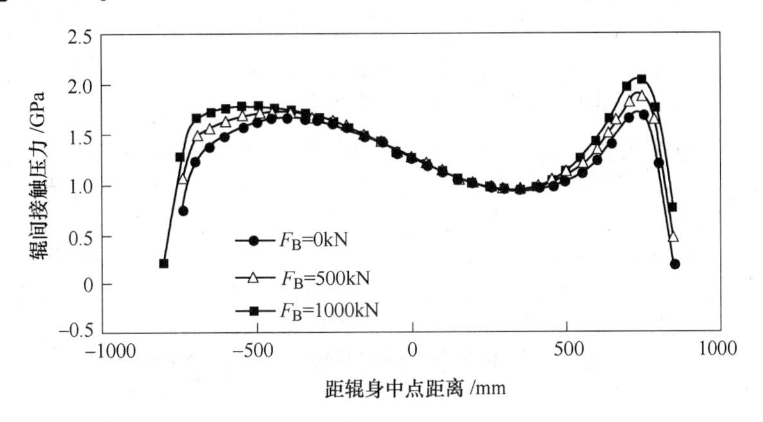

图 4-44 弯辊力对辊间接触压力的影响

4.7.2.4 窜辊量对辊间接触压力的影响

窜辊量对辊间接触压力的影响如图 4-45 所示。由图 4-45 可以看出，窜辊对于 CVC 工作辊辊间接触压力分布影响较大，正窜时，上支持辊传动侧辊间接触压力明显减小，而操作侧辊间接触压力略有增加，甚至出现操作侧辊间接触压力值大于传动侧的情况。工作辊的轴向窜动相对于支持辊，无论是正向窜辊还是负向窜辊，辊间接触压力分布的趋势是一样的，端部存在应力集中，且应力集中位置分布在距支持辊操作侧端部 400 ~ 600mm、传动侧端部 150 ~ 200mm 处，正是支持辊边部剥落敏感区域范围。

辊间接触压力峰值并不随窜辊量线性变化，是因为接触压力峰值出现在了支持辊不同的位置；而不均匀度系数在工作辊负窜时比较大，正窜则对不均匀度系数影响不大。

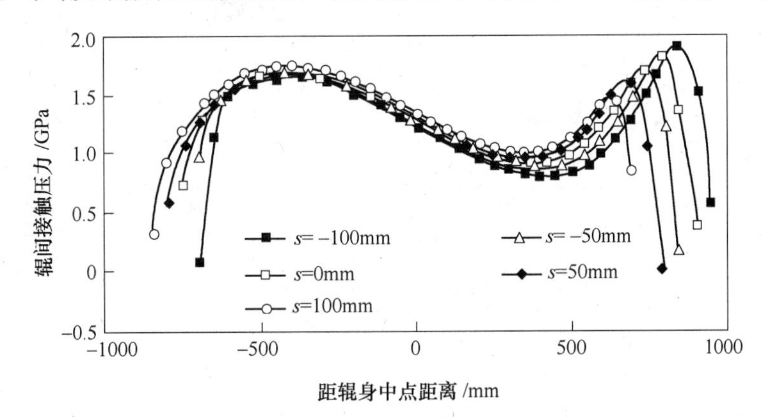

图 4-45 窜辊量对辊间接触压力的影响

4.7.3 支持辊新辊形设计

利用有限元模型分析各因素对支持辊力学行为的影响规律。其中，辊间接触压力可通过合理的支持辊初始辊形设计进行改善，以减少支持辊不均匀磨损，延长其服役期。如图4-46所示，新辊形中部S形设计可使支持辊与工作辊更为贴合，改善辊间接触状态和辊间接触压力分布。新辊形端部应用非对称VCR曲线设计思想，一方面发挥VCR的优势，即基于辊系弹性变形的特性，能够自动使支持辊和工作辊之间的接触线长度与带钢的轧制宽度相适应，改善辊间应力状况；另一方面，采取支持辊两端与CVC工作辊辊形曲线配合设计，即尽量减小Δd_1与Δd_2的差值，可进一步降低辊间接触压力的不均匀度。有限元仿真结果表明（图4-47），新辊形使得不同窜辊位置的支持辊和工作辊辊间接触压力峰值和辊间接触压力不均匀度系数分别下降了3.5%~16.0%和3.5%~15.9%。

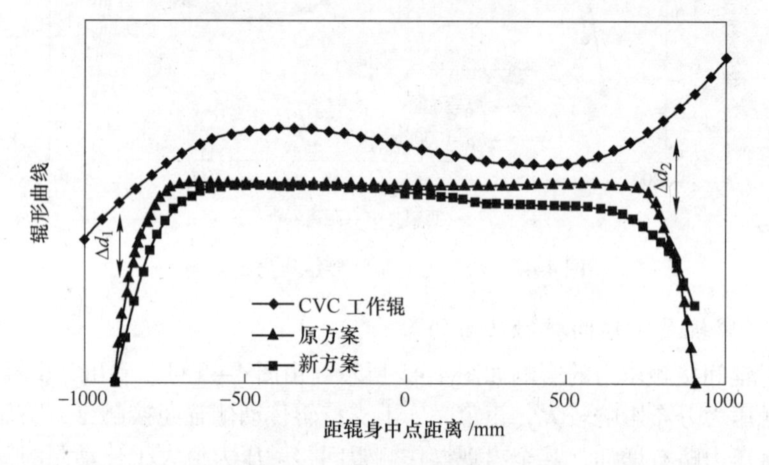

图4-46　新支持辊辊形曲线

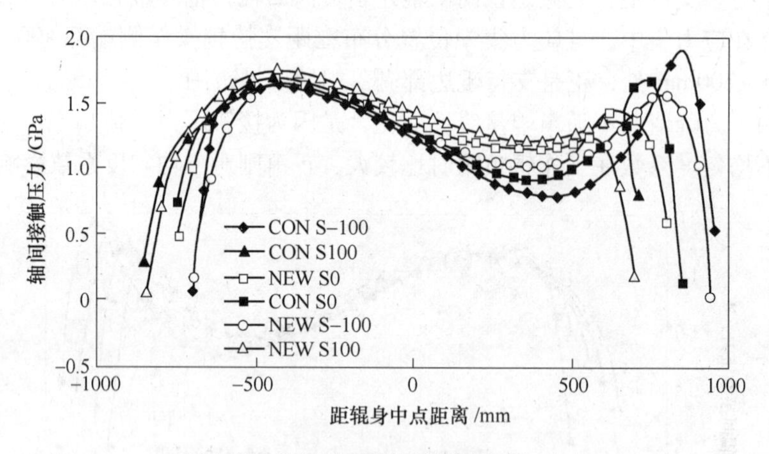

图4-47　新旧支持辊辊间接触压力对比

4.7.4　工业试验及应用效果分析

在某1800mmCVC热连轧机F3~F4机架进行新辊形的工业上机试验10轮次，轧制量近100万吨。支持辊新辊形服役前后的辊形曲线如图4-48所示，新辊形使得F3~F4机架辊形自保持性从74.05%提高到85%以上，保证了其在整个服役期内的稳定工作状态，并且使支持辊在服役后期，辊间接触压力峰值和不均匀度系数分别下降25.7%和28.3%。自稳定开展工业应用两年以来，未有边部剥落事故发生，累计轧制量已逾200万吨。

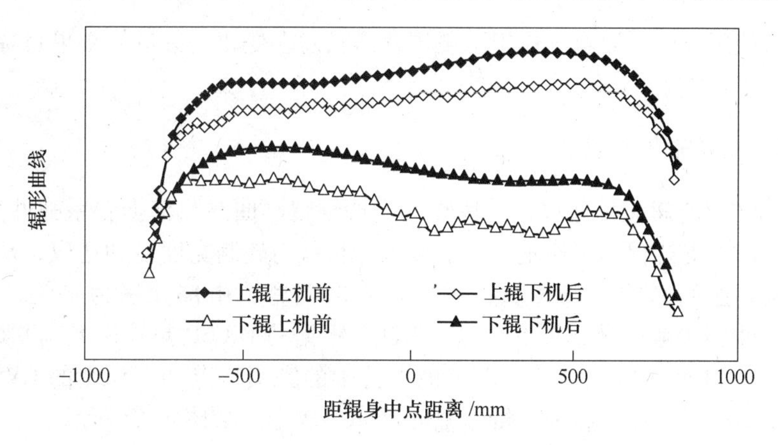

图 4-48　新支持辊服役前后的辊形曲线

4.8 热轧 CSP 末机架支持辊辊形研究

马钢 CSP 生产线是世界上第 21 条 CSP 薄板坯连铸连轧生产线，自 2003 年 10 月投产以来，年生产能力超过 200 万吨，其中约有 70% 直接供给其后的酸轧，主要产品有冷轧基料、汽车板、家电板、耐候钢、硅钢等。由于 CSP 生产线具有轧制规格相对比较单一、宽度变化比较少、各机架换辊周期不同等特点，因此轧辊磨损情况及其对板形控制的影响与常规热连轧有所不同，F7 机架作为连轧机组的末机架，其磨损情况直接影响着成品板形质量。在确定轧机机型的情况下，辊形成为带钢板形控制最直接、最有效的手段之一。VCR 变接触支持辊已经成功应用于工业轧制实践生产，但主要用于与常规工作辊的配合，在与 CVC 辊形配合时会出现磨损不均匀、辊间接触状态差等问题。为解决目前马钢 CSP 支持辊磨损存在的问题，本节对其支持辊辊形进行了研究。

4.8.1 F7 机架支持辊辊形存在的问题

马钢 CSP 热连轧 F7 机架由于轧制温度较低、工作辊辊径小、转速高的特点，其工作辊表面生成的氧化膜很容易被磨掉并甩出接触区以外，此时辊间的接触状态与初始辊间接触状态近似，属于接触疲劳磨损，只是磨损量大，辊径减小比较快，磨损呈现出近似“箱形”且与工作辊辊形相结合的趋势。

为了研究马钢 CSP 热连轧 F7 机架支持辊磨损辊形的变化规律，对其支持辊辊形的上机情况进行了跟踪，并采集了 58 支 F7 机架支持辊的磨损辊形数据。通过长期生产跟踪，发现马钢 CSP 热连轧 F7 机架支持辊辊形存在以下问题：

（1）辊形较高，半径方向达到 1.5mm，使得弯辊调控效果过大，出口中间浪较为严重，窜辊在 -50 ~ -90mm 的概率超过 62%。

（2）平滑段长，为 1100mm，而马钢 CSP 热连轧轧制平均宽度为 1250mm，因此轧制过程中会出现辊间接触长度小于轧制带宽度的情况，影响轧制稳定性。

（3）机磨损严重，磨 CVC 趋势比较明显。支持辊严重而且不均匀的磨损大大增加了轧辊的损耗，延长了磨辊时间；支持辊辊形的不断变化直接恶化了与工作辊的接触状况，易形成压力尖峰，甚至导致支持辊剥落；工作辊与支持辊辊间接触状态的变化，会影响到弯辊和窜辊的使用效果，导致工作辊承载辊缝形状发生变化，其最终结果将降低热轧板廓和板形质量。

4.8.2　VCR + 支持辊辊形设计

VCR 技术的核心思想是通过设计特殊的支持辊辊廓曲线，依据辊系弹性变形的特性，使在轧制力作用下支持辊和工作辊之间的接触线长度与轧制宽度自动适应，从而消除或减少辊间有害接触区的影响。VCR 支持辊辊形左右对称，中部几乎为平辊，在工作辊为 CVC 辊形时，辊间接触压力分布不均匀。为此，根据马钢 CSP 热连轧 F7 机架支持辊磨损的特点，基于 VCR 变接触思想，综合考虑支持辊的磨损特点和工作辊的 CVC 辊形曲线，考虑现场实际情况，设计了新的支持辊辊形 VCR + 辊形，如图 4-49 所示。

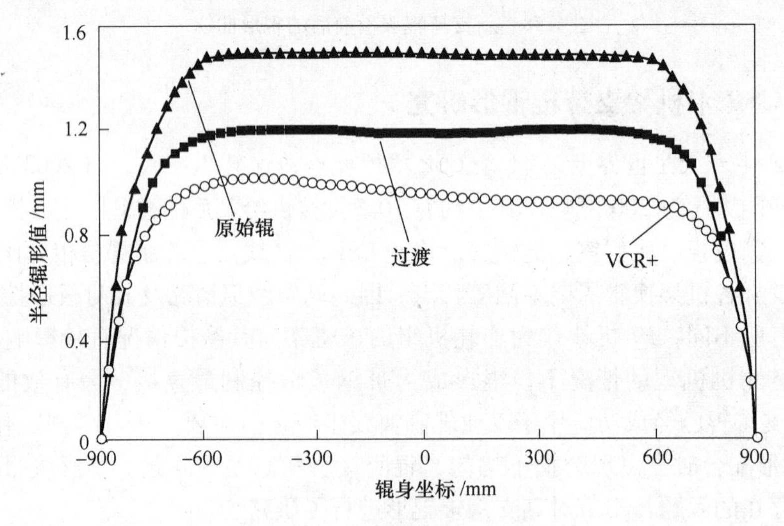

图 4-49　F7 机架 VCR + 辊形

由于 L2 模型无法识别支持辊的辊形信息，主要靠自学习来适应，因此新支持辊辊形与其适应需要一定时间。为了保证生产的稳定性，F7 机架新支持辊辊形的优化分两步来完成，首先使用过渡辊形，服役两个周期后再使用 VCR + 辊形。

4.8.3　二维变厚度有限元

本小节的辊系变形计算都是基于二维变厚度有限元的方法，这种方法具有建模迅速且计算精度高的特点，曾经应用在国内几条热轧和冷轧板形控制模型中，并取得了较好的实际应用效果。二维变厚度有限元模型的原理：建立工作辊与支持辊一体的模型，把辊间压力作为系统内力，把轧制压力处理成外力。采用三层边界接触单元（分别作用于辊间接触区的支持辊表面、工作辊表面以及轧制接触区的工作辊表面）描述辊间支持辊与工作辊之间、工作辊与轧件之间的接触压扁问题。采用承受弯曲变形的实体单元描述支持辊与工作辊的弯曲变形。

4.8.3.1　模型的建立

A　结构离散化

由于轧机的对称性，可以只取支持辊和工作辊上辊作为研究对象，采用三角形等参数单元对辊系网格进行划分，为了提高解题的精度，网格由里层向外层逐步加密，如图 4-50 所示。

以相等抗压变形的矩形截面来等效轧辊边界实际为弓形的截面。离散化是有限单元法的基础，就是由有限个单元的集合体来替代原来的连续体或结构，每个单元仅在节点处和其他单元及外部联系。

图 4-50 所示的单元可以分为两类：一类是只承受接触压扁变形的接触边界单元，本小节称为等效接触单元，共有三层；一层在轧制区工作辊的表面，另两层分别在辊间接触区域的支持辊和工作辊的表面上。除此之外，全部属于另一类承受挠曲变形的实体单元，称为等效抗弯单元。轧辊在 yoz 平面的截面图如图 4-51 所示。图 4-51 中表示了三种边界接触层单元等效厚度以及工作辊和支持辊变厚度接触层高度调节量；在抗压扁性相等的情况下可以将弓形截面等效为矩形截面；图 4-51 中所示的各个变量在以下计算中有详细说明。

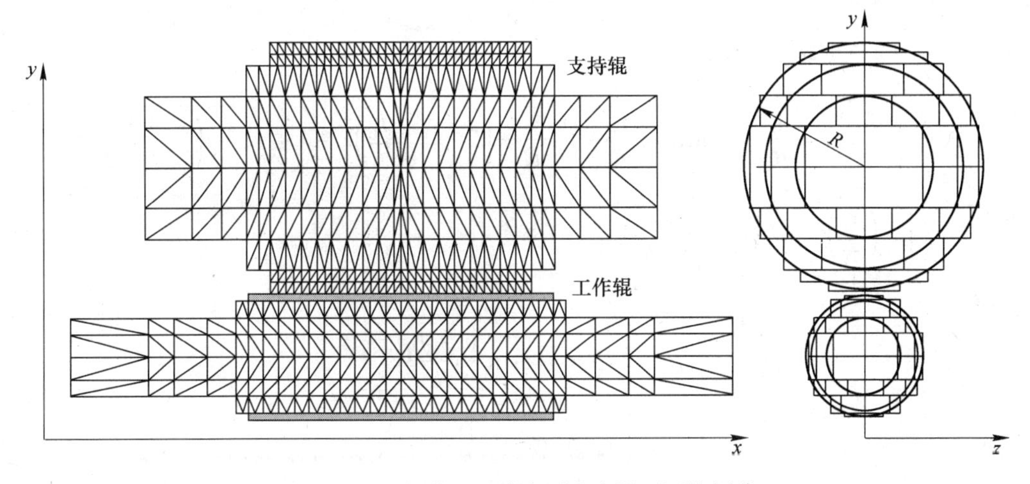

图 4-50　四辊轧机二维变厚度有限元网格划分

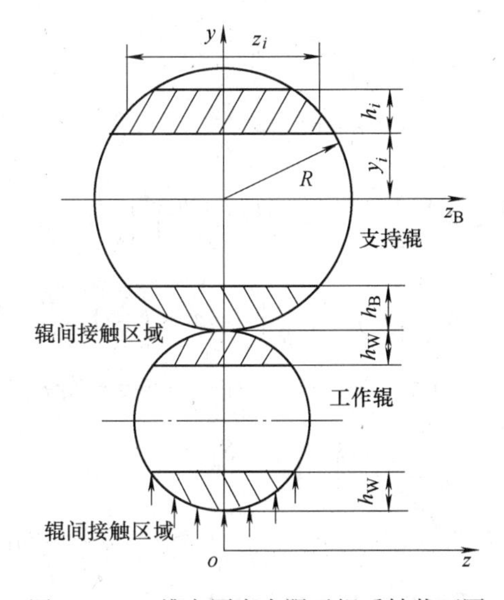

图 4-51　二维变厚度有限元辊系轴截面图

B　等效抗弯单元的弯曲等效厚度处理

承受挠曲变形的单元 i 的弯曲等效厚度 z_i 就是与此弓形截面的抗弯模数相等的矩形截面的宽度，以过轧辊轴心的 z_B 轴为弯曲轴计算 i 单元矩形截面 h_i，z_i 和弓形截面的抗弯截面模量分别以 I_1 和 I_2 表示。

$$I_1 = \iint_{\Omega} y^2 \mathrm{d}\Omega = z_i \int_{y_i}^{y_i+h_i} y^2 \mathrm{d}y = z_i \frac{R^3}{3}\left[\left(\frac{y_i + h_i}{R}\right)^3 - \left(\frac{y_i}{R}\right)^3\right] \tag{4-3}$$

$$I_2 = \iint_{\Omega} y^2 \mathrm{d}\Omega = z_i \int_{y_i}^{y_i+h_i} y^2 (2\mathrm{d}y \cdot z') \tag{4-4}$$

由于轧辊的横截面是半径为 R 的圆，因此：

$$z' = \sqrt{R^2 - y^2} \tag{4-5}$$

代入式（4-4）得：

$$\begin{aligned} I_2 &= \int_{y_i}^{y_i+h_i} 2y^2 \sqrt{R^2 - y^2} \mathrm{d}y \\ &= \frac{R^2}{4}\left\{\arcsin\frac{y_i + h_i}{R} - \arcsin\frac{y_i}{R} + \frac{y_i + h_i}{R}\left[2\left(\frac{y_i + h_i}{R}\right)^2 - 1\right]\sqrt{1 - \left(\frac{y_i + h_i}{R}\right)^2} - \right. \\ &\left. \frac{y_i}{R}\left[2\left(\frac{y_i}{R}\right)^2 - 1\right]\sqrt{1 - \left(\frac{y_i}{R}\right)^2}\right\} \end{aligned} \tag{4-6}$$

令：

$$\begin{cases} S_1 = \arcsin\dfrac{y_i + h_i}{R} \\ S_2 = \arcsin\dfrac{y_i}{R} \end{cases} \tag{4-7}$$

那么：

$$\begin{cases} \sin S_1 = \dfrac{y_i + h_i}{R} \\ \sin S_2 = \dfrac{y_i}{R} \end{cases} \tag{4-8}$$

$$\begin{cases} \sin 4S_1 = 4\dfrac{y_i + h_i}{R}\left[1 - 2\left(\dfrac{y_i + h_i}{R}\right)^2\right]\sqrt{1 - \left(\dfrac{y_i + h_i}{R}\right)^2} \\ \sin 4S_2 = 4\dfrac{y_i}{R}\left[1 - 2\left(\dfrac{y_i}{R}\right)^2\right]\sqrt{1 - \left(\dfrac{y_i}{R}\right)^2} \end{cases} \tag{4-9}$$

把式（4-7）~式（4-9）代入式（4-3）和式（4-6）分别得：

$$I_1 = z_i \frac{R^3}{3}(\sin^3 S_1 - \sin^3 S_2) \tag{4-10}$$

$$I_2 = z_i \frac{R^4}{4}\left(S_1 - S_2 - \frac{1}{4}\sin 4S_1 + \frac{1}{4}\sin 4S_2\right) \tag{4-11}$$

两截面等抗弯模数，即 $I_1 = I_2$，得 z_i 的表达式：

$$z_i = \frac{3}{8}D\frac{S_1 - S_2 - \frac{1}{4}\sin 4S_1 + \frac{1}{4}\sin 4S_2}{\sin^3 S_1 - \sin^3 S_2} \tag{4-12}$$

式中，D 为 D_W 或 D_B，mm。

C 等效接触单元的压扁等效厚度 z_B、z_W、z_S 的确定

轧辊的接触边界单元本来是弓形截面的，现以抗压扁性相等将它等效为矩形截面，如图 4-52 所示。

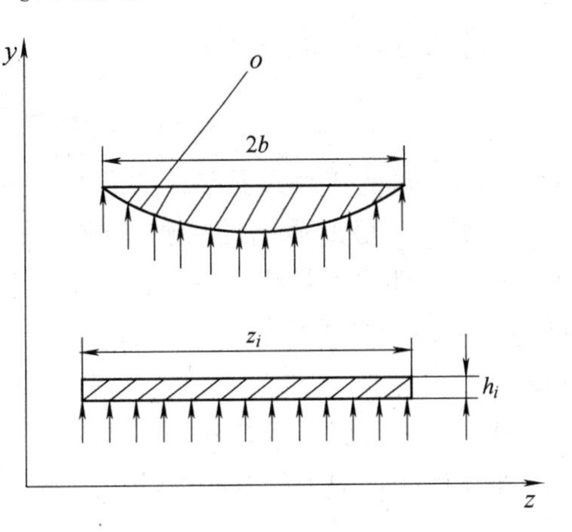

图 4-52 接触边界单元截面

弓形压扁量由赫兹公式给出，支持辊与工作辊接触区半宽度：

$$b = \sqrt{\frac{4(1-v^2)}{\pi E}q(x)\frac{D_W D_B}{D_W + D_B}} \tag{4-13}$$

支持辊压扁量：

$$l_B = b^2/D_B \tag{4-14}$$

工作辊压扁量：

$$l_W = b^2/D_W \tag{4-15}$$

工作辊与轧件的接触区域，接触区域半宽度：

$$b = \sqrt{\frac{4(1-v^2)p(x)D_W}{\pi E}} \tag{4-16}$$

轧制区工作辊的压扁量：

$$l_S = b^2/D_W \tag{4-17}$$

等效矩形截面为 $h_i z_i$，它的压扁量 l_2 可由平面应力问题求解方法确定，此矩形块的应力、应变状态为：

$$\sigma_y = \frac{q(x)}{z_i} \tag{4-18}$$

$$\varepsilon_y = \frac{1}{E}\sigma_y \tag{4-19}$$

由于此矩形块的高度 h_i 远小于宽度 z_i，因此它的压缩变形可以看做是沿 z 向均匀发生，即 y 向位移函数 v 是与 z 无关的，即：

$$\varepsilon_y = \frac{dv}{dy} \tag{4-20}$$

所以：

$$v = \int \varepsilon_y dy = \frac{\sigma_y}{E}y + c \tag{4-21}$$

矩形块的压缩量：

$$l_2 = v(y_i + h_i) - v(y_i) = \frac{\sigma_y}{E}h_i \tag{4-22}$$

根据压扁量相等的原则，可以求出三种接触边界单元的压扁等效厚度 z_i。

支持辊接触边界单元：

$$z_{\mathrm{B}} = h_{\mathrm{B}} \frac{\pi}{4(1 - v^2)} \times \frac{D_{\mathrm{B}} + D_{\mathrm{W}}}{D_{\mathrm{W}}} \tag{4-23}$$

工作辊接触边界单元：

$$z_{\mathrm{W}} = h_{\mathrm{W}} \frac{\pi}{4(1 - v^2)} \times \frac{D_{\mathrm{B}} + D_{\mathrm{W}}}{D_{\mathrm{B}}} \tag{4-24}$$

工作辊轧制区接触边界单元：

$$z_{\mathrm{S}} = h_{\mathrm{W}} \frac{\pi}{4(1 - v^2)} \tag{4-25}$$

式中，h_{B}、h_{W}为接触边界单元的高度，mm，一般取值在 5 ~ 15mm 之间。

事实上，弓形截面的接触等效单元也可以按照弯曲等效原则确定其相应的弯曲等效厚度 z_i，如果 z_i和相应的 z_{B}、z_{W}、z_{S}相等，则说明矩形截面 $h_i z_i$在抗压扁和抗弯曲方面都与原实际弓形截面等效。如果不相等，有差值，则要把此值加到各自相邻的单元上去。

D　单元刚度矩阵的建立

采用解平面应力问题的弹性矩阵单元的刚度矩阵表示为：

$$[\boldsymbol{k}_{rs}]^e = \frac{Et}{4(1 - \mu^2)\Delta} \begin{bmatrix} b_r b_s + \frac{1-\mu}{2} c_r c_s & \mu b_r c_s + \frac{1-\mu}{2} c_r b_s \\ \mu c_r b_s + \frac{1-\mu}{2} b_r c_s & c_r c_s + \frac{1-\mu}{2} b_r b_s \end{bmatrix} \quad (r,s = i,j) \tag{4-26}$$

式中，t 为单元的厚度，mm；b_r、c_s为与单元的几何性质有关的常量（即与两节点间的坐标差有关）；Δ 为单元的面积，mm^2。

E　总体刚度矩阵的建立

节点载荷与节点位移方程组矩阵有如下表达形式：

$$[\boldsymbol{K}] = \sum_{e=1}^{NE} [\boldsymbol{k}]^e \tag{4-27}$$

$$[\boldsymbol{K}]\{\boldsymbol{DP}\} = \{\boldsymbol{F}\} \tag{4-28}$$

4.8.3.2　计算流程

模型采用 FORTRAN 语言实现编程，计算框图如图 4-53 所示。图中，$\{G_{\mathrm{m1}}\}$ 为工作辊几何尺寸，mm；$\{G_{\mathrm{m2}}\}$ 为支持辊几何尺寸，mm；$\{L_{\mathrm{WR}}\}$ 为工作辊辊廓曲线，mm；$\{L_{\mathrm{BUR}}\}$ 为支持辊辊廓曲线，mm；m 为轧制压力分布，kN/mm；p 为轧制压力，kN/mm；B 为轧件的宽度，mm；$[ND]$ 为单元节点号；$\{x\}$，$\{y\}$ 为节点坐标，mm；$\{THK\}$ 为单元厚度，mm；$\{T_{\mathrm{eq}}\}$ 为工作辊与支持辊接触区单元等效厚度，mm。

4.8.4　VCR + 支持辊性能分析

热轧板形控制性能评价指标主要包含辊缝凸度调节域、辊缝横向刚度、板形控制效率曲线和辊间接触压力分布不均匀度及峰值等。为了评价 VCR + 的性能，利用二维变厚度有限元模型（参数见表 4-8），对 CSP 热连轧机在不同轧制条件下的工况进行仿真计算。现以马钢 CSP 主轧宽度 1270mm 带钢为代表，对改进前、后辊型配置下的性能进行评价。

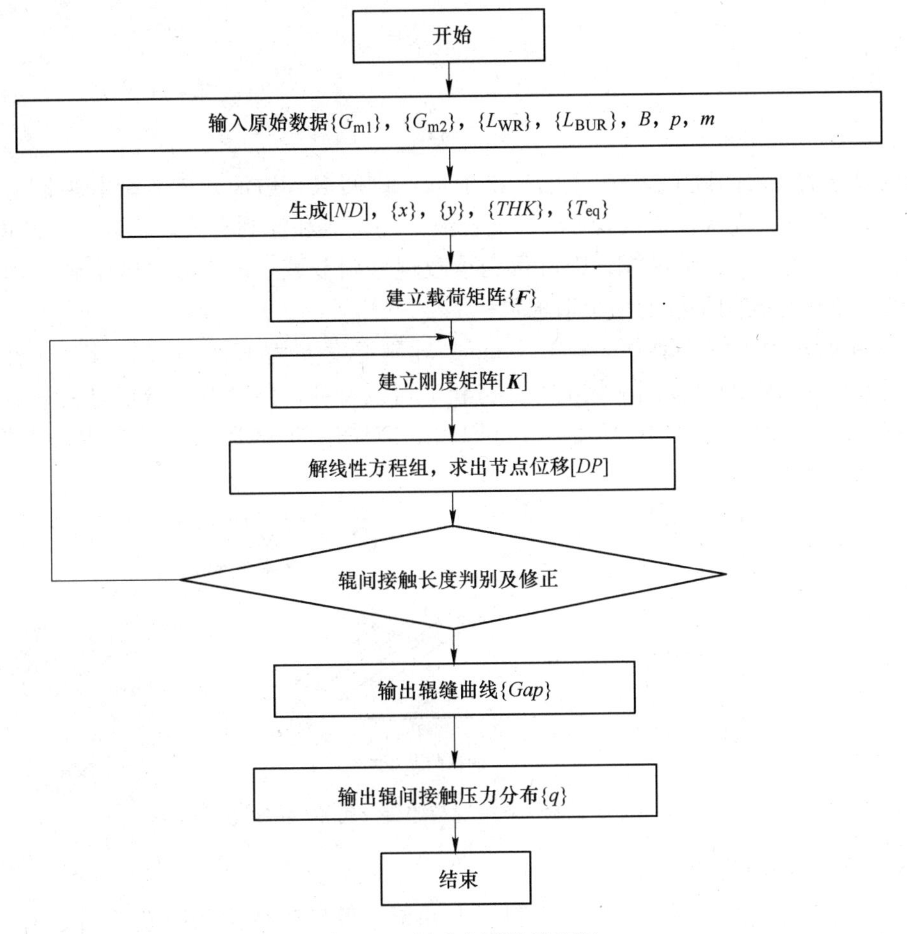

图 4-53 辊系变形计算框图

表 4-8 F7 机架二维变厚度有限元计算的主要参数

参 数	数 值
工作辊直径×辊身长度/mm	ϕ600×2000
支持辊直径×辊身长度/mm	ϕ1400× 1800
弯辊力范围/t	0~100
窜辊行程/mm	-100~100
弯辊力作用点中心距/mm	2900
压下力作用点中心距/mm	2900

4.8.4.1 辊缝凸度调节域

考虑轧制对称形状，将受载后的辊缝形状用式（4-29）来表示：

$$g(x) = a_2x^2 + a_4x^4 \quad x \in \left[-\frac{B}{2},\frac{B}{2}\right] \tag{4-29}$$

式中，B 为带钢宽度，mm。如果分别用 C_{w2} 和 C_{w4} 表示承载辊缝的二次凸度和四次凸度，则：

$$C_{w2} = \frac{a_2}{4}B^2$$
$$C_{w4} = \frac{3a_4}{256}B^4 \tag{4-30}$$

承载辊缝的二次凸度 C_{w2} 与带钢的二次浪形（中间浪、边浪）的生成和控制有关，四次凸度 C_{w4} 与带钢的高次浪形（1/4 浪、复合浪）的生成和控制有关。若以四次凸度 C_{w4} 为横坐标，二次凸度 C_{w2} 为纵坐标，则可得到承载辊缝调节域。该区域反映了轧机承载辊缝调节柔性，是板形控制手段的一个追求目标。

图 4-54 所示为单位轧制力 q 为 8kN/mm，轧制宽度 B 为 1270mm 时，F7 机架 VCR + 支持辊辊形与原辊形的凸度调节域的对比分析。可以看到，凸度调节域仅是在一定程度上有所偏移，调节域的大小变化不大。这是因为之前使用的 VCR 已经具有辊形柔性功效，提高了轧机的凸度调节域。

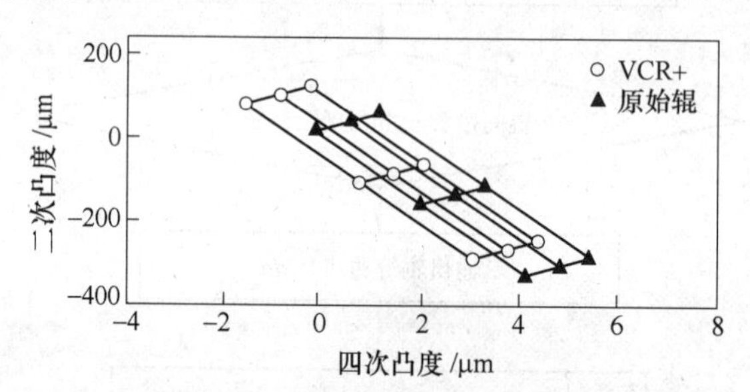

图 4-54　F7 机架 VCR + 支持辊与原辊支持辊辊缝凸度调节域

4.8.4.2　承载辊缝横向刚度

轧制时由于带钢的材质、温度、来料厚度和板形等发生变化而引起轧制力出现波动，进而导致承载辊缝和机架出口带钢板形的波动，衡量这一波动量大小的指标可以用承载辊缝横向刚度来表示。

承载辊缝横向刚度反映了辊缝形状抵抗轧制力波动的能力，即承载辊缝横向刚度越大，轧制力波动对承载辊缝形状的影响越小，轧后带钢的板形质量越稳定。承载辊缝横向刚度可用式（4-31）表示：

$$k_s = \frac{\Delta Q_s}{\Delta C_g} \tag{4-31}$$

式中，k_s 为承载辊缝横向刚度，kN/μm；ΔQ_s 为轧制力的变化量，kN；ΔC_g 为承载辊缝凸度的变化量，μm。

图 4-55 为单位轧制力 q 分别取 6kN/mm、8kN/mm、10kN/mm，轧制宽度 B 为 1270mm，弯辊力 F_w 为 500kN 时，F7 机架 VCR + 支持辊辊形与原辊形的承载辊缝横向刚度的对比分析。可以看出，新设计的 VCR + 支持辊的横向刚度与原支持辊相比有明显增加，由 97.76kN/μm 增加到 117.72kN/μm，提高了 20.42%，从而增强了轧机承载辊缝抵抗轧制力波动的能力，有利于板形控制的稳定性。

4.8.4.3　辊间接触压力

辊间接触压力是决定轧辊损耗的主要影响因素，通过两种方式影响支持辊的疲劳：接

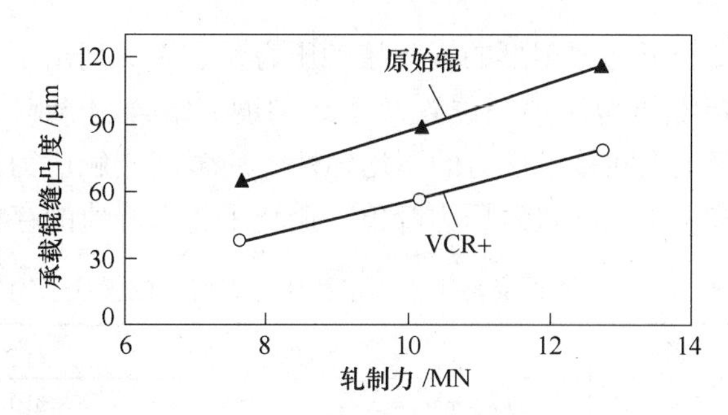

图 4-55　F7 机架 VCR + 支持辊与原辊支持辊辊缝刚度

触压力的峰值和接触压力的变化幅度。为了评价辊间接触压力的大小，这里引入辊间接触压力峰值 q_{max} 和接触压力分布不均匀度 p 两个概念。接触压力的峰值是指沿接触线长度方向上的压力最大值。接触压力分布不均匀度是指沿接触线长度方向辊间压力的最大值与其平均值 $\bar{q}$ 的比值，即：

$$p = \frac{q_{max}}{\bar{q}} \tag{4-32}$$

辊间接触压力不均是导致支持辊不均匀磨损的主要因素，新辊形设计的目的就是要降低辊间接触压力峰值，改善辊间接触压力的不均匀性。选取单位宽度轧制压力 q = 8kN/mm,，轧制宽度 B 为 1270mm，弯辊力 F_w 为 500kN，窜辊值 s 为 -100 ~ 100mm 时进行了仿真计算。图 4-56 所示为窜辊量分别为 -100mm、0mm、100mm 时 F7 机架两种支持辊方案下的辊间接触压力分布。

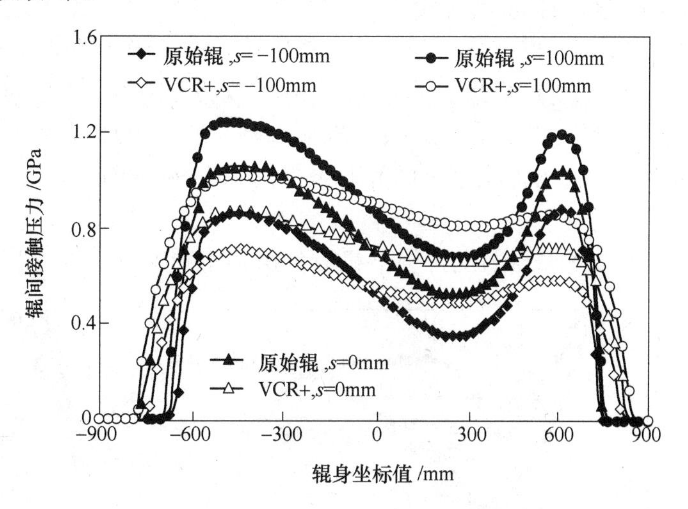

图 4-56　F7 机架 VCR + 支持辊与原辊支持辊辊间接触压力分布

在轧制过程中，当总轧制压力、弯辊力等参数不变的情况下，根据力的平衡原理，辊间接触压力的均值应该是不变的。经计算，以上三种工况下的辊间接触压力均值分别为 0.470GPa、0.608GPa 和 0.746GPa。但是辊形的改变会对辊间接触压力的分布产生影响。由图 4-56 可以看出，由于与之匹配的 CVC 工作辊采用 S 形曲线，因此辊间接触压力分布也为 S 形，原辊形下这一特点极其明显，VCR + 辊形则有较为明显的改善。

为了科学地评价新辊形与原辊形的辊间接触压力，表4-9列出了不同支持辊辊形在不同窜辊位置下的辊间接触压力峰值、位置及不均匀度。结合图4-56和表4-9可以看到，VCR+辊形有效地改善了辊间接触压力的不均匀性，使辊间接触压力在接触全长范围内的分布更加合理，而且降低了辊间接触压力峰值，避免了较大峰值的存在。

表4-9　F7机架不同支持辊辊间接触压力峰值、位置及不均匀度

窜辊位置/mm	辊　形	极大值			不均匀度
-100	原始辊	位置/mm	-455	610	1.87
		极值/GPa	0.88	0.87	
	VCR +	位置/mm	-470	585	1.53
		极值/GPa	0.72	0.58	
0	原始辊	位置/mm	-470	610	1.78
		极值/GPa	1.08	1.03	
	VCR +	位置/mm	-460	585	1.45
		极值/GPa	0.88	0.72	
100	原始辊	位置/mm	-470	610	1.69
		极值/GPa	1.26	1.19	
	VCR +	位置/mm	-450	570	1.39
		极值/GPa	1.04	0.85	

4.8.5　VCR+支持辊试验效果

为了验证VCR+支持辊辊形的性能，在马钢CSP热连轧F7机架上进行了上机轧制试验，取得了明显的效果。F7机架采用VCR+支持辊后，F7工作辊窜辊更加合理，工作辊窜到（-40mm，20mm）的概率达到48.6%，轧制薄规格普碳钢和无取向硅钢时轧机出口的中间浪有了明显的改善，未引起单边浪等板形缺陷。通过统计近两个月的生产数据可知，带钢全长的平坦度命中率由之前的93.97%提高到了94.96%，板形质量有了一定的改善。

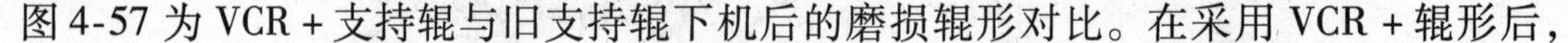

图4-57为VCR+支持辊与旧支持辊下机后的磨损辊形对比。在采用VCR+辊形后，

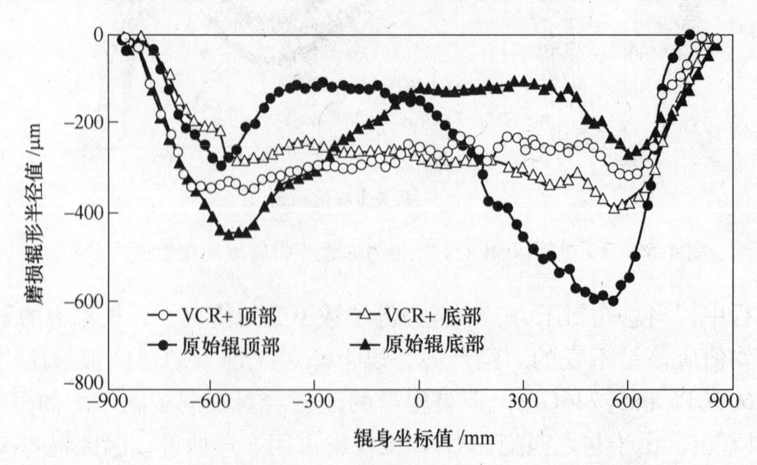

图4-57　F7机架VCR+支持辊与原辊支持辊下机磨损辊形

F7 上支持辊的轧辊自保持参数 R_{tc} 由原来的 74.9% 提高到 80.3%，F7 下支持辊的轧辊自保持参数 R_{tc} 由原来的 67.2% 提高到 78.3%。由此可见，采用 VCR + 支持辊后改善了轧辊的磨损状况，使辊形磨损更加对称和均匀，磨损变小且 S 趋势有了明显的缓解，磨损辊形具有良好的保持性，有利于轧制过程的稳定，且延长了轧制公里数。

采用 VCR + 支持辊后，改善了辊间接触压力分布，有效降低了辊间压力尖峰，从而避免了宏观表面疲劳失效过早形成，对于防止轧辊剥落、延长轧辊寿命有良好的效果。此外，接触状态的改善使得轧辊下机磨削量也有了一定的减少，由之前的 0.042kg/t 降低到 0.037kg/t，从而节约了生产成本。

4.9　中厚板 SmartCrown 轧机支持辊辊形研究

4.9.1　SVR 新辊形的设计

VCR 支持辊辊形目前已经成功应用于大型工业轧机，其核心技术是通过特殊设计的支持辊辊廓曲线，依据辊系弹性变形的特性使在轧制力作用下支持辊和工作辊之间的接触线长度与轧制宽度自动适应，从而消除或减小辊间有害接触区的影响。但是 VCR 辊辊形左右对称，中部几乎为平辊，工作辊为 SmartCrown 辊形时，辊间接触压力分布不均匀。基于 VCR 变接触思想，综合考虑 SmartCrown 辊形和常规支持辊配置时辊间压力分布特点以及 SmartCrown 辊形曲线，设计了新的支持辊辊形 SVR（SmartCrown-VCR Compounded Roll）辊形，如图 4-58 所示。SVR 辊形在辊身中部采用 S 形曲线形式。S 形曲线设计既要考虑工作辊与支持辊之间的接触，使工作辊与支持辊之间更为贴合，改善辊间接触状态和辊间接触压力，同时又要综合考虑 SmartCrown 工作辊窜辊等因素，而边部采用 VCR 辊形曲线，消除或减小辊间有害接触区的影响，降低边部辊间接触压力尖峰。

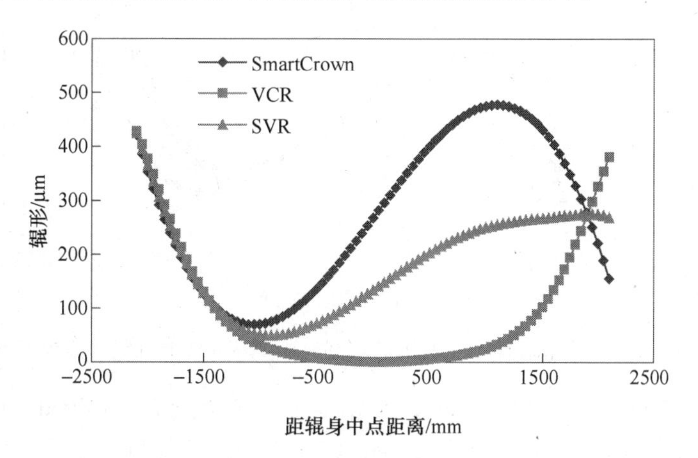

图 4-58　SVR 支持辊辊形的生成机理

4.9.2　辊间接触压力对比分析

采用辊间接触压力平均值 σ_{mean} 和接触压力分布不均匀度系数 ξ_q 来描述 SmartCrown 中厚板轧机不同支持辊下的辊间压力分布情况，即：

辊间接触压力平均值 σ_{mean} 用来表示辊间接触范围内轧辊表面的绝对磨损量：

$$\sigma_{\text{mean}} = \frac{F_C}{S_A} \tag{4-33}$$

式中，F_C 为辊间接触总压力；S_A 为辊间接触总面积。

辊间接触压力分布不均匀度系数 ξ_q 用来表示轧制中轧辊表面磨损分布的均匀性和极端情况下轧辊表面产生剥落的可能性：

$$\xi_q = \frac{\sigma_{\max}}{\sigma_{\text{mean}}} \tag{4-34}$$

式中，$\sigma_{\max}$ 为接触面法向最大正应力；σ_{mean} 为接触面法向平均正应力。

辊间接触压力最大值的增高，代表轧辊辊面发生剥落破坏的危险程度增高和对轧辊材质的要求增高，从而导致以价格计算的吨钢辊耗和生产费用的增加，并且影响板形质量。当工作辊采用 SmartCrown 辊形，支持辊采用常规凸度辊形的辊形配置下，单位轧制力为 14kN/mm，工作辊窜辊量为零，弯辊力为零时，分别以带钢宽度为 3000mm、3600mm、4000mm 和 4200mm 四种工况进行仿真计算。图 4-59 所示为不同带钢宽度下工作辊与支持辊辊间接触压力分布的计算结果。可以看出，辊间接触压力呈现“S”形分布，且尽管带钢宽度不同，应力尖峰集中点几乎均出现在距右端部 200mm 的位置，并随轧制力的增大，应力尖峰越严重。这表明支持辊为常规辊形，工作辊采用 SmartCrown 辊形后，严重影响了辊间压力的分布，辊间接触的不匹配造成了局部接触区应力集中，这势必使其自然磨损速率沿轴向不均匀，从而因个别部位过早严重磨损，使轧辊服役时间缩短，磨削量增加，造成很大的经济损失。

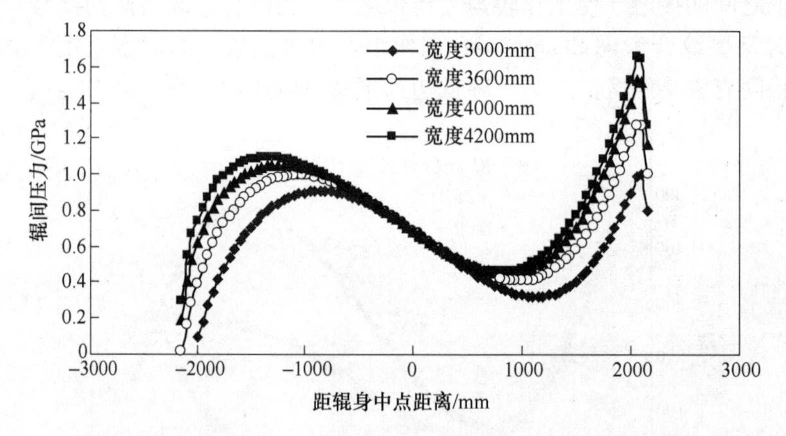

图 4-59　支持辊为常规辊形、工作辊采用 SmartCrown 辊形时辊间接触压力分布

表 4-10 为单位轧制力为 14kN/mm，工作辊窜辊量分别为 -150mm、0mm 和 150mm，弯辊力为零时，带钢宽度为 3600mm 时，SmartCrown 中厚板轧机分别采用常规凸度支持辊（Con.）和 SVR 支持辊时的辊间接触压力对比。可以看出，在对同种规格的中厚板进行轧制时，当工作辊窜辊量分别为 -150mm、0mm 和 +150mm 时，采用 SVR 支持辊时的 σ_{mean} 值比采用 Con. 支持辊的分别减小了 1.0%、9.8% 和 3.9%；而 ξ_q 值分别下降了 21.8%、44.7% 和 34.5%。

图 4-60 所示为沿辊身长度方向的辊间接触压力分布情况对比。可以看出，由于采用了 SVR 支持辊，大大减小了辊间接触的压力尖峰值，如当工作辊窜辊量分别为 -150mm、

0mm 和 150mm 时，接触的压力尖峰值分别下降约为 21.9%、50.2% 和 34.8%，所以降低了轧辊剥落现象的发生。

表 4-10 采用不同支持辊时辊间接触压力对比

支持辊	SVR	Con.	SVR	Con.	SVR	Con.
工作辊窜辊量/mm	-150	-150	0	0	+150	+150
σ_{mean}/GPa	0.725	0.726	0.726	0.805	0.723	0.726
ξ_q	1.277	1.633	1.245	2.253	1.285	1.989

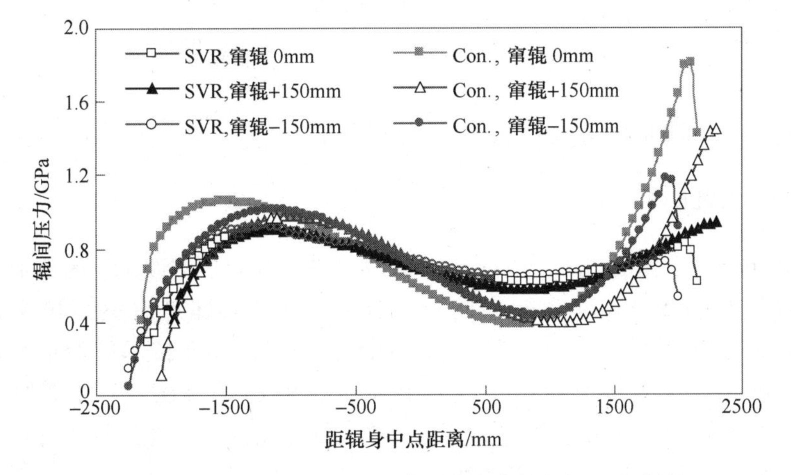

图 4-60 不同支持辊下沿辊身长度方向的辊间压力分布

4.9.3 外商提供的支持辊

图 4-61 所示为奥钢联 VAI 所提供的支持辊设计原理，可以看出，其支持辊设计原理是支持辊的中部区域采用的辊形与工作辊完全一致，而边部为了防止过大的压力尖峰而采取边部倒角的形式，最终支持辊辊形如图 4-62 所示。

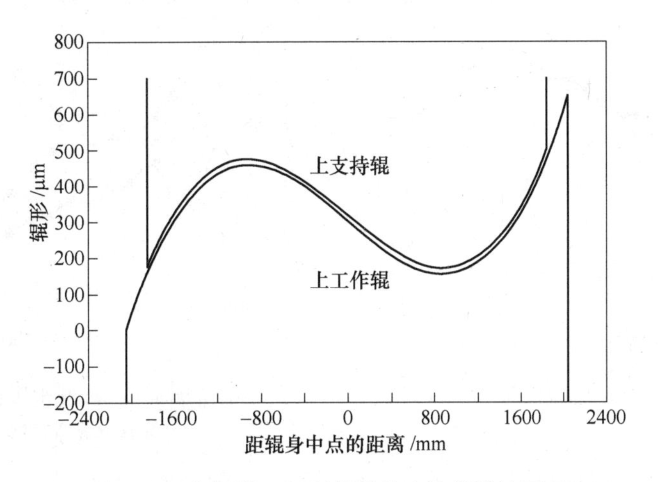

图 4-61 奥钢联 VAI 所提供的支持辊设计原理

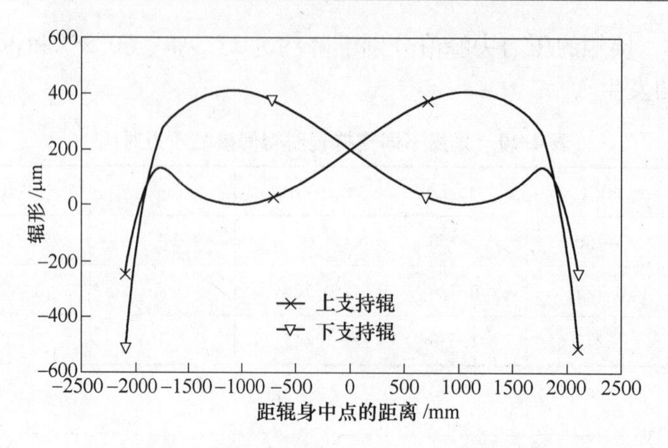

图 4-62　奥钢联 VAI 的上、下支持辊辊形

4.10　冷轧 SmartCrown 轧机支持辊辊形研究

4.10.1　支持辊边部剥落问题

武钢 1700mm 冷连轧机完成了以酸轧联机为主要内容的技术改造，首次在五机架冷连轧机的第 5 机架采用 SmartCrown 板形控制新技术，其核心即是由奥钢联 VAI 基于提供 CVC 技术的经验所研究开发的 SmartCrown 工作辊。SmartCrown 技术已经成功应用于铝带轧机，在 1700mm 冷连轧机上应用该技术轧制宽带钢还是首次。5 号机架工作辊采用 SmartCrown 工作辊辊形，支持辊采用 0.07mm 常规凸度支持辊。经过 6 个月的生产及 5 轮现场跟踪测试发现，5 号机架存在以下问题：

（1）SmartCrown 工作辊存在窜辊行程利用不充分的问题，仅用到 50% 左右。

（2）工作辊磨损严重且不均匀。图 4-63 所示为轧辊服役前后辊形变化；图 4-64 所示为轧辊服役前后沿辊身长度方向各点磨损量差值比较。SmartCrown 工作辊磨损严重，沿辊身长度方向各点直径磨损量差值接近 60μm（轧制长度为 230.5km）；上、下工作辊均出现不同程度的不均匀磨损，且工作辊操作侧与传动侧磨损不均匀，一般是传动侧工作辊磨损严重；下工作辊磨损比上工作辊磨损更严重，磨损差平均达到 8.5μm。

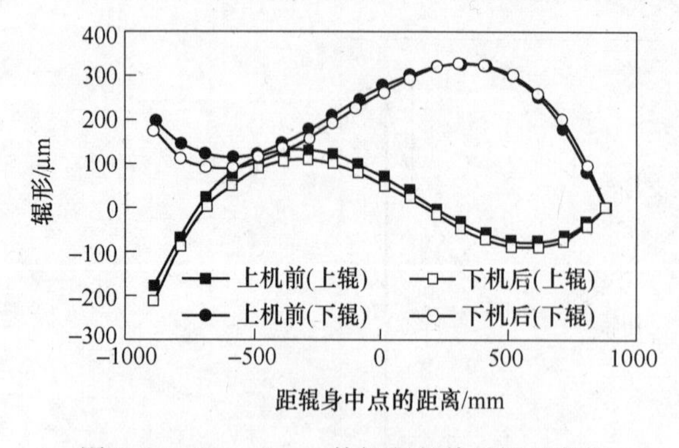

图 4-63　SmartCrown 轧辊服役前后辊形变化

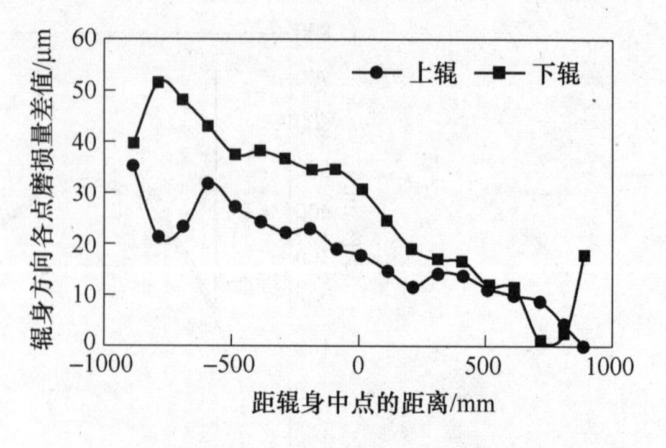

图 4-64　SmartCrown 轧辊服役前后沿辊身长度方向各点磨损量差值比较

（3）配套支持辊出现严重的边部剥落等问题，如图 4-65 所示。

图 4-65 SmartCrown 轧机配套支持辊边部剥落图

(4) 对于窄带钢控制能力不足和对 1/4 浪形等高次浪形控制能力不足。

上述问题不但给工作辊和支持辊的磨削以及备辊带来困难，给工业的稳定生产带来影响，且直接影响到带钢的板形质量。SmartCrown 板形控制新技术的核心就是 SmartCrown 工作辊辊形。因此，5 号机架必须从 SmartCrown 工作辊着手进行研究，并对 SmartCrown 工作辊辊形设计配套的支持辊辊形。

4.10.2 支持辊辊形设计原理

工作辊采用 SmartCrown plus 辊形，作为配套的支持辊，最理想的支持辊辊形如果采用与工作辊辊形反对称的 SmartCrown plus 辊形，即类 SC plus 支持辊辊形，如图 4-66 所示。工作辊和支持辊之间的辊间压力分布非常均匀，所以它解决了支持辊辊形设计应该遵循的一个原则，即辊间接触压力均匀化原则。

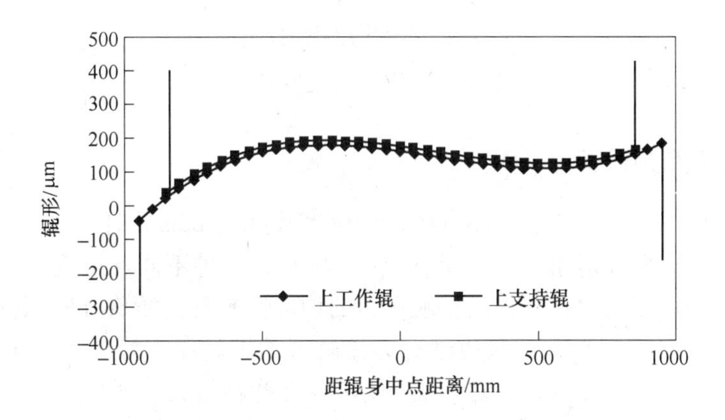

图 4-66 SmartCrown plus 工作辊与类 SC plus 支持辊接触示意图

工作辊采用 SmartCrown plus 辊形，作为配套的支持辊，如果采用 VCR 支持辊辊形 (图 4-67)，则基于辊系弹性变形的特性，使在受力状态下支持辊与工作辊之间的接触线长度正好与轧制带钢的宽度相适应，做到自动消除“有害接触区”，消除了边部辊间接触的压力尖峰，所以它解决了支持辊辊形设计应该遵循一个原则，即减小有害接触区的原则。

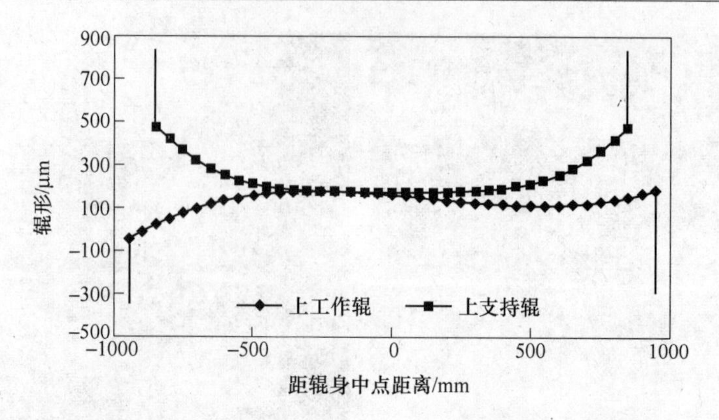

图 4-67　SmartCrown plus 工作辊与 VCR 支持辊接触示意图

所以，在综合上述两个支持辊辊形设计原则的基础上，提出了 FSR（Flexible Shape Roll）支持辊。FSR 支持辊是综合类 SC plus 支持辊和 VCR 支持辊优势基础上，并考虑到现场工艺和设备条件研究开发的，如图 4-68 所示。它兼有类 SC plus 支持辊辊间压力分布均匀的特点和 VCR 支持辊自动消除“有害接触区”的特点。

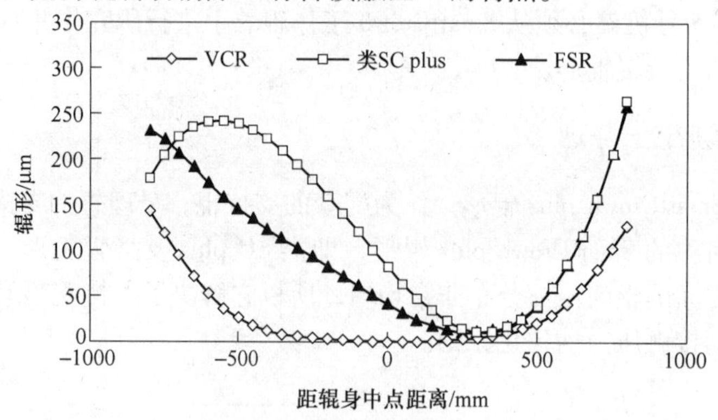

图 4-68　FSR 支持辊生成机理

4.10.3　轧辊辊间压力分析

图 4-69 为单位轧制力 q 为 10kN/mm，带钢宽度为 1200mm 时不同板形调控手段下，SmartCrown plus 工作辊分别和 VCR、类 SC plus 和 FSR 三种不同支持辊配套使用的辊间压力分布值。从图中可以看出：从辊间接触压力的均匀性来看，类 SC plus 支持辊最好，FSR 支持辊次之，VCR 支持辊最差；从边部有害接触区的辊间压力峰值大小来看，VCR 支持辊边部的峰值最小，FSR 支持辊次之，类 SC plus 支持辊最大。所以，FSR 支持辊兼顾了类 SC plus 支持辊辊间压力分布均匀和 VCR 支持辊自动消除“有害接触区”特点。

表 4-11 所示为 SmartCrown 轧机不同支持辊下的辊间压力分布情况。其中，最大辊间压力 σ_{max}、平均辊间压力 σ_{mean} 和辊间压力不均匀度系数 ξ_q 分别定义为：

$$\sigma_{mean} = \frac{F_C}{S_A} \tag{4-35}$$

式中，σ_{mean} 为接触面法向平均正应力，Pa；F_C 为辊间接触总压力，N；S_A 为辊间接触总面积，m^2。

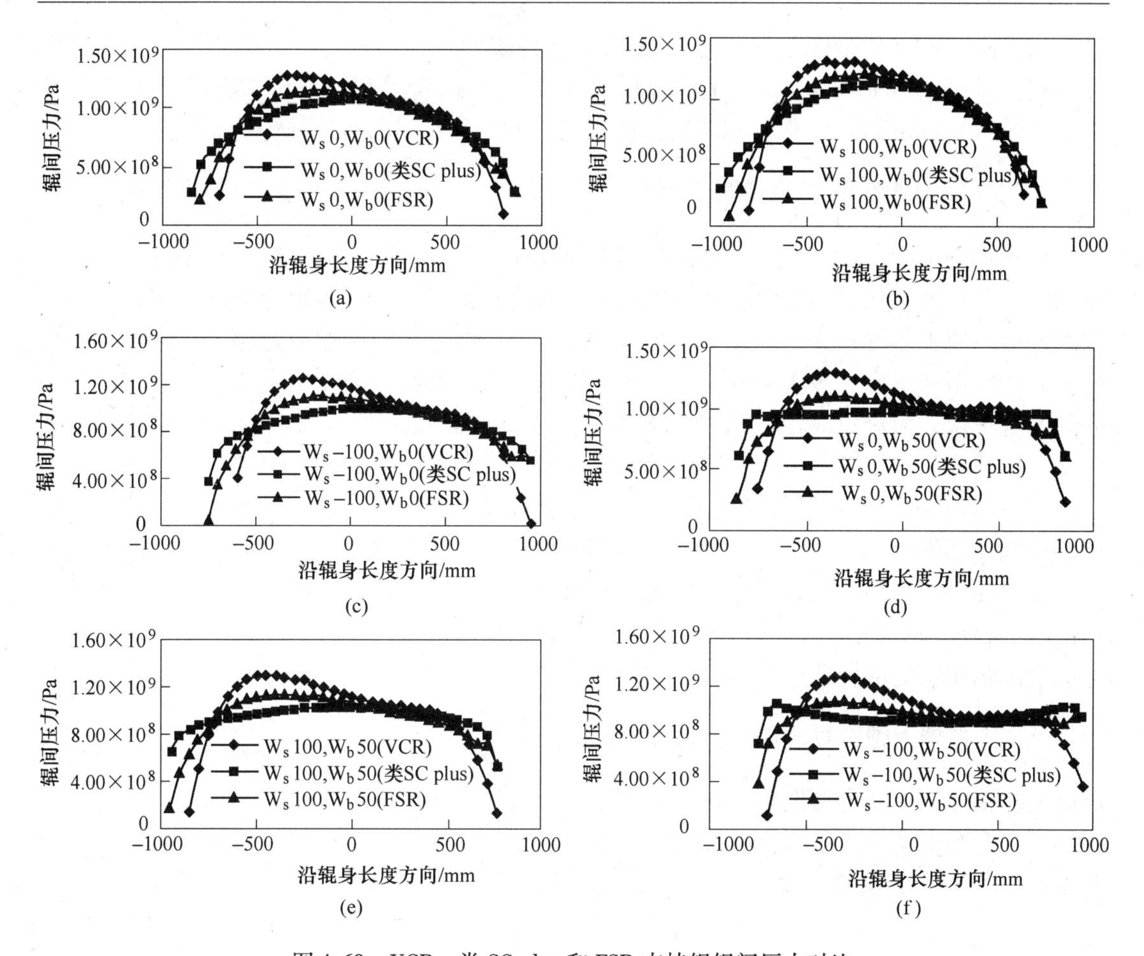

图 4-69 VCR、类 SC plus 和 FSR 支持辊辊间压力对比

$$\xi_q = \frac{\sigma_{max}}{\sigma_{meam}} \tag{4-36}$$

式中，σ_{max}为接触面法向最大正应力，Pa；σ_{meam}为接触面法向平均正应力，Pa。

表 4-11 SmartCrown 轧机不同支持辊下的最大辊间压力 σ_{max}、平均辊间压力 σ_{mean}和辊间压力不均匀度系数 ξ_q

支持辊	VCR		类 SC plus		FSR		常规凸度支持辊	
工作辊窜辊/mm	0	100	0	100	0	100	0	100
工作辊弯辊/kN	0	500	0	500	0	500	0	500
σ_{max}/Pa	1.28×10^9	1.30×10^9	1.07×10^9	1.04×10^9	1.16×10^9	1.13×10^9	1.15×10^9	1.15×10^9
σ_{mean}/Pa	9.65×10^8	9.82×10^8	8.55×10^8	9.36×10^8	8.80×10^8	9.27×10^8	8.55×10^8	9.34×10^8
ξ_q	1.330	1.322	1.255	1.110	1.318	1.222	1.350	1.232

可以看出，σ_{mean}可以用来表示辊间接触范围内轧辊表面的绝对磨损量；ξ_q可以用来表示轧制过程中轧辊表面磨损分布的均匀性和极端情况下轧辊表面产生剥落的可能性。由表 4-11 可以看出，FSR 支持辊兼顾了类 SC plus 支持辊辊间压力分布均匀的优点和 VCR 支持

辊自动消除“有害接触区”的优点，且 FSR 支持辊的 σ_{max}、σ_{mean}和 ξ_q值均小于常规凸度支持辊。所以，SmartCrown plus 工作辊和 FSR 支持辊配套使用时的辊间压力分布状态明显要好于 SmartCrown plus 工作辊和普通凸度支持辊配套使用时的辊间压力分布状态。

4.11　支持辊倒角的工作性能研究

热轧带钢生产过程中，由于支持辊和工作辊存在凹槽形磨损，且磨损沿辊身方向分布不均匀，在轧制力和工作辊弯辊力的作用下，形成支持辊或工作辊辊身中部凹陷、两端凸起的辊形，使工作辊和支持辊辊身端部接触应力迅速增大，当接触应力超过轧辊的屈服极限时，产生塑性变形，多次交替的变形将使轧辊产生微裂纹，裂纹扩展便容易造成轧辊塌肩和剥落现象，为避免或延缓这种失效发生，支持辊辊身端部常做出一段硬度较低的软带，并设计成为一定轴向长度的锥面或圆弧过渡。对于 CVC 轧机，其工作辊采用特殊的 S 形曲线，这种曲线改变了工作辊与支持辊的接触状况，使辊间接触压力不均匀，更容易导致支持辊端部失效。国内近几年新建的多条热连轧生产线，CVC 机组支持辊倒角均采用 SMS 公司提供的大圆弧复合型倒角形式，但对于不同宽度轧机的支持辊倒角具体参数的选取没有引起过多的关注。本节将分析不同支持辊倒角参数对轧机板形控制性能的影响，最后通过综合比较选取合适的倒角参数应用于实际生产中。

4.11.1　支持辊大圆弧复合型倒角设计原理解析

支持辊大圆弧复合型倒角最初在 SMS 公司引进的 CVC 机组中采用，如图 4-70 所示。大圆弧复合型倒角由半径为 R_c和 R_e的两段圆弧叠加而成。L_c为整个大圆弧复合型倒角的长度，L_e为圆弧 R_e段的长度，h_c、h_e分别为圆弧 R_c和 R_e的高度。

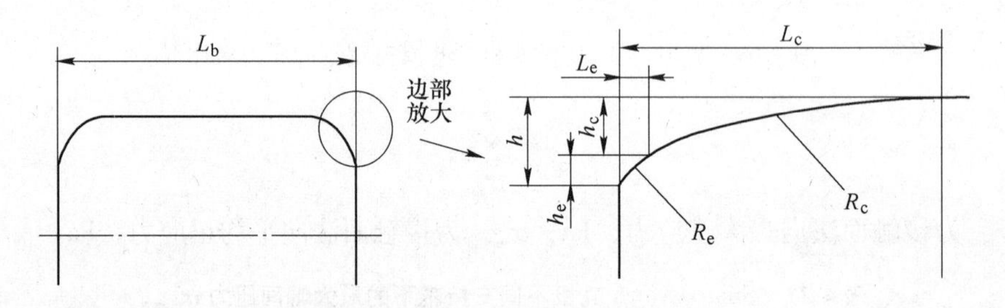

图 4-70　支持辊大圆弧复合型倒角

对于第 1 段圆弧 R_c，根据 SMS 公司提供的参数可以证明得到：

$$L_c^2 + (R_c - h_c)^2 = R_c^2 \tag{4-37}$$

圆弧 R_c段可看作变接触段，通过改变圆弧长度 L_c和圆弧半径 R_c的大小，来适应不同轧机对支持辊端部辊形的需要。

对于第 2 段圆弧 R_e，即传统意义上的工艺倒角，目的是为了对支持辊端部倒角进行加深，以避免在轧制过程中出现塌肩和啃边等现象。经数学推导可知，R_e与 R_c在连接点处切线的斜率相同，因此圆弧 R_e与 R_c在连接点处平滑过渡，在一定程度上改善了边部辊间接触状况。通过改变圆弧长度 L_c和圆弧半径 R_c的大小来控制倒角端部的总高度。

4.11.2 支持辊倒角工作性能分析的计算参数

为了分析不同支持辊倒角参数的工作性能，本小节以某 2250mm 常规热连轧生产线的精轧机组为例，并结合该厂的实际生产情况，考虑到上游机架与下游机架的支持辊辊形相同，工作辊辊形类似，且上游机架的相关轧制工艺参数及工作辊板形调控能力均大于下游机架，因此主要针对上游机架进行分析，选取如表 4-12 所示的相关工艺参数。

表 4-12 支持辊倒角板形控制性能分析的计算参数

参 数	数 值
端部倒角辊形半径 R_c/mm	26666
端部倒角辊形半径 R_e/mm	5000
端部倒角辊形总长度 L_c/mm	200
端部倒角辊形高度 h_c/mm	0.75
端部倒角辊形总高度 h/mm	1.0、1.5、2.0
带钢宽度 B/mm	1000～2100
单位宽度轧制力 Q_s/kN · mm^{-1}	12、15、18
工作辊弯辊力 F_w/kN	0～2000
工作辊横移行程 S_w/mm	-150～150

4.11.3 基于影响函数法的辊系弹性变形模型

为了分析支持辊倒角的工作性能，需计算轧机的承载辊缝形状，本小节采用基于影响函数法的辊系弹性变形理论，建立了四辊 CVC 轧机的辊系弹性变形仿真模型。

影响函数法是一种离散化的方法。它的基本思想是：将轧辊离散成若干单元，将轧辊所承受的各种载荷及轧辊弹性变形也按相同单元离散化，应用数学物理中关于影响函数的概念先确定对各单元施加单位力时在辊身各点引起的变形，然后将全部载荷作用时在各单元引起的变形叠加，就得出各单元的变形值，从而可以确定出口厚度分布和张力分布等。

4.11.3.1 离散化处理

对于一般的对称轧制，由于辊系所承受的载荷及变形是左右对称的，只需研究半辊身的辊系变形。而对于 DSR 轧机来讲，DSR 压块压力存在左右不对称的情况，此时必须研究整个辊身的辊系变形。但其计算方法与计算半辊身的辊系变形相似，仍以轧制中心线为基准，将辊系分成两半，分别计算每一半辊系的变形，然后将计算结果组合成整个辊身长度的辊系变形。

考虑到工作辊可能比支持辊长，以支持辊辊身长 L_B 作为离散的最大范围。同时，为保证工作辊的离散单元与支持辊的离散单元一一对应，工作辊和支持辊的单元划分完全一样，并统一以轧制中心线所在的截面作为轧辊半辊身的分界面，将半辊身长抽象为一个悬臂梁，如图 4-71 所示。

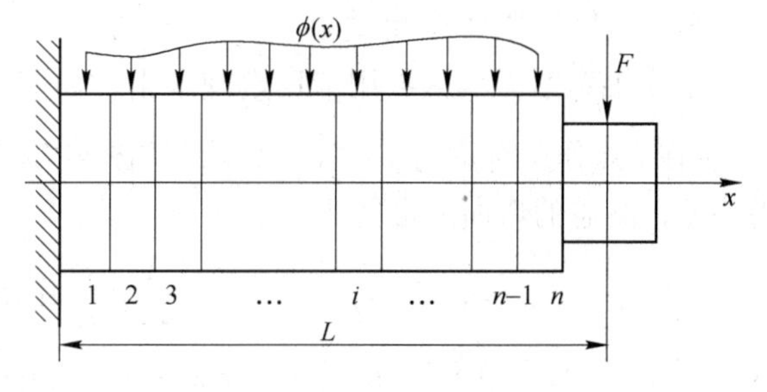

图 4-71 轧辊简化统一模型

将轧辊轴向离散成若干单元，各单元中心点的序号分别为 1，2，…，n，其轴向坐标 x_i 为：

$$x_i = x_{i-1} + (\Delta x_i + \Delta x_{i-1})/2 \quad (i = 1 \sim n) \tag{4-38}$$

式中，Δx_i 为第 i 单元的长度，mm。

在式（4-38）中，$x_0 = \Delta x_0 = 0$。若沿轧辊轴向是均匀划分的，则 $\Delta x = L_B/2n$，$x_i = (i-0.5)\Delta x$。对于工作辊，在 1，2，…，m 的单元内，带钢与工作辊接触，$m = B/2\Delta x$，B 为带钢宽度。

通常轧制中，工作辊和支持辊均同时承受集中载荷和分布载荷，虽然它们的大小和分布形式都不一样，但可将它们统一用一个分布力 $\phi(x)$ 和一个集中力 F 表示。若研究带钢上半部辊系，则：

对于工作辊：

$$\begin{cases}\phi(x) = q(x) - p(x)\\ F = -F_w\\ L = L_f/2 \pm S\end{cases} \tag{4-39}$$

对于支持辊：

$$\begin{cases}\phi(x) = -q(x)\\ F = P_b\\ L = L_h/2\end{cases} \tag{4-40}$$

式中，$q(x)$ 为工作辊与支持辊间接触压力轴向分布，N/mm；$p(x)$ 为轧制压力轴向分布，N/mm；F_w 为单侧弯辊力，N；P_b 为单侧压下力，N；L_f 为两侧弯辊力之间的距离，mm；L_h 为两侧压下力之间的距离，mm；S 为工作辊轴向窜动量，mm，若计算的是操作侧半辊身的变形，其前为“+”，若计算的是传动侧半辊身的变形，其前为“-”。

对于 $\phi(x)$ 按与轧辊同样的方式离散，则每单元上的分布力可以以一集中力 ϕ_i 表示：

$$\phi_i = \phi(x_i)\Delta x \quad (i = 1 \sim n) \tag{4-41}$$

对于工作辊：

$$\begin{cases}\phi_i = [q(x_i) - p(x_i)]\Delta x & (i \leqslant m)\\ \phi_i = q(x_i)\Delta x & (m < i \leqslant n)\end{cases} \tag{4-42}$$

对于支持辊：

$$\phi_i = -q(x_i)\Delta x \quad (i \leqslant n) \tag{4-43}$$

4.11.3.2　辊系弹性变形计算

A　工作辊弯曲影响函数

工作辊弯曲影响函数用卡氏定理求出。如图 4-72（a）所示，在 j 点作用单位力 $p_0 = 1$，设在 i 点作用有虚力 $\bar{p}$，且 $x_i > x_j$，按图 4-72（a）中的三段分别求出各段的力矩 M 和剪力 Q，则总的弯曲变形能为：

$$U_b = \frac{1}{2EI}\int_0^l M^2 \mathrm{d}x = \frac{1}{2EI}\left(\int_0^{x_j} M_1^2 \mathrm{d}x + \int_{x_j}^{x_i} M_2^2 \mathrm{d}x + \int_{x_i}^{l} M_3^2 \mathrm{d}x\right) \tag{4-44}$$

式中，$M_1 = (x_j - x) \times 1 + \bar{p}(x_i - x) = x_j + \bar{p}x_i - (1 - \bar{p})x$；$M_2 = \bar{p}(x_i - x)$；$M_3 = 0$。

积分并整理，可得：

$$2EIU_b = x_j^3 + 2x_j^2 x_i \bar{p} + \bar{p}^2 x_i^2 x_j - x_j^3 - x_j^2 x_i \bar{p} - x_j^3 p - \bar{p}^2 x_j^2 x_i + (1+\bar{p})^2 x_j^2 + \frac{1}{3}\bar{p}^2 (x_i - x_j)^2 \tag{4-45}$$

$$2EI \frac{\partial U_b}{\partial \bar{p}}\bigg|_{\bar{p}=0} = x_j^2 x_i - \frac{1}{3}x_j^3 \tag{4-46}$$

故：

$$g_w^B(i,\ j) = \frac{l^3}{6EI}\left[\left(\frac{x_j}{l}\right)^2\left(\frac{3x_i}{l} - \frac{x_j}{l}\right)\right] \tag{4-47}$$

式中，B 为上角标，表示弯曲；w 为下角标，表示工作辊。

总的剪切变形能为：

$$U_s = \frac{\phi}{2GA}\int_0^l Q^2 \mathrm{d}x = \frac{\phi}{2GA}\left(\int_0^{x_j} Q_1^2 \mathrm{d}x + \int_{x_j}^{x_i} Q_2^2 \mathrm{d}x + \int_{x_i}^{l} Q_3^2 \mathrm{d}x\right) \tag{4-48}$$

式中，$Q_1 = \bar{p} + 1$，$Q_2 = \bar{p}$，$Q_3 = 0$。

所以：

$$2GA \frac{\partial U_s}{\partial \bar{p}}\bigg|_{\bar{p}=0} = 2x_j \tag{4-49}$$

考虑到：

$$\phi = \frac{10}{9};\ G = \frac{E}{2(1+v)} \tag{4-50}$$

则：

$$g_w^s(i,\ j) = \frac{20(1+v)}{9EA} x_j \tag{4-51}$$

式中，s 为上角标，表示剪切变形。

综合考虑弯曲变形能和剪切变形能，则工作辊弯曲影响函数为：

$$\begin{aligned} g_w(i,j) &= \frac{l^3}{6E_w I_w}\left[\left(\frac{x_j}{l}\right)^2\left(\frac{3x_i}{l} - \frac{x_j}{l}\right) + \frac{5}{6}(1+v_w)\left(\frac{D_w}{l}\right)^2\left(\frac{x_j}{l}\right)\right] \quad (x_i \geqslant x_j) \\ g_w(i,j) &= \frac{l^3}{6E_w I_w}\left[\left(\frac{x_i}{l}\right)^2\left(\frac{3x_j}{l} - \frac{x_i}{l}\right) + \frac{5}{6}(1+v_w)\left(\frac{D_w}{l}\right)^2\left(\frac{x_i}{l}\right)\right] \quad (x_i < x_j) \end{aligned} \tag{4-52}$$

B　下支持辊弯曲影响函数

支持辊弯曲影响函数也可以用卡氏定理求出。如图 4-72（b）所示，简化成悬臂梁的支持辊在 j 点作用单位力 $p_0 = 1$。在压下位置，同时也作用力 $p_0 = 1$。设在 i 点作用有虚力 $\bar{p}$，点 i、j 与轧辊中点距离分别为 x_i 和 x_j，且 $x_i > x_j$，则相应的弯曲影响函数为：

$$\begin{cases} g_{bx}^w(i,j) = \dfrac{L_{bx}^3}{6E_{bx}I_{bx}}\left[3\left(\dfrac{x_j}{L_{bx}}\right)^2\left(\dfrac{3x_i}{L_{bx}} - \dfrac{x_j}{L_{bx}}\right) + \dfrac{5}{6}(1+v_{bx})\left(\dfrac{D_{bx}}{L_{bx}}\right)^2\left(\dfrac{x_j}{L_{bx}}\right)\right] & (x_i \geqslant x_j) \\ g_{bx}^w(i,j) = \dfrac{L_{bx}^3}{6E_{bx}I_{bx}}\left[\left(\dfrac{x_i}{L_{bx}}\right)^2\left(\dfrac{3x_j}{L_{bx}} - \dfrac{x_i}{L_{bx}}\right) + \dfrac{5}{6}(1+v_{bx})\left(\dfrac{D_{bx}}{L_{bx}}\right)^2\left(\dfrac{x_i}{L_{bx}}\right)\right] & (x_i < x_j) \end{cases} \tag{4-53}$$

下支持辊轴承支反力的弯曲影响函数为：

$$g_{bx}^f(i) = \frac{L_{bx}^3}{6E_{bx}I_{bx}}\left[\left(\frac{x_i}{L_{bx}}\right)^2\left(\frac{3L_{pbx}}{L_{bx}} - \frac{x_i}{L_{bx}}\right) + \frac{5}{6}(1+v_{bx})\left(\frac{D_{bx}}{L_{bx}}\right)^2\left(\frac{x_i}{L_{bx}}\right)\right] \quad (x_i < x_j) \tag{4-54}$$

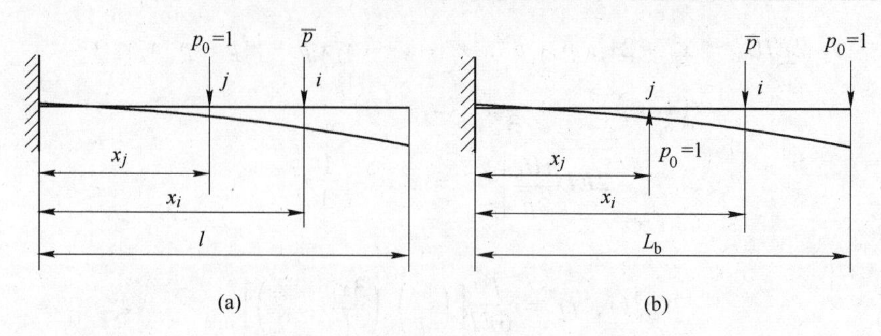

图 4-72 受单位载荷的轧辊及其变形

（a）工作辊；（b）支持辊

C 上支持辊弯曲影响函数

2030 轧机上支持辊采用 DSR 技术。因此从计算辊系变形的角度讲，对 DSR 支持辊的处理可以类比于中间辊的计算分析，上下都受外载，DSR 压块压力是上面的载荷，辊间接触压力是下面的载荷，DSR 等效成一个厚壁筒。但是对于 DSR 辊套的剪切变形能系数 ξ 的求取存在很大困难，对厚壁筒的剪切变形能系数无法求取解析公式，因此只能根据 DSR 的内外径的范围，通过数值积分近似确定 $\xi \approx 1.6$。

$$\begin{cases} g_{bs}(i,j) = \dfrac{L_{bs}^3}{6E_{bs}I_{bs}}\left[\left(\dfrac{x_j}{L_{bs}}\right)^2\left(\dfrac{3x_i}{L_{bs}} - \dfrac{x_j}{L_{bs}}\right) + \dfrac{3}{4}\xi(1+v_{bs})\left(\dfrac{D_{bs}}{L_{bs}}\right)^2\left(\dfrac{x_j}{L_{bs}}\right)\right] & (x_i \geqslant x_j) \\ g_{bs}(i,j) = \dfrac{L_{bs}^3}{6E_{bs}I_{bs}}\left[\left(\dfrac{x_i}{L_{bs}}\right)^2\left(\dfrac{3x_j}{L_{bs}} - \dfrac{x_i}{L_{bs}}\right) + \dfrac{3}{4}\xi(1+v_{bs})\left(\dfrac{D_{bs}}{L_{bs}}\right)^2\left(\dfrac{x_i}{L_{bs}}\right)\right] & (x_i < x_j) \end{cases} \tag{4-55}$$

4.11.3.3 轧辊与轧件接触变形计算

假设塑性变形区内压力沿接触弧呈抛物线分布，考虑带钢在入口侧的弹性压缩和出口侧的弹性恢复对接触弧长的影响。以轧制中心线为对称面，将轧辊及作用在轧辊上的压力离散成 n 单元，宽度为 Δb，单元 j 的接触弧长为 l_j，如图 4-73 所示。假设作用在 j 单元内的压力分布为抛物线，则 i 单元距 j 单元（$\xi - x$，$y - y_0$）处的压力为：

$$a_{ij} = \frac{3(1+\nu^2)}{2\Delta b l_j \pi E}\int_{-y_0}^{l_i - y_0}\int_{-\Delta b/2}^{\Delta b/2}\frac{1-\left(\dfrac{y-0.5l_j}{0.5l_j}\right)^2}{\sqrt{(y-y_0)^2+(\xi-x)^2}}\mathrm{d}x\mathrm{d}y \tag{4-56}$$

要确定 i 单元（$\xi - x$，$y - y_0$）处的弹性压扁位移，对 j 单元进行积分并整理，可得：

$$a_{ij} = \frac{3(1+\nu^2)}{2\Delta b l_j \pi E}\left[\left(\frac{4}{l_j} - \frac{8y_0}{l_j^2}\right)I_1 - \frac{4}{l_j^2}I_2 + \left(\frac{4y_0}{l_j} - \frac{4y_0^2}{l_j^2}\right)I_3\right] \tag{4-57}$$

式中

$$I_1 = \frac{y_2^2}{2}\ln\frac{x_2+\sqrt{y_2^2+x_2^2}}{x_1+\sqrt{y_2^2+x_1^2}} - \frac{y_1^2}{2}\ln\frac{x_2+\sqrt{y_1^2+x_2^2}}{x_1+\sqrt{y_1^2+x_1^2}} + \frac{x_2}{2}\left(\sqrt{y_2^2+x_2^2}-\sqrt{y_1^2+x_2^2}\right) - \frac{x_1}{2}\left(\sqrt{y_2^2+x_1^2}-\sqrt{y_1^2+x_1^2}\right) \tag{4-58}$$

$$I_2 = \frac{y_2^3}{3}\ln\frac{x_2+\sqrt{y_2^2+x_2^2}}{x_1+\sqrt{y_2^2+x_1^2}} - \frac{y_1^3}{3}\ln\frac{x_2+\sqrt{y_1^2+x_2^2}}{x_1+\sqrt{y_1^2+x_1^2}} -$$

$$\frac{x_2^3}{6}\ln\frac{y_2+\sqrt{y_2^2+x_2^2}}{y_1+\sqrt{y_1^2+x_2^2}}+\frac{x_1^3}{6}\ln\frac{y_2+\sqrt{y_2^2+x_1^2}}{y_1+\sqrt{y_1^2+x_1^2}}+$$

$$\frac{y_2}{6}\left(x_2\sqrt{y_2^2+x_2^2}-x_1\sqrt{y_2^2+x_1^2}\right)+\frac{y_1}{6}\left(x_1\sqrt{y_1^2+x_1^2}-x_2\sqrt{y_1^2+x_2^2}\right) \tag{4-59}$$

$$I_3=y_2\ln\frac{x_2+\sqrt{y_2^2+x_2^2}}{x_1+\sqrt{y_2^2+x_1^2}}-y_1\ln\frac{x_2+\sqrt{y_1^2+x_2^2}}{x_1+\sqrt{y_1^2+x_1^2}}+$$

$$x_2\ln\frac{y_2+\sqrt{y_2^2+x_2^2}}{y_1+\sqrt{y_1^2+x_2^2}}-x_1\ln\frac{y_2+\sqrt{y_2^2+x_1^2}}{y_1+\sqrt{y_1^2+x_1^2}} \tag{4-60}$$

式中，$x_1=-(\xi+\Delta b/2)$；$x_2=-(\xi-\Delta b/2)$；$y_1=-y_0$；$y_2=l_j-y_0$。

影响函数 a_{ij} 与轧制力向量 $\boldsymbol{F}_j$ 的向量积就是轧制力引起第 i 单元的弹性压扁：

$$\boldsymbol{u}_i=\sum_{j=1}^{n}a_{ij}\boldsymbol{F}_j \tag{4-61}$$

式中，F_j 为作用在第 j 单元上的轧制力。

如果将轧辊轴线视为轧辊表面弹性压扁位移参照轴线，那么还要考虑轧辊轴线位移的影响：

$$\boldsymbol{u}_i=\sum_{j=1}^{n}(a_{ij}-v_{ij})\boldsymbol{F}_j \tag{4-62}$$

式中

$$v_{ij}=\frac{1+\nu^2}{\Delta b\pi E}[I(\xi')+I(\xi)] \tag{4-63}$$

而

$$I=\frac{1}{2(1-\nu)}\frac{\xi+\Delta b/2}{\sqrt{R^2+(\xi+\Delta b/2)^2}}-\frac{1}{2(1-\nu)}\frac{\xi-\Delta b/2}{\sqrt{R^2+(\xi-\Delta b/2)^2}}+$$

$$\ln\frac{\sqrt{R^2+(\xi-\Delta b/2)^2}-(\xi-\Delta b/2)}{\sqrt{R^2+(\xi+\Delta b/2)^2}-(\xi+\Delta b/2)} \tag{4-64}$$

式中，R 为轧辊半径，mm。

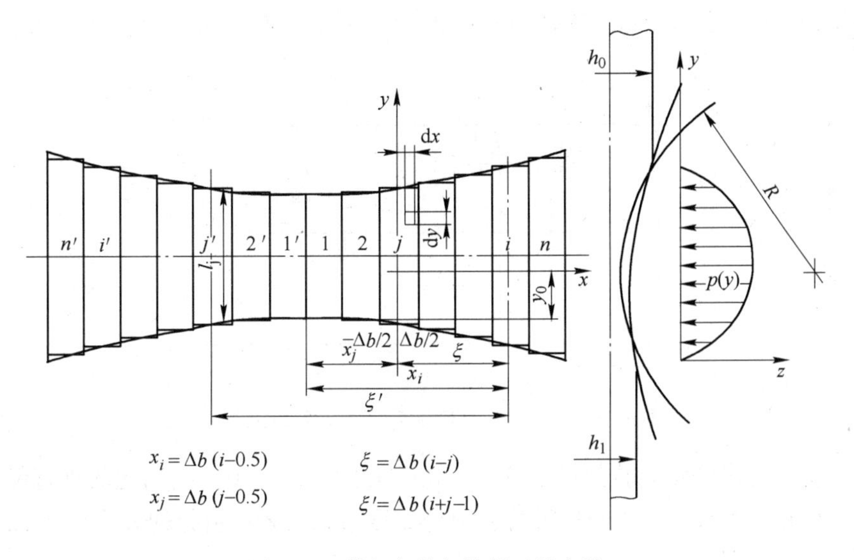

图 4-73 带钢与轧辊接触区的离散

4.11.3.4　轧辊与轧辊接触变形计算

以工作辊和支持辊接触为例，设 j 单元的接触长度为 $2b$（j），单元横向宽度为 Δx，如图 4-74 所示。

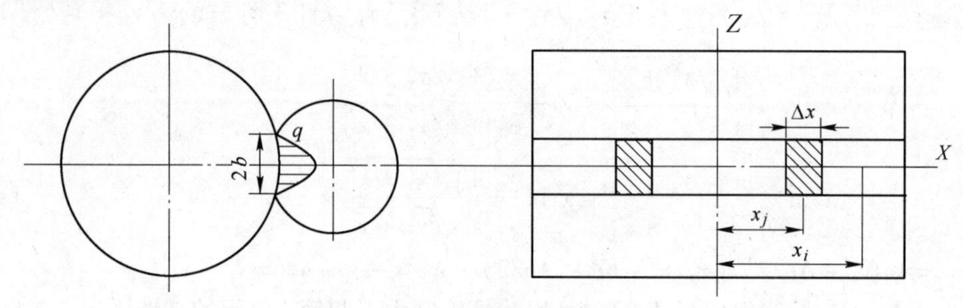

图 4-74　辊间压扁计算

令作用在 j 单元的 $2b$（j）Δx 面积上的总压力为 q（j），假设 q（j）在 X 方向上均布，在 Z 方向上按抛物线分布，如图 4-75 所示。

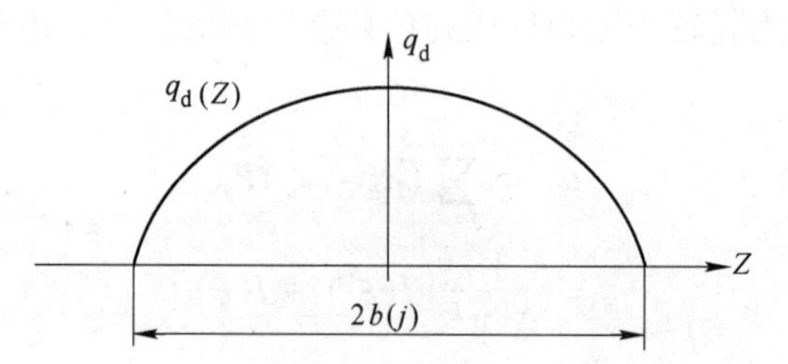

图 4-75　接触压力沿接触区长度方向的分布

则单位压力分布 q_d（Z）的表达式为：

$$q_d(Z) = \frac{3q(j)}{4b(j)\Delta x}\left[1 - \left(\frac{Z}{b(j)}\right)^2\right] \tag{4-65}$$

将 j 单元取出，该单元的对称轴为 OX 和 OZ，如图 4-76 所示。

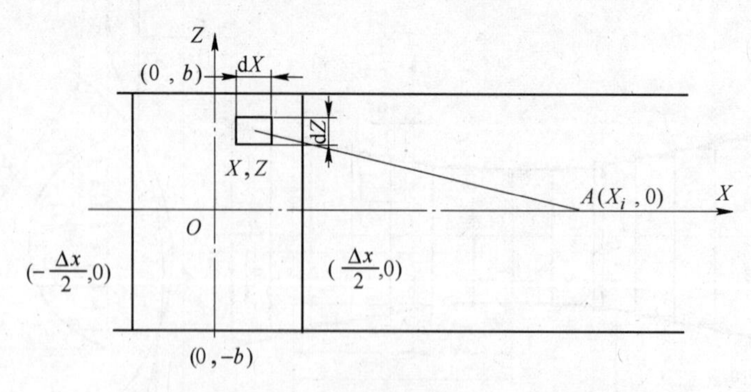

图 4-76　j 单元上的载荷引起 A 点发生的位移

需要研究的是该单元上的分布压力 q_d（Z）在点 A（X_i，0）处引起的垂直位移，也就是压扁量。在此仍然采用半无限体模型，由分布压力 q_d（Z）引起的 A 点的半无限体位移 $y_A^j(X_i)$ 为：

$$y_A^j(X_i) = \frac{1-\nu^2}{\pi E}\int_{-\frac{\Delta x}{2}}^{\frac{\Delta x}{2}}\int_{-b}^{b}\frac{q_d(Z)\,dZdX}{\sqrt{Z^2+(X-X_i)^2}} \tag{4-66}$$

经过一系列推导可得 A 点的垂直位移 $y_A^j(X_i)$ 为：

$$y_A^j(X_i) = F_1(X_i)q(j) \tag{4-67}$$

$$\begin{aligned}F_1(X_i) = \frac{1-\nu^2}{\pi E}\times\frac{3}{4b\Delta x}\Bigg\{&2b\ln\frac{\sqrt{b^2+\left(X_i+\frac{\Delta x}{2}\right)^2}+X_i+\frac{\Delta x}{2}}{\sqrt{b^2+\left(X_i-\frac{\Delta x}{2}\right)^2}+X_i-\frac{\Delta x}{2}}+\\&2\left(X_i+\frac{\Delta x}{2}\right)\ln\frac{\sqrt{b^2+\left(X_i+\frac{\Delta x}{2}\right)^2}+b}{\left|X_i+\frac{\Delta x}{2}\right|}-2\left(X_i-\frac{\Delta x}{2}\right)\ln\frac{\sqrt{b^2+\left(X_i-\frac{\Delta x}{2}\right)^2}+b}{\left|X_i-\frac{\Delta x}{2}\right|}-\\&\frac{1}{b^2}\Bigg[-\frac{b}{3}\left(X_i-\frac{\Delta x}{2}\right)\sqrt{b^2+\left(X_i-\frac{\Delta x}{2}\right)^2}+\frac{b}{3}\left(X_i+\frac{\Delta x}{2}\right)\sqrt{b^2+\left(X_i+\frac{\Delta x}{2}\right)^2}+\\&\frac{2}{3}b^3\ln\frac{\sqrt{b^2+\left(X_i-\frac{\Delta x}{2}\right)^2}-X_i+\frac{\Delta x}{2}}{\sqrt{b^2+\left(X_i+\frac{\Delta x}{2}\right)^2}-X_i-\frac{\Delta x}{2}}+\frac{1}{6}\left(X_i-\frac{\Delta x}{2}\right)^3\ln\frac{\sqrt{b^2+\left(X_i-\frac{\Delta x}{2}\right)^2}+b}{\sqrt{b^2+\left(X_i-\frac{\Delta x}{2}\right)^2}-b}-\\&\frac{1}{6}\left(X_i+\frac{\Delta x}{2}\right)^3\ln\frac{\sqrt{b^2+\left(X_i+\frac{\Delta x}{2}\right)^2}+b}{\sqrt{b^2+\left(X_i+\frac{\Delta x}{2}\right)^2}-b}\Bigg]\Bigg\}\end{aligned} \tag{4-68}$$

与点 A（X_i，0）对应的轧辊轴线上的点 K 的位移为：

$$\begin{aligned}y_K^j(X_i) = \int_{-\frac{\Delta x}{2}}^{\frac{\Delta x}{2}}\frac{q(j)}{2\pi E\Delta x}\{&(1+\nu)R^2\left[(X-X_i)+R^2\right]^{-\frac{3}{2}}+\\&2(1-\nu^2)\left[(X-X_i)+R^2\right]^{-\frac{1}{2}}\}\,dx\end{aligned} \tag{4-69}$$

经过推导可得：

$$y_K^j(X_i) = F_2(X_i)q(j) \tag{4-70}$$

式中
$$\begin{aligned}F_2(X_i) = \frac{1-\nu^2}{\pi E\Delta x}\Bigg\{&\frac{1}{2(1-\nu)}\left[\frac{X_i+\frac{\Delta x}{2}}{\sqrt{\left(X_i+\frac{\Delta x}{2}\right)^2+R^2}}-\frac{X_i-\frac{\Delta x}{2}}{\sqrt{\left(X_i-\frac{\Delta x}{2}\right)^2+R^2}}\right]+\\&\ln\frac{\sqrt{\left(X_i-\frac{\Delta x}{2}\right)^2+R^2}-X_i+\frac{\Delta x}{2}}{\sqrt{\left(X_i+\frac{\Delta x}{2}\right)^2+R^2}-X_i-\frac{\Delta x}{2}}\Bigg\}\end{aligned} \tag{4-71}$$

则修正后 A 点的压扁量为：

$$y(X_i) = \left[F_1(X_i)-F_2(X_i)\right]q(j) \tag{4-72}$$

4.11.3.5　影响函数法计算辊系弹性变形的基本原理

采用影响函数法计算辊系变形共涉及七个矩阵方程组，其中四个力-变形关系方程，一个力平衡方程，两个变形协调关系方程。

A　力-变形关系方程

工作辊的弹性弯曲方程：

$$\boldsymbol{Y}_{\mathrm{w}}=\boldsymbol{G}_{\mathrm{w}}(\boldsymbol{Q}-\boldsymbol{P})-\boldsymbol{G}_{\mathrm{f}}\boldsymbol{F}_{\mathrm{w}} \tag{4-73}$$

式中，$\boldsymbol{Y}_{\mathrm{w}}$ 为工作辊挠度向量；$\boldsymbol{G}_{\mathrm{w}}$ 为工作辊弯曲影响函数矩阵；$\boldsymbol{Q}$ 为辊间接触压力向量；$\boldsymbol{P}$ 为轧制力向量；$\boldsymbol{G}_{\mathrm{f}}$ 为弯辊力影响函数矩阵；$\boldsymbol{F}_{\mathrm{w}}$ 为弯辊力。

支持辊弹性弯曲方程：

$$\boldsymbol{Y}_{\mathrm{b}}=\boldsymbol{G}_{\mathrm{b}}\boldsymbol{Q} \tag{4-74}$$

式中，$\boldsymbol{Y}_{\mathrm{b}}$ 为支持辊挠度向量；$\boldsymbol{G}_{\mathrm{b}}$ 为支持辊弯曲影响函数矩阵。

轧制力引起的工作辊压扁方程：

$$\boldsymbol{Y}_{\mathrm{ws}}=\boldsymbol{G}_{\mathrm{ws}}\boldsymbol{P} \tag{4-75}$$

式中，$\boldsymbol{Y}_{\mathrm{ws}}$为工作辊压扁向量；$\boldsymbol{G}_{\mathrm{ws}}$为轧制力引起的工作辊压扁影响函数的矩阵。

辊间压扁方程：

$$\boldsymbol{Y}_{\mathrm{wb}}=\boldsymbol{G}_{\mathrm{wb}}\boldsymbol{Q} \tag{4-76}$$

式中，$\boldsymbol{Y}_{\mathrm{wb}}$为辊间压扁向量；$\boldsymbol{G}_{\mathrm{wb}}$为辊间接触压力引起的辊间压扁影响函数的矩阵。

B　力平衡关系方程

$$\boldsymbol{P}^{T}\boldsymbol{I}+\boldsymbol{F}_{\mathrm{w}}=\boldsymbol{Q}^{\mathrm{T}}\boldsymbol{I} \tag{4-77}$$

式中，$\boldsymbol{I}=[1\ 1\cdots1]^{\mathrm{T}}$ 为单位列向量。

C　变形协调关系方程

工作辊和支持辊之间的变形协调关系方程：

$$\boldsymbol{Y}_{\mathrm{wb}}=\boldsymbol{Y}_{\mathrm{wb0}}+\boldsymbol{Y}_{\mathrm{b}}-\boldsymbol{Y}_{\mathrm{w}}-\boldsymbol{M}_{\mathrm{b}}-\boldsymbol{M}_{\mathrm{w}} \tag{4-78}$$

式中，$\boldsymbol{Y}_{\mathrm{wb0}}$为辊面中心处的压扁向量（常向量）；$\boldsymbol{M}_{\mathrm{b}}$ 为支持辊凸度向量；$\boldsymbol{M}_{\mathrm{w}}$ 为工作辊凸度向量。

轧件和工作辊之间的变形协调关系方程：

$$\boldsymbol{H}=\boldsymbol{H}_{0}+(\boldsymbol{Y}_{\mathrm{ws}}-\boldsymbol{Y}_{\mathrm{ws0}})+2(\boldsymbol{M}_{\mathrm{w}}-\boldsymbol{Y}_{\mathrm{w}}) \tag{4-79}$$

式中，$\boldsymbol{H}$ 为轧件轧后厚度向量；$\boldsymbol{H}_{0}$ 为板中心处厚度（常向量）；$\boldsymbol{Y}_{\mathrm{ws0}}$为板中心处压扁量（常向量）。

采用以上的基本方程和布兰德-福特-希尔轧制压力计算公式、希契柯克接触弧长计算公式、赫兹压扁计算公式，可以用迭代法计算轧辊的弹性变形，进而利用粟津原博公式计算出带钢的前张应力分布。

4.11.3.6　影响函数法计算辊系变形的基本流程

影响函数法计算方法采用迭代计算法，计算框图如图 4-77 所示。共 5 层迭代环，由内至外依次为：

（1）轧辊接触压力分布迭代环。在假设的辊间接触压力分布基础上，根据式（4-73）

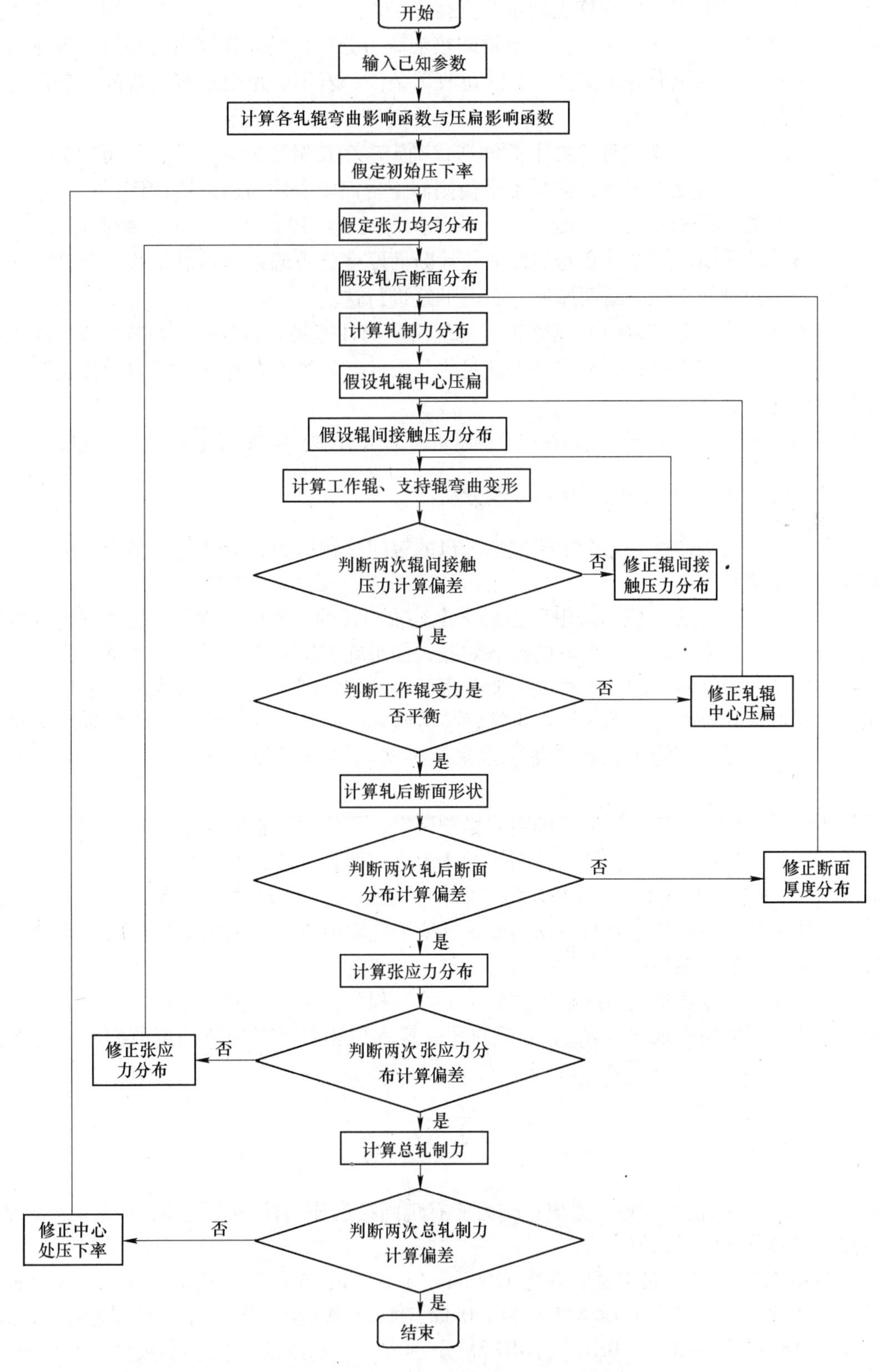

图 4-77 影响函数法计算辊系变形计算框图

与式（4-74）可计算出工作辊挠度向量与支持辊挠度向量，然后根据式（4-78）计算出辊间压扁分布，再根据式（4-77）反求出辊间接触压力分布，判断计算出的辊间接触压力分布与假设的辊间接触压力分布偏差是否满足收敛条件，若不满足要求修正辊间接触压力分布后继续迭代。

（2）轧辊中心压扁迭代环。在上面的迭代确定辊间接触压力分布后，就可根据式（4-75）判断工作辊受力是否平衡，如果不平衡则修正辊面中心压扁后继续迭代。

（3）轧后断面分布迭代环。根据式（4-75）与式（4-79）可求出轧后断面厚度分布，判断计算出的轧后断面厚度分布与假设的轧后断面厚度分布偏差是否满足收敛条件，如果不在允许范围内则修正轧后断面厚度分布后继续进行迭代。

（4）张应力分布迭代环。根据修正后的轧后断面计算张应力分布，判断计算出的张应力分布与假设的张应力分布的偏差是否满足收敛条件，如果不在允许范围内则修正张应力分布后继续进行迭代。

（5）轧制力迭代环。通过修改板宽中心处带钢压下率，实现总轧制力的迭代收敛。

4.11.4 不同支持辊倒角的板形控制性能分析

支持辊倒角的工作性能分析主要包括轧机的辊间接触压力、承载辊缝横向刚度、弯辊调控功效 3 个方面。

（1）辊间接触压力。辊间接触压力是决定轧辊损耗的主要影响因素，轧辊辊耗直接影响轧机的作业率、生产成本和企业的经济效益，如果轧辊轴向不均匀磨损严重，将导致轧辊消耗的增加，而轴向不均匀的磨损主要是由于不均匀辊间压力分布造成的。不均匀的辊间压力分布可使轧辊受力大的区域产生接触疲劳破坏。实践证明，掌握轧辊的辊间接触压力分布形式，通过合理的工艺和设备手段来改善辊间接触压力的分布可取得减少轧辊磨损、避免轧辊剥落等效果。

辊间接触压力是决定轧辊损耗的主要影响因素。不均匀的辊间接触压力分布可使轧辊受力大的区域产生接触疲劳破坏。辊间接触压力通过两种方式影响支持辊的疲劳：接触压力的峰值 q_{max} 和接触压力分布不均匀度 p。辊间接触压力峰值 q_{max} 指沿接触线长度方向上的接触压力最大值，接触压力分布不均匀度 p 反映了轧制中支持辊表面磨损分布的均匀性及各轧辊产生剥落的可能性。

为了更加精确地衡量辊间接触压力分布不均匀程度，提出了另一评价指标即所有辊间接触压力样本值的均方根误差 R_{MS}，它反映所有样本值相对于平均值的离散程度，其计算公式为：

$$R_{MS} = \sqrt{\frac{\sum_{i=1}^{n}(q_i - q_m)^2}{n}} \tag{4-80}$$

式中，q_i 为 i 单元的辊间接触压力值；q_m 为所有辊间接触压力值的平均值；n 为采样点数，即为支持辊划分的单元总数。

图 4-78 及表 4-13 为带钢宽度 B 为 1500mm、1800mm，单位宽度轧制力 Q_s 为 15kN/mm，弯辊力 F_w 为 2000kN，工作辊横移量 S_w 为 150mm 时，轧制力分布图及各特征参数的计算值，其中表 4-13 中的 BR1.0、BR1.5、BR2.0 分别表示支持辊倒角参数 h 为 1.0mm、1.5mm、2.0mm。

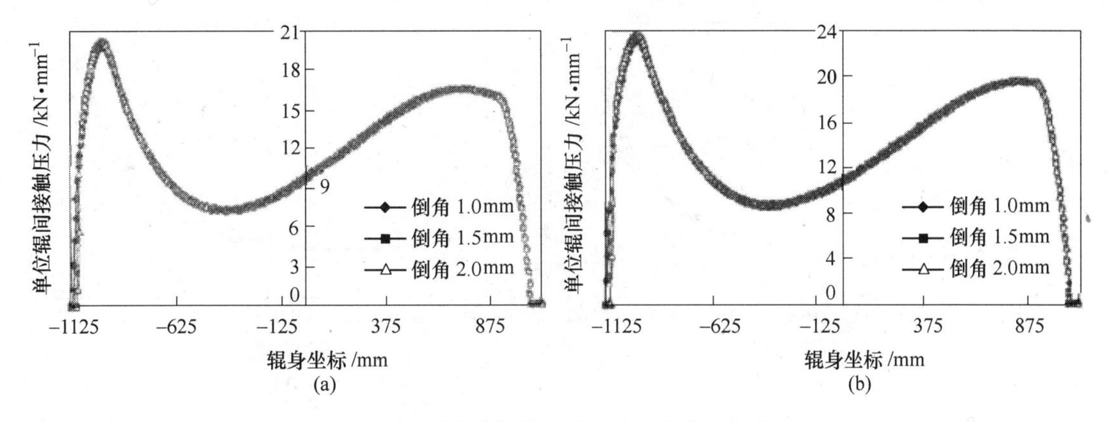

图 4-78　不同倒角支持辊的辊间接触压力分布
（a）带钢宽度 1500mm；（b）带钢宽度 1800mm

表 4-13　不同支持辊倒角下的辊间接触压力峰值及不均匀性

工　况	q_{max}			p			R_{MS}		
带钢宽度/mm	BR1. 0	BR1. 5	BR2. 0	BR1. 0	BR1. 5	BR2. 0	BR1. 0	BR1. 5	BR2. 0
1500	19. 841	20. 147	20. 250	1. 1777	1. 1777	1. 1777	0. 4315	0. 4453	0. 4500
1800	23. 064	23. 498	23. 661	1. 3777	1. 3777	1. 3777	0. 4868	0. 5073	0. 5154

可以看出，CVC 轧机的辊间接触压力分布呈 S 形分布，倒角高度增大时，辊间接触压力峰值将增大，可能会造成应力集中，同时不均匀度及辊间接触压力采样点的均方根误差也增大，从而使辊间接触的均匀性变差。

（2）承载辊缝横向刚度。轧制时由于带钢材质、温度、来料厚度和板形等发生变化而导致轧制力出现波动，进而导致承载辊缝和机架出口带钢板形的波动，衡量这一波动量大小的指标可以用承载辊缝的横向刚度 k_g表示，其含义为产生单位辊缝二次凸度变化量所需单位板宽轧制力的变化量。k_g越大，承载辊缝越稳定，对轧制过程中的板形控制越有利。

$$k_g = \frac{\Delta F}{\Delta C_2} \tag{4-81}$$

式中，k_g为横向刚度，kN/μm；ΔF 为轧制力的波动量，kN；ΔC_2为承载辊缝二次凸度变化量，μm。

本小节选取带钢宽度 B 为 1000 ~ 2100mm，单位宽度轧制力 Q_s为 12kN/mm、15kN/mm、18kN/mm，弯辊力 F_w取 0kN、1000kN、2000kN，横移量 S_w为零（由于轧辊横移不能改变支持辊与工作辊之间的有害接触区长度，因此对承载辊缝的横向刚度的影响非常小，所以取零），通过仿真模型计算了 3 种倒角情况下承载辊缝横向刚度，结果如图 4-79 所示。其中，图中 1、2、3 分别表示支持辊端部倒角参数 h 为 1. 0、1. 5、2. 0。可以看出，对于相同支持辊倒角深度的轧机，弯辊力越大，承载辊缝横向刚度越小。在相同的弯辊力作用下，复合型大圆弧倒角的深度越大，承载辊缝横向刚度越大，并且其增加的幅度与所轧制的带钢宽度有关。

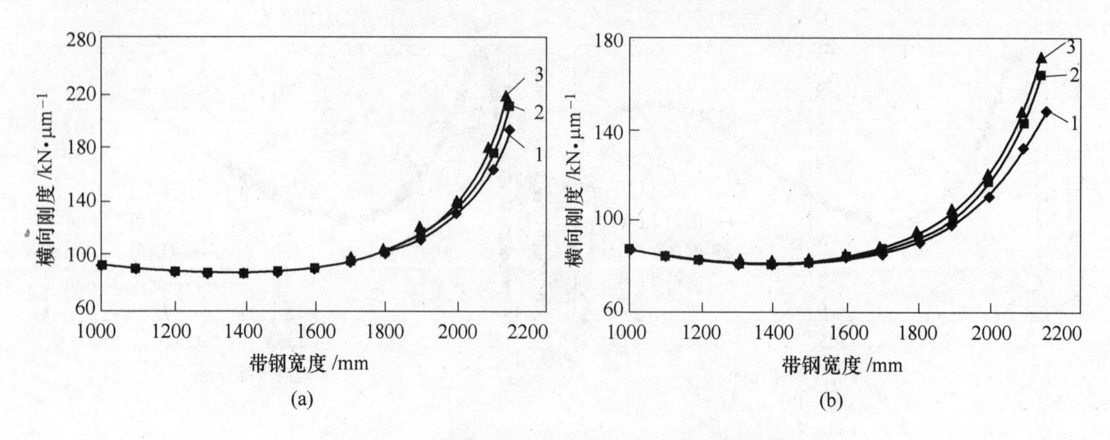

图 4-79 不同倒角支持辊的承载辊缝横向刚度

（a）弯辊力 0kN；（b）弯辊力 2000kN

支持辊倒角的设计还需考虑轧制临界宽度的问题。承载辊缝横向刚度计算中存在着一明显的临界宽度，当带钢宽度小于这个临界宽度时，承载辊缝横向刚度大于零，并在临界宽度附近处急剧地增大到正的无穷大；当带钢宽度大于这个临界宽度时，承载辊缝横向刚度小于零，并从临界宽度处的负无穷大急剧增大。这样，当带钢的宽度在临界宽度附近波动时就会引起承载辊缝横向刚度的很大变化，影响板形控制手段的实施，为此需避免产品大纲范围内临界宽度的出现。临界宽度受弯辊力大小、轧辊横移量、轧辊磨损和热辊形的影响，但主要还是取决于支持辊倒角，包括倒角的长度和高度。由于本小节所取的带钢最大宽度为 2100mm，为此计算了宽度 B 为 2150mm 时，弯辊力为 0kN、1000kN、2000kN 时的承载辊缝横向刚度。当支持辊倒角为 BR1. 0 时（即支持辊端部倒角参数 h 为 1. 0mm），承载辊缝横向刚度分别为 193. 87kN/μm、211. 21kN/μm、219. 06kN/μm；当倒角为 BR1. 5 时（即支持辊端部倒角参数 h 为 1. 5mm），承载辊缝横向刚度分别为 166. 37kN/μm、181. 87kN/μm、189. 13kN/μm；当倒角为 BR2. 0 时（即支持辊端部倒角参数 h 为 2. 0mm），承载辊缝横向刚度分别为 149. 37kN/μm、164. 63kN/μm、172. 85kN/μm。从计算结果可以看出，以上 3 种倒角的临界宽度均大于 2100mm，因此这 3 种倒角都不会在产品大纲范围内产生临界宽度点，可以保证板形控制手段避开临界宽度的影响。

（3）弯辊调控功效。弯辊力调控功效好，则弯辊力对板形的改变能力就强，就能多快好省地消除板形缺陷。同时，有利于降低弯辊力的使用幅值，增加工作辊轴承的使用寿命。弯辊力调控功效可表示为：

$$k_{\mathrm{F}} = \frac{\Delta C_2}{\Delta F_{\mathrm{w}}} \tag{4-82}$$

式中，k_{F}为弯辊调控功效，μm/kN；ΔF_{w}为弯辊力的变化，kN；ΔC_2为承载辊缝二次凸度的变化量，μm。

本小节选取带钢宽度 B 为 1200mm、1500mm，单位宽度轧制力 Q_{s}为 15kN/mm，弯辊力 F_{w}取 1000、2000kN，工作辊横移量 S_{w}为 －150mm、0mm、150mm。通过仿真模型计算了 3 种倒角情况下的弯辊调控功效，如图 4-80 所示，其中，图中 1、2、3 分别表示支持辊端部倒角参数 h 为 1. 0、1. 5、2. 0。可以看出，随着支持辊倒角深度的增大，其弯辊调控功效有一定的提高，但幅度不大，且与所轧制带钢的宽度及工作辊横移量有关。

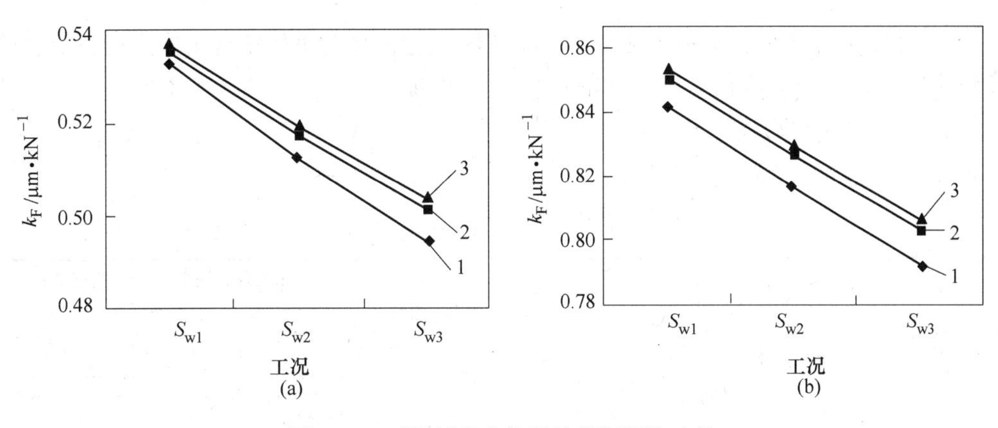

图 4-80 不同倒角支持辊的弯辊调控功效

（a）带钢宽度 1200mm；（b）带钢宽度 1500mm

4.12 宝钢支持辊的使用技术

大重量的支持辊，因其制造时需大型专用设备、制造周期长，服役时使用周期长、使用成本高、异常失效后损失大等特点，在轧钢厂和轧辊制造厂都属重点管理产品。随着宝钢三期工程的全面投产，2050mm、1580mm 热连轧机，以及 2030mm、1550mm、1420mm 3 套冷连轧机和平整机中，各类支持辊有 13 种，每年消耗支持辊 1300 ~ 1500t，采购费用高达 4500 万元左右，占宝钢全部轧辊费用的 20% 左右。再加上周转辊和库存辊，日常需受控的支持辊在 250 ~ 300 支（金额高达 2 亿元以上）。

虽然有些品种采用相同标准或相同材质牌号，但实物技术参数和环境参数全然不同，因此使用维护技术也各不相同。

4.12.1 对支持辊的性能要求与使用水平

4.12.1.1 使用环境对支持辊质量的要求

（1）由于宝钢在冷、热轧板带轧机上采用了许多高精度轧制技术，如 PC、CVC、HC 等，因而使支持辊的受力分布变得更加复杂，如弯辊力的增加使得支持辊局部承受了更大的不均匀负荷。

（2）要求轧辊辊颈和辊身具有足够的力学性能，以承受更大的交变载荷。工作辊细长比的增加使支持辊单位面积载荷增加；工作辊、中间辊的不同粗糙度和不同辊型更增加了支持辊承受的不均匀磨损。

（3）高硬度、高耐磨材质的工作辊或中间辊正逐步推广，所以对支持辊工作层的冶金质量以及微观组织提出了新的要求。

（4）热轧超薄板技术、自由轧制技术的运用使轧制负荷有增加的趋势，因此对支持辊的材质性能、物理性能，工作层、结合层（过渡层）、芯部 UT 判定标准均提出了新的要求。

（5）辊型失效速度对板形控制精度有很大影响，因此要求支持辊具有使用全过程保持均匀磨损（轴向和径向）程度较高的特性。

（6）适应自动无损检测装置和工艺。

（7）无头轧制技术、轧制油投入、边部加热工艺、磨辊间装备自动检测设备等，改善了支持辊的使用环境，降低了事故辊的带伤再次上机率。

4.12.1.2　支持辊消耗水平

近年来，宝钢支持辊消耗量见表4-14。

表4-14　近年来宝钢支持辊消耗量

支持辊类别		机架数量	综合毫米轧制量/t·mm⁻¹	吨钢消耗系数/kg·t⁻¹	吨钢消耗成本/元·t⁻¹
2050mm 热轧机组	R2～F7 粗、精轧机	10	67693	0.070	3.18
1580mm 热轧机组	R2 粗轧机	1	49246	0.009	0.36
	F1～F3 精轧机	3	59095	0.019	1.29
	F4～F7 精轧机	4	33246	0.059	2.64
2030mm 冷轧机组	平整机	1	31527	0.020	0.58
	五连轧机	5	14764	0.167	6.14
1420mm 冷轧机组	五连轧机	5	10879	0.191	10.57
	平整机	1	26322	0.022	0.84

4.12.2　宝钢支持辊的使用技术

宝钢支持辊的使用技术如下：

（1）采购标准与轧辊使用环境适应。采购时，主要强调支持辊的使用性能与使用环境相适应，而不是指标越高越好。原则上采用足够低的硬度、足够薄的淬硬层深度、足够合理的残余应力分布、足够宽的边部软带、足够比例的工作层组织形态。

（2）材质不断更新。20世纪90年代初，宝钢进行的“以铸代锻”调查显示：其在冷轧方面效果不明显。主要原因是复合铸钢和整体铸钢的价格与国内锻钢价格相比，没有明显优势；另外，国外复合铸钢支持辊在小辊径时耐磨性和抗事故性明显下降，整体铸钢也因辊颈热处理问题连续发生重大事故。

近期，1420mm 冷轧机、2050mm 热轧机、1580mm 热轧机采用了国内 Cr4、Cr5 锻钢和国外 Cr5 铸钢和锻钢支持辊，因使用周期较短，最终评价还未得出，但耐磨性和抗事故性能的改善已很明显。过去宝钢使用的支持辊材质见表4-15。

表4-15　宝钢使用过的支持辊材质（工作层）

制造工艺	牌号	C/%	Si/%	Mn/%	Cr/%	Mo/%	V/%	使用时段/年
合金锻钢（中）	9Cr2Mo	0.85～0.90	0.25～0.45	0.20～0.40	1.70～2.10	0.20～0.42	≤0.20	1990～1998
合金锻钢（中）		0.60～0.75	0.40～0.70	0.50～0.80	2.00～3.00	0.25～0.60	Ni≤0.06	1998～2001
整体铸钢（英）		0.35～0.45	0.20～0.70	0.40～1.00	2.50～3.50	0.50～0.70	Ni 残余	1993～1996
整体铸钢（美）		0.35～0.75	0.40～0.60	1.50～1.90	1.60～1.90	0.40～0.60	Ni≤1.00	1991～1996

续表 4-15

制造工艺	牌号	C/%	Si/%	Mn/%	Cr/%	Mo/%	V/%	使用时段/年
复合铸钢（德、中）	AST70，AST 80	0.65～1.04	0.40～0.55	0.65～1.80	1.30～2.00	0.10～0.30	≤0.50	1990～1999
合金锻钢（日）		0.30～0.60	≤1.00	≤0.60	4.70～5.00	≤1.20	0.40～0.80	1999 至今
复合铸钢（德）	AST70X	0.40～0.60	0.40～0.80	0.40～0.80	4.00～6.00	0.80～1.20	Ni≤0.80	1999

（3）换辊周期控制技术。因支持辊换辊占用计划停轧时间相对较长，为提高轧机作业率，宝钢借助 NDT 技术，定时定量跟踪检测轧辊使用情况，不断完善换辊周期制度，主要有以下 5 种：

1）按照轧机定修周期的倍数，这种方式对轧机作业率影响较小。

2）一定的轧制吨位或轧制时间或轧制长度，最好与工作辊、中间辊换辊周期成倍数关系。

3）连轧机组以最后机架的最大磨损极限为换辊标准。

4）单机架支持辊按下辊允许的最大磨损量为换辊标准，也可以上、下机架按磨损或表面状态分别换辊。

5）因工作辊或配对辊的事故被动受伤时或轧机其他事故处理阶段等异常停机时换辊。

（4）配辊技术。配辊包括两方面内容：一是在 2～3 套周转辊和个别掉队辊中，如何配对；二是配对后按什么编排顺序安装在哪个机架。具体按表 4-16 要求进行配对。

表 4-16　支持辊配辊要求

要　求	原　　因
保证与工作辊或中间辊的辊面硬度相对差	保证预定换辊周期和提高支持辊抗事故能力
保证相同材质（组织类似）配对	等量级的耐磨性决定配对辊有相同的换辊周期
保证同一支持辊制造厂（相同制造工艺）配对	使用特性相同，统计方便，保证配对辊有相同的换辊周期
个别轧机需符合轧机设计上下辊径差的要求	减少非生产性磨削以降低辊耗，并保证轧制工艺实施
“问题辊”放上辊位	使用条件和环境相对较好，方便随时检查和事故处理
按一定使用周期前后机架对换	（1）轧机开口度要求，为简便换辊操作，缩短换辊时间，按不同辊径分别上一定的机架。 （2）硬度和表面质量相对较好的新辊放在最后机架，以保证最终轧材成品精度。 （3）老龄辊（小直径）、低硬度值辊放在工作辊硬度较低的前段机架。 （4）“问题辊”放在轧制负荷较小的机架。 （5）耐磨性相对较好的辊放在要求较高的成品机架或过钢长度相对较长的后段机架
上下辊位互换	下辊位磨损量基本大于上辊位。互换可避免以后为配辊而增加非生产性磨削量
前后上下交替互换	在同制造厂、同材质新辊的使用条件下，避免单向应力累积

（5）磨削量的优化技术。利用无损检测技术，支持辊磨削量可表示为：正常磨削量 = 加工硬化层厚（涡流检测、硬度）+损坏层厚（涡流、表面超声波、裂纹深度测量）+辊形的再生修复量（辊形测量）+K（修正量）

另外，在来料稳定的轧机或支持辊材质单一的情况下，可用轧钢量或轧制时间来制定每次磨削量，从新辊到老龄辊分3个使用时段分别制定不同的基准磨削量。

（6）不均匀磨损的控制技术。为减轻使用后辊面呈“箱形”或“狗骨形”的程度，保证轧材板形，降低非生产性磨削量，使轧辊磨损均匀化，采用了以下控制技术：

1）监控每次使用后和磨削后的辊面为HS3～5相对差，及其分布状态。

2）设计合理的辊形。

3）在1个换辊周期内，合理编排轧制产品宽度。

4）合理控制辊面硬度均匀性、配对辊硬度差和工作层深度方向硬度落差。

（7）检测技术。磨辊间配置自动辊形磨削、测量、无损检测以及计算机管理一体化的轧辊专用磨床。检测项目从原来的辊身和辊颈U T缺陷检测，发展到对工作层深度、辊面疲劳层和硬化层厚度、辊面不同裂纹深度、表面或近表面以及复合辊的结合层质量、芯部质量，同时定量定性地自动检测。

（8）计算机网络随时监控全部轧辊。支持辊在正常情况下，有长达5～10年的服役时间，宝钢采用计算机参与支持辊从进厂到报废的全过程管理，信息采集点从轧钢系统到换辊、磨削、配辊、装配、轴承加油和检测等各个相关工序。

4.12.3 支持辊制造和使用技术展望

4.12.3.1 制造技术

（1）冷轧用支持辊材质有从目前的5Cr向7Cr～8Cr发展的趋势，并提高Mo、W、V的含量，这种马氏体基体组织的支持辊更适合高硬度新型工作辊。热轧支持辊主要配合高合金工作辊（高速钢工作辊），在铬含量提高的同时，添加Mo、Nb（W）、V、Co等元素来强化基体，再通过一定的热处理得到更多更深的贝氏体区域以提高抗表面糙化和断裂韧性。

（2）欧洲某厂DH辊采用冷硬铸模铸钢支持辊，表面耐磨性有所提高，相对复合铸造和整体锻钢而言，这种轧辊辊身工作层及整个变形区和受热影响区的各种物理性能变动不大，抗事故性有可能提高。但整体铸钢类的支持辊还要继续改善断裂韧性和残余应力分布等，否则一定比例的恶性事故将影响其发展。

（3）日本某厂整体锻钢支持辊采用辊身三段式感应差温淬火，改善边部应力分布，以解决辊身端部特别是与CVC工作辊配合使用中易发生的脱肩现象。

（4）在冷连轧机上发展断裂韧性和耐磨性相对较好的合金锻钢支持辊的研究不会再被成本较低的铸钢所取代。针对不同用户的个性化品种研发工作将继续。

4.12.3.2 使用维护技术

（1）支持辊使用技术的研究主要是控制辊面均匀磨损和延长换辊周期，主要内容有：辊身端部的倒角形状；支持辊与带辊形的工作辊或中间辊之间的受力状态；支持辊工作层组织中碳化物数量、形态、特性、分布与耐磨性和抗事故性能的关系等。

（2）支持辊磨床带表面自动涡流检测仪和自动超声波检测仪将成为潮流。利用涡流技术的辊面硬度梯度检测功能将进一步推广完善。通过无损检测对残余应力、寿命预测和失效分析的研究还会不断深入。

（3）DSR 支持辊的使用研究工作还将更加深入。

（4）局部或整体镶套的支持辊在某些特定轧机上还会继续发展。因故障受伤后，支持辊的堆焊修复技术及其使用技术的研究将会得到重视。

（5）支持辊带轴承磨削是否经济的问题将会继续进行讨论。

5 轴向移位变凸度技术的新发展

多年的实践证明，CVC 技术是一种非常优秀的板形控制技术，无论是热轧还是冷轧均有许多成功应用的实例，对 CVC 辊形的优化也使得很多技术人员和研究人员的创造性价值得到体现。这种技术推出后，20 世纪 80 年代第 1 次在中国宝钢的 2030 冷连轧的第五机架使用。CVC 技术的核心在于 CVC 辊形曲线的设计计算模型和相应的板形自动控制模型。当初出于技术保密的意图，德国西马克公司只提供给中方 489 点坐标值作为磨辊用，而不告知具体的辊形函数，板形控制程序由 12000 多条汇编语言组成，在当初对国内的很多技术人员和研究人员而言相当于“天书”。这样，CVC 技术可以使用，但没法掌握，更谈不上改进。为了攻克这个技术难题，宝钢与北京科技大学以陈先霖院士为首的板形课题组开展合作，对 CVC 技术进行解密。图 5-1 为对 CVC 辊形曲线的破解结果，可以看出，解密后的数据与德方提交的数据完全一致，德方对破解的结果也完全认可。

德方提交的磨辊数据

DRAWING

PROFILE-DIAMETER

(mm)	(mm)
614.3666	615.0348
614.3803	615.0260
614.3939	615.0173
614.4074	615.0087
614.4207	615.0001
614.4339	614.9918
614.4470	614.9835
614.4600	614.9753
614.4728	614.9672
614.4855	614.9593
614.4980	614.9514
614.5104	614.9437
614.5228	614.9361
614.5349	614.9295
614.5470	614.9211
614.5589	614.9138
614.5707	614.9066
614.5824	614.8995

破解结果

X-COORDT		-ROLL
-105.00	614.3666	615.0343
-100.00	614.3803	615.0260
-95.00	614.3939	615.0173
-90.00	614.4074	615.0087
[illegible]	614.4207	615.0002•
-80.00	614.4339	[illegible]
-75.00	614.4470	614.9835
-70.00	[illegible]•	614.9753
-65.00	614.4728	614.9672
-60.00	[illegible]•	614.9593
-55.00	614.4980	614.9514
-50.00	614.5104	614.9437
-45.00	614.5228	614.9361
-40.00	614.5349	614.9286•
-35.00	614.5470	614.9211
-30.00	614.5589	614.9138
-25.00	614.5707	614.9066
-20.00	614.5824	614.8995
-15.00	614.5939	614.8925

图 5-1　CVC 辊形曲线破解结果与德国西马克提供的数据对比

5.1 LVC 连续变凸度辊形

5.1.1 CVC 辊形设计原理和推导

工作辊的空载辊缝凸度可以分为固定空载辊缝凸度和可变空载辊缝凸度。对于固定空载辊缝凸度的工作辊虽能补偿轧辊的变形，但辊缝凸度不能随实际工作状况进行动态调节，不利于板形的灵活控制。而 CVC（Continuously Variable Crown）、UPC（Universal Profile Control）和 SmartCrown 等辊形的控制思想则很好地解决了这一问题，它使工作辊可沿轴向移动，从而使辊缝凸度可以调节。

线性变凸度工作辊 LVC（Linearly Variable Crown）与 CVC 工作辊有着紧密的联系，它不仅具有 CVC 工作辊的优点，同时也克服了 CVC 在板形调节方面的缺点。要研究工作辊的辊形就需要从研究工作辊的辊形曲线开始。所以，研究线性变凸度工作辊辊形曲线就要从研究 CVC 工作辊辊形曲线开始。

CVC 轧机的基本工作原理是通过反对称形状的工作辊轴向移动使轧辊的凸度值在最大值和最小值之间连续可调，从而改变辊缝形状达到改善板形的目的。根据这一原理，凡是反对称的函数曲线均可用作 CVC 工作辊的辊形曲线。图 5-2 所示为 CVC 的工作原理和原始辊凸度。

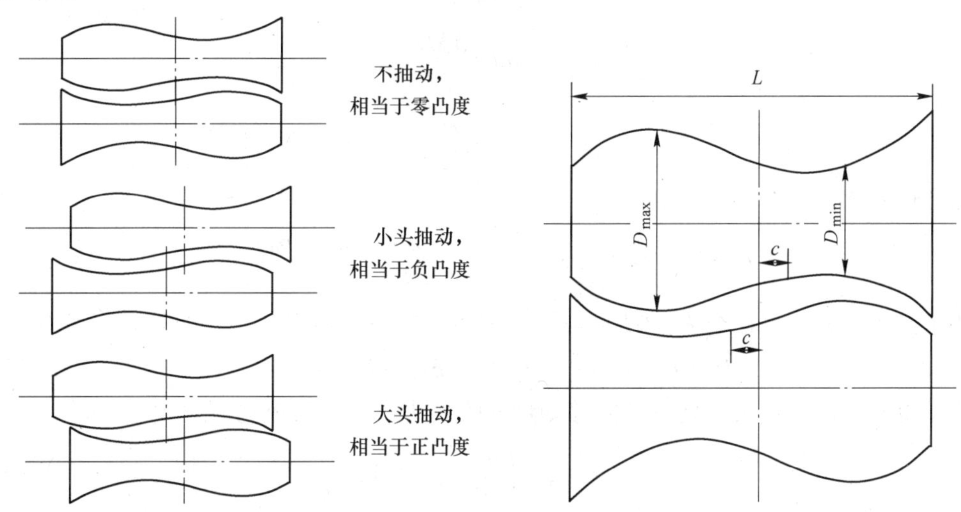

图 5-2　CVC 的工作原理和原始辊凸度

圆柱形轧辊的直径沿辊身长度是均匀不变的，其他形状的轧辊则是变化的，它们都可以用直径函数 $D(x)$ 来描述，由于轧辊的这个直径函数代表了轧辊的辊身形状，因此可以把它称为辊形函数，简称辊形。工作辊辊形如图 5-3 所示。

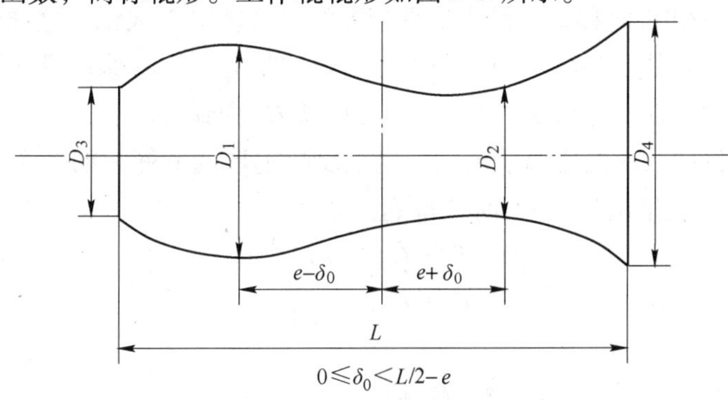

图 5-3　工作辊辊形

对于任何一根工作辊，其辊形函数 $D(x)$ 又可表示为：

$$D(x) = D_0(x-\delta_0) = a_0 + A(x-\delta_0) \tag{5-1}$$

式中，a_0为常数；δ_0为初始移动量；$A(x)$ 是偶函数。因 $A(x)$ 可展开成幂级数，所以辊

形函数 $D(x)$ 有：

$$D(x)= a_0 + a_1(x-\delta_0) + a_2(x-\delta_0)^3 + \cdots \tag{5-2}$$

当只取前 3 项，构成的辊形为简单辊形；若取 3 项以上，则构成高次辊形。

当 $\delta_0 = 0$ 时，即初始移动量为零时，辊形函数 $D(x)$ 可展开成幂级数，即：

$$D_0(x) = a_0 + a_1x + a_2x^3 + \cdots \tag{5-3}$$

在辊身上，$D_0(x)$ 出现了两个极值，它们分别位于辊身中点的两侧，距离等于 e 处；辊身中点的直径用 D 表示，直径差用 ΔD 表示；这样就可以将 a_0、a_1 与 a_2 用 e、D 和 ΔD 表示出来，即：

$$a_0 = D$$

$$a_1 = \frac{3\Delta D}{4e}$$

$$a_2 = \frac{\Delta D}{4e^3}$$

这样代入式（5-2）得：

$$D(x) = D + \Delta D\frac{-3e^2(x-\delta_0)+(x-\delta_0)^3}{4e^3} \tag{5-4}$$

为了便于分析，可以令 $K = \Delta D/(4e^3)$，则式（5-4）得：

$$D(x) = D + K[-3e^2(x-\delta_0)+(x-\delta_0)^3] \tag{5-5}$$

于是得到二次凸度关于轧辊轴向移动量 δ 的表达式，B_w为板宽：

$$C_w = -3K\left(\frac{B_w}{2}\right)^2(\delta+\delta_0) \tag{5-6}$$

$$C_Q = 0 \tag{5-7}$$

简单辊形又称为三次辊形，它所构成的辊缝只有二次凸度 C_w，没有高次凸度 C_Q。经过分析发现，CVC 轧机的工作辊采用的是三次辊形，这是最简单的多项式辊形。

辊缝的二次凸度是对辊缝形状进行控制的主要目标，辊形的设计也是主要以它为目的。一般轧辊的正向和负向移动的最大值是相等的，这里用 δ_m表示。这样轧辊的移动范围就是从 $-\delta_m$到 $+\delta_m$。从式（5-6）可以看出，二次凸度 C_w与轧辊移动量 δ 的单调关系。所以当轧辊从 $-\delta_m$到 $+\delta_m$时，辊缝的二次凸度 C_w 就从 C_1 变到 C_2。

C_1 到 C_2 是轧机的二次凸度调节范围，也是反映辊形调节能力的一个重要指标，一般在设计辊形时提出。当给出 C_1、C_2 时，得到：

$$C_1 = C_w(-\delta_m) \tag{5-8}$$

$$C_2 = C_w(+\delta_m) \tag{5-9}$$

从而得：

$$\delta_0 = \delta_m(C_2+C_1)/(C_2-C_1) \tag{5-10}$$

$$K = -(C_2-C_1)(2/B_w)^2/(6\delta_m) \tag{5-11}$$

$$e = (L/2+\delta_0)/2 \tag{5-12}$$

这样 $\Delta D = 4Ke^3$。至此已将 CVC 的各技术参数推出。这些参数对于求线性变凸度工作辊辊形曲线也有十分重要的参考意义。

5.1.2 LVC 辊形设计原理和推导

LVC 辊形曲线的设计原理：以实现辊缝凸度调节与板宽成线性化为目的，以连续变凸度工作辊辊形曲线方程为基础方程，代入一定的系数，从而推出 LVC 辊形曲线的方程。这种辊形的优点在于：实现了辊缝凸度调节与板宽成线性化，克服了连续变凸度工作辊中辊缝凸度调节与板宽成平方的缺点，同时又具有连续变凸度工作辊所具有的与轧辊移动量呈线性关系的特点。

CVC 的设计公式：

$$f(x) = D + \frac{\Delta D}{4e^3}[-3e^2(x-\delta_0) + (x-\delta_0)^3]$$

轧辊相对移动后的辊缝凸度：

$$C_{\mathrm{CVC}} = -\frac{3\Delta D}{4e^3} \times \frac{1}{4}(\delta_0 + \delta)B_{\mathrm{w}}^2$$

以此为基础加上适当的系数实现二次凸度 C_{w} 与板宽 B_{w} 呈线性关系，同时又保持 C_{w} 与轧辊移动量 δ 的线性化，设计出 LVC 辊形曲线。

CVC 或 LVC 上、下两工作辊一般成反对称放置，两个辊之间形成的辊缝如下式所示：

$$S(x) = C - \frac{D_{\mathrm{t}}(x) + D_{\mathrm{b}}(x)}{2} \tag{5-13}$$

式中，C 为上下工作辊的中心距；D_{t} 为上工作辊直径；D_{b} 为下工作辊直径。其中上、下工作辊辊形成反对称放置，则：

$$D_{\mathrm{b}}(x) = D_{\mathrm{t}}(-x) \tag{5-14}$$

对于普通 CVC 曲线有：

$$D_{\mathrm{t}}(x) = D + a_1(x-\delta) + a_3(x-\delta)^3 \tag{5-15}$$

式中，a_1，a_3 为系数。则下工作辊：

$$D_{\mathrm{b}}(x) = D - a_1(x+\delta) - a_3(x+\delta)^3 \tag{5-16}$$

由式（5-13）、式（5-15）和式（5-16）得：

$$S(x) = C - D + a_1\delta + a_3\delta(3x^2 + \delta^2) \tag{5-17}$$

又因为空载辊缝二次凸度：$C_{\mathrm{w}} = \Delta S = S(0) - S(\pm B_{\mathrm{w}}/2)$，将式（5-17）代入可得：

$$C_{\mathrm{w}} = \Delta S = -3a_3(\delta_0 + \delta)(B_{\mathrm{w}}/2)^2 \tag{5-18}$$

由 $C_{\mathrm{CVC}} = -\frac{3\Delta D}{4e^3} \times \frac{1}{4}(\delta_0 + \delta)B_{\mathrm{w}}^2$ 得：

$$a_3 = \frac{\Delta D}{4e^3},\ a_1 = -\frac{3\Delta D}{4e}$$

要使 C_{w} 与板宽 B_{w} 呈线性关系，且保持 C_{w} 与辊移动量 δ 的线性化，需实现：

$$C'_{\mathrm{w}} = -\frac{3\Delta D}{4e^3} \times \frac{1}{4}(\delta_0 + \delta)B_{\mathrm{w}}u \tag{5-19}$$

其中，$-\frac{3\Delta D}{4e^3} \times \frac{1}{4}(\delta_0 + \delta)$ 为定量，只要保持系数 u 为接近于 ±1000 的数或 $B_{\mathrm{w}}u$ 取不同值时乘积变化不大即可（当板宽 B_{w} 的单位为 mm 时）。

用逆推法推导系数 u，可知以下几点：

（1）要求出 u，则式（5-15）、式（5-16）和式（5-17）要发生变化。

（2）式（5-19）中的 $B_w u$ 与式（5-17）中的 x 相关。

根据计算知，在式（5-15）中若改变3次方项则对辊形曲线影响较大，同时又会改变 C_w 与辊移动量 δ 的线性化；而在一次方项中乘以适当系数 k，可改变它的奇偶性又能使 x 发生变化。根据所查阅的文献和计算推知：当 k 中含有正弦函数时，可改变奇偶性，一般取 $\sin\left(\frac{\pi x}{M}\right)$，$M$ 常等于辊身长度 L；含有轴向移动量时，可保持 C_w 与辊移动量 δ 的线性化。

因此，式（5-15）、式（5-16）分别变为：

$$D'_t(x) = D + a_1(x-\delta)k + a_3(x-\delta)^3 \tag{5-20}$$

$$D'_b(x) = D - a_1(x+\delta)k - a_3(x+\delta)^3 \tag{5-21}$$

联立两式知辊缝函数为：

$$S'(x) = C - D - a_1 kx + a_3\delta(3x^2+\delta^2) \tag{5-22}$$

从而知空载辊缝二次凸度为（若有窜辊则 δ_0 可用 $\delta_0+\delta$ 代替）：

$$C''_w = \Delta S = -3a_3(\delta_0+\delta)(\pm B_w/2)^2 + a_1(\pm B_w/2)k_1\sin\left[\frac{\pi}{L}(\pm B_w/2)\right] \tag{5-23}$$

由式（5-19）、式（5-23）中 $C'_w = C''_w$，并代入 a_1 和 a_3 知：

$$-\frac{3\Delta D}{4e^3}\times\frac{1}{4}(\delta_0+\delta)B_w u = -\frac{3\Delta D}{4e^3}\times\frac{1}{4}(\delta_0+\delta)B_w B_w - \frac{3\Delta D}{4e}\times\frac{1}{2}B_w k_1\sin\left(\frac{B_w\pi}{2L}\right)$$

进一步推导得：

$$\frac{3\Delta D}{4e^3}\times\frac{1}{4}(\delta_0+\delta)\left[B_w^2 - B_w u + 2e^2 B_w k_1\sin\left(\frac{B_w\pi}{2L}\right)\Big/(\delta_0+\delta)\right] = 0 \tag{5-24}$$

从中知系数 k_1 中含有 $\frac{\delta_0+\delta}{2e^2}$，推得：

$$B_w - u + k'\sin\left(\frac{B_w\pi}{2L}\right) = 0 \tag{5-25}$$

因为要使 C_w 与板宽 B_w 呈线性关系，只要保持系数 u 为接近于 ±1000 的数或 $B_w u$ 取不同值时乘积变化不大即可，所以知：

当 $u=U, B_w=L$ 时，$k'=U-L$；当 $u=-U, B_w=L$ 时，$k'=-(U+L)$。其中 L 为全辊身长，B_w 为板宽，$B_w \leqslant L$。

用实际 B_w 和 L 代入式 $B_w\left[B_w + k'\sin\left(\frac{B_w\pi}{2L}\right)\right]$，验证 C_w 是否与板宽 B_w 呈线性关系，经验证比较知当 $k'=-(U+L)$ 时基本能保持这种线性关系。

最后综合以上各步推导得：

$$k = \sin\left(\frac{\pi x}{L}\right)k_1 = \sin\left(\frac{\pi x}{L}\right)\frac{\delta_0}{2e^2}k' = -\frac{\delta_0(L+U)}{2e^2}\sin\left(\frac{\pi x}{L}\right)$$

这样得到 LVC 的辊形公式（坐标轴在中点处）：

$$R(x) = R + K\left[\frac{3}{2}\delta_0(L+U)\sin\left(\frac{\pi x}{L}\right)(x-\delta_0) + (x-\delta_0)^3\right] \tag{5-26}$$

其中

$$K = \frac{C_2 - C_1}{3L^2 S_{\max}} \tag{5-27}$$

$$\delta_0 = \frac{C_2 + C_1}{C_2 - C_1} S_{max} \tag{5-28}$$

根据式（5-26）若设 LVC 上辊辊形函数为：

$$R_t(x) = R(x) \tag{5-29}$$

根据辊形反对称原理，则下辊辊形函数为：

$$R_b(x) = R_t(-x) = R + K\left[\frac{3}{2}\delta_0(L + U)\sin\left(\frac{\pi x}{L}\right)(x + \delta_0) - (x + \delta_0)^3\right] \tag{5-30}$$

空载辊缝为：

$$S(x) = A - R_t(x) - R_b(x) \tag{5-31}$$

即：

$$S(x) = A - 2R - 3K\delta_0(L + U)\sin\left(\frac{\pi x}{L}\right)x + 2K\delta_0(3x^2 + \delta_0^2) \tag{5-32}$$

根据式（5-32）知：

$$S(0) = A - 2R + 2K\delta_0^3 \tag{5-33}$$

$$S\left(\pm\frac{B_w}{2}\right) = A - 2R - 3K\delta_0(L + U)\sin\left(\pm\frac{B_w}{2}\times\frac{\pi}{L}\right)\left(\pm\frac{B_w}{2}\right) + 6K\delta_0\left(\pm\frac{B_w}{2}\right)^2 + 2K\delta_0^3 \tag{5-34}$$

$$S\left(\pm\frac{B_w}{4}\right) = A - 2R - 3K\delta_0(L + U)\sin\left(\pm\frac{B_w}{4}\times\frac{\pi}{L}\right)\left(\pm\frac{B_w}{4}\right) + 6K\delta_0\left(\pm\frac{B_w}{4}\right)^2 + 2K\delta_0^3 \tag{5-35}$$

将式（5-33）和式（5-34）代入到空载辊缝二次凸度公式中，得到空载辊缝二次凸度（考虑窜辊量后）为：

$$C_w = -3K(\delta_0 + \delta)\frac{1}{2}B_w\left[(L + U)\sin\left(\frac{B_w\pi}{2L}\right) - B_w\right] \tag{5-36}$$

将式（5-33）~式（5-35）代入到高次辊缝凸度公式中，得到空载辊缝高次凸度（考虑窜辊量后）为：

$$C_Q = -3K(\delta_0 + \delta)(L + U)\frac{1}{2}B_w\sin\left(\frac{B_w\pi}{4L}\right)\sin^2\left(\frac{B_w\pi}{8L}\right) \tag{5-37}$$

由此得以下 LVC 辊形的设计参数，见表 5-1。

表 5-1 LVC 辊形的设计参数 （mm）

设计参数	含义
L	工作辊辊身长
R	工作辊半径
C_1	最小设计凸度
C_2	最大设计凸度
S_{max}	最大窜辊量
U	可调常数，常在 1000 ~ 1100 范围内

5.1.3 LVC 辊形工作原理

LVC 辊形的特性是成倒“∫”形，即一边辊径大、一边辊径小。由此可以将辊径小的定义为“鱼头”，辊径大的为“鱼尾”。上、下工作辊的 LVC 辊形成反对称放置且窜辊方向相反。若上工作辊的“鱼头”抽出，则得到正的空载辊缝凸度；若上工作辊的“鱼尾”抽出，则得到负的空载辊缝凸度。图5-4所示为LVC辊形工作原理。

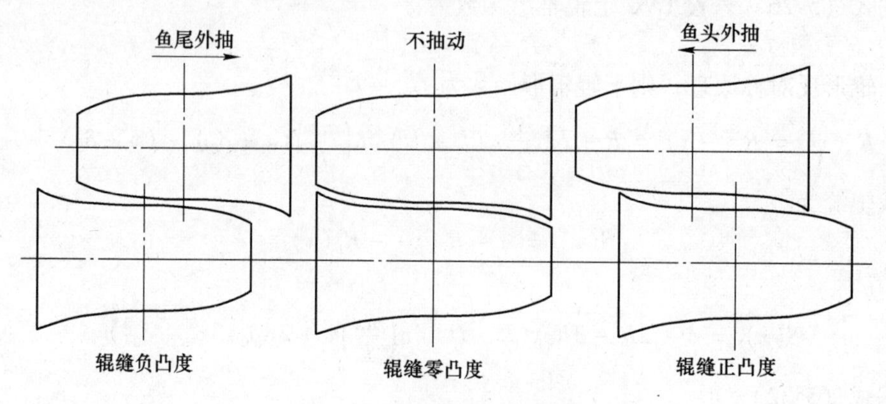

图5-4　LVC辊形工作原理

图5-5所示为取LVC辊形的上工作辊的下辊身曲线 $R_t - b(x)$ 和下工作辊的上辊身曲线 $R_b - t(x)$ 分析LVC辊形窜动时的辊缝凸度 C_w 的形成原理，开始时在中心位置LVC上下辊形不发生窜动，从图中可知辊缝有原始凸度存在，这可以从LVC辊形的基本公式看出，若设计参数 $C_2 \neq C_1$，由公式知初始名义窜辊量 $\delta_0 \neq 0$，由公式又可得知基本空载辊缝凸度 $C_w \neq 0$。

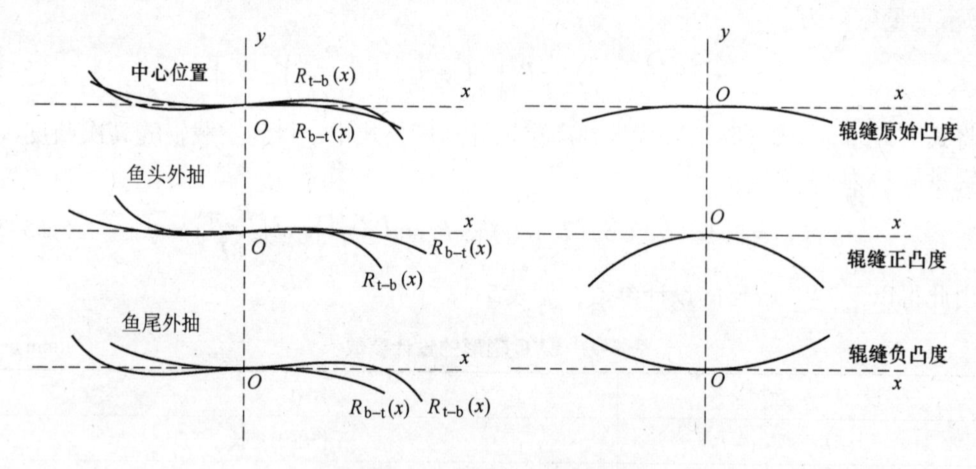

图5-5　LVC辊形的窜辊分析

当上下工作辊“鱼头”外抽时，可知在辊身的左右两侧有：

$$R_{b-t}(x-\delta) > R_{t-b}(x+\delta) \tag{5-38}$$

$$S(x) = R_{t-b}(x+\delta) - R_{b-t}(x-\delta) < 0 \tag{5-39}$$

这样可得到负的辊缝形状，由于辊缝凸度 C_w 等于中心厚度减去两侧厚度，从而知此时得到正的辊缝凸度即 $C_w > 0$。

当上下工作辊“鱼尾”外抽时，可知在辊身的左右两侧有：

$$R_{b-t}(x-\delta) < R_{t-b}(x+\delta) \tag{5-40}$$

$$S(x) = R_{t-b}(x+\delta) - R_{b-t}(x-\delta) > 0 \tag{5-41}$$

同理，此时可得到正的辊缝形状，但辊缝凸度为负即 $C_w<0$。

5.1.4 LVC 工作辊辊形窜辊补偿研究与应用

LVC 辊形是一种具有特殊形状的新型工作辊辊形，它是在完全吸收和消化 CVC 的基础上自主设计的，具有线性调节辊缝凸度的特点，并具有良好的板形控制性能。使用 LVC 辊形并制定合理的窜辊策略，将其与板形自动控制模型相结合应用在实际生产中，可以提高辊形的板形控制精度，达到更好的板形控制效果。

由于在轧制过程中热胀、磨损及承载的变化对辊缝形状有着较大的影响，而原有的窜辊公式不能反映辊缝随轧制过程的变化，因此本小节在原有窜辊公式的基础上，建立了新型的 LVC 工作辊窜辊补偿公式，实现窜辊调节板形凸度的精确化，从而提高带钢的板形质量。

5.1.4.1 磨损和热胀对 LVC 工作辊窜辊性能的影响

本小节以鞍山钢铁集团公司 2150mm 热连轧 F4 机架 LVC 辊形为例，用二维变厚度有限元方法对承载辊缝形状和承载辊缝凸度进行计算，研究了某轧制单位 LVC 辊形随磨损、热胀的板形调控性能变化情况。

图 5-6 反映了宽度为 1720mm 的带钢在不同轧制阶段、不同窜辊位置时承载辊缝形状

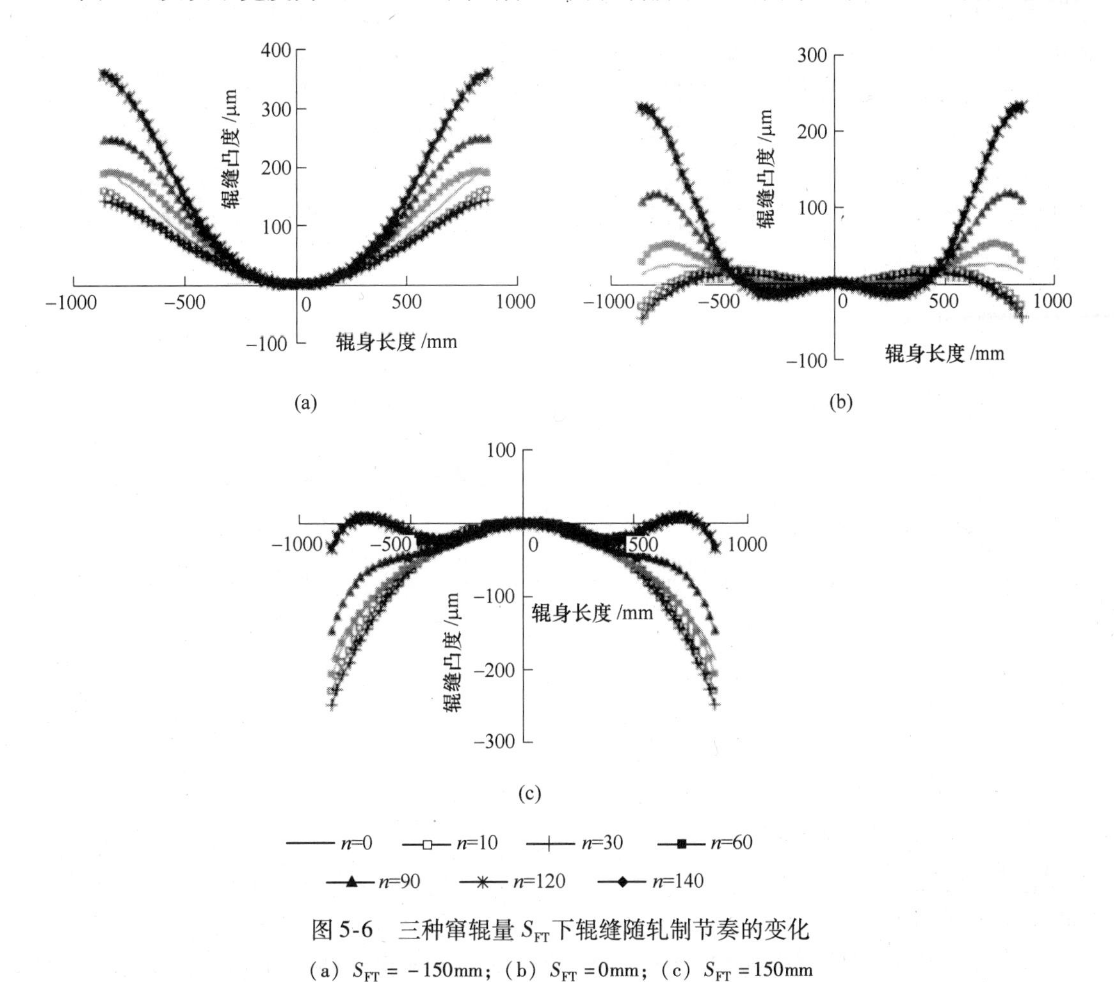

图 5-6 三种窜辊量 S_{FT} 下辊缝随轧制节奏的变化

(a) $S_{FT}=-150$mm；(b) $S_{FT}=0$mm；(c) $S_{FT}=150$mm

的变化趋势，图中 n 为轧制单位内所轧的带钢块数，可以看出：

（1）在轧制初期 $n=30$ 块带钢之前，出现工作辊在负窜辊位置时，辊缝形状向负方向增大的趋势，即负辊缝凸度减小，使带钢的负凸度也随之减小；而在正窜辊位置时，辊缝形状也出现向负方向变化的趋势，即正辊缝凸度增大；特别是在窜辊位置 $S_{FT}=0$ 时辊缝形状由初始的正辊缝变化成负辊缝，辊缝凸度也由负变正，并有微小的1/4浪存在。

（2）在轧制中期 $n=30\sim90$ 块带钢时，出现工作辊在负窜辊位置时，辊缝形状向正方向增大的趋势，即负辊缝凸度增大，使带钢的负凸度也随之增大；而在正窜辊位置时，辊缝形状也出现向正方向变化的趋势，正辊缝凸度不断减小。

（3）在轧制中后期即 $n=90$ 块带钢后，辊缝全长曲线由抛物线变成不规则曲线，并最终在轧制末期 $n=120$ 块带钢之后出现了高次曲线形状，说明此时带钢将出现边中复合浪。在此阶段之后 LVC 辊形的窜辊调节性能将逐渐趋于失效，并且在轧制末期辊缝形状变化不大。从图中可以看出，$n=120$ 和 $n=140$ 的辊缝凸度曲线基本重合；另外发现窜辊位置在 $S_{FT}=-150$mm 时辊缝形状相对保持较好，基本呈抛物线状态。

图 5-7 反映了不同窜辊位置时，承载辊缝的二次凸度和高次凸度的变化趋势。此时带钢宽度为 1720mm，轧制压力分布系数为 10kN/mm，弯辊力取零。从图中可以看出，在窜辊量 $S_{FT}=-150$mm，0mm，150mm 三个位置时，辊缝的二次凸度随轧制节奏的进行都呈先增加后减小的趋势，特别是在轧制前 30 块带钢时，辊缝二次凸度呈增长趋势；在窜辊位置 $S_{FT}=0$mm 时，辊缝二次凸度增加和减小的趋势缓慢；在 $S_{FT}=-150$mm 时，辊缝二次凸度变化幅度最大。而在不同窜辊位置时，承载辊缝的高次凸度变化趋势不同，并且随着轧制过程的进行，不同窜辊位置的辊缝高次凸度变化增大，这也说明了在轧制末期带钢出现复合浪的必然性。

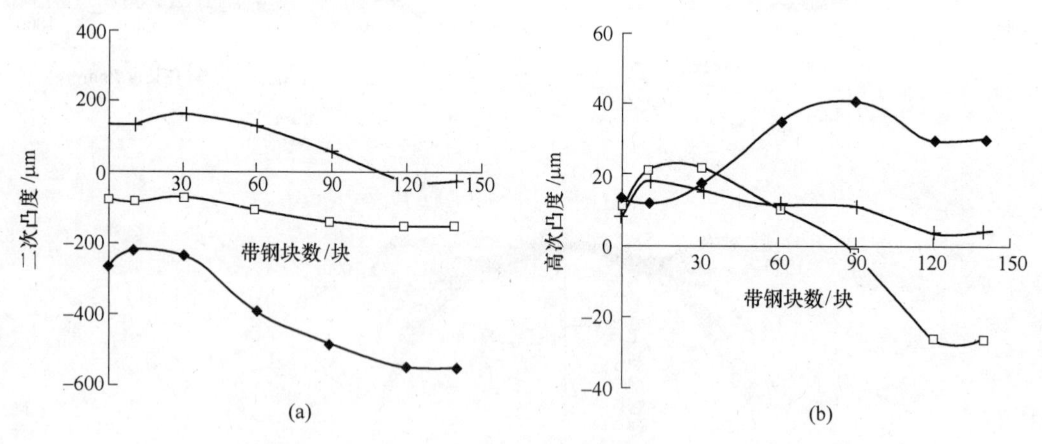

图 5-7　辊缝二次凸度和高次凸度随轧制节奏的变化

（a）二次凸度；（b）高次凸度

5.1.4.2　LVC 辊形窜辊补偿

上节已研究了磨损、热胀对 LVC 辊形板形控制性能的影响，LVC 的调控性能随轧制带钢块数的增加主要有以下两个变化特点：

（1）LVC 辊形在轧制中前期由于空载辊缝凸度和承载辊缝凸度都呈向负方向漂移的

现象，并且承载辊缝保持抛物线形状未出现复合浪的情况，可以在此阶段进行窜辊补偿。

（2）LVC 辊形在轧制的中后期辊形变化较大，特别是在轧制后期辊形的基本形状改变较大，承载辊缝形状与初期和中期相比已经有出现复合浪的现象，因此在末期可取消窜辊补偿，按普通辊形窜辊使磨损均匀化。

LVC 辊形补偿前的空载辊缝凸度：

$$C_w = f(L,U,B_w)(\delta_0 + \delta) \tag{5-42}$$

式中，$f(L, U, B_w)$ 为与辊形相关的函数；L 为工作辊辊身长度，mm；U 为辊形设计参数中的可调常数，mm；B_w 为带钢宽度，mm；δ_0 为轧辊初始移动量，mm；δ 为窜辊量，mm。

考虑到在轧制过程中热胀、磨损及承载的变化对辊缝形状有着较大的影响，而原窜辊公式不能反映辊缝随轧制过程变化的特点，因此建立了新型的窜辊补偿公式。

在对新的窜辊公式进行选择和推导时，首先考虑新型窜辊公式要能够反映窜辊与轧制带钢块数的关系，且由窜辊的线性调节过渡到微抛物线变化趋势；其次保持空载辊缝凸度整体负向增长的趋势，并且能反映出辊缝凸度与带钢宽度、窜辊量的变化关系；另外，从在线应用的角度考虑窜辊量的公式应便于求解。基于以上几点，本小节的窜辊补偿公式采用二次方的窜辊函数实现，即用与窜辊量相关的一次方函数乘以原有窜辊公式（一次方函数）得到，即：

$$C_w = C_w\phi_1 + \phi_2 \tag{5-43}$$

其中

$$\phi_1 = n^{a_1}\delta + n^{a_2},\ \phi_2 = -n^{a_3} \quad n \in (n_1, n_2) \tag{5-44}$$

式中，a_i $(i = 1, 2, 3)$ 为补偿曲线拟合系数；ϕ_1 为次方补偿项；ϕ_2 为常数补偿项；n 为轧制带钢块数；n_1为开始进行窜辊补偿时的轧制带钢块数；n_2为结束窜辊补偿时的轧制带钢块数；C_w为补偿后的 LVC 工作辊空载辊缝凸度，μm。

在进行窜辊补偿时需计算出在某轧制阶段 n 时的空载辊缝调节能力范围（C_{w1}，C_{w2}）。以 2150mm ASP 热轧 F4 机架的 LVC 辊形为例，首先根据其辊形参数求解出一组轧制过程中的 LVC 工作辊综合辊形，再由空载辊缝凸度公式求解出此组综合辊形在轧制带钢宽度 B_w为 1720mm 时的空载辊缝凸度变化情况，如图 5-8 所示。

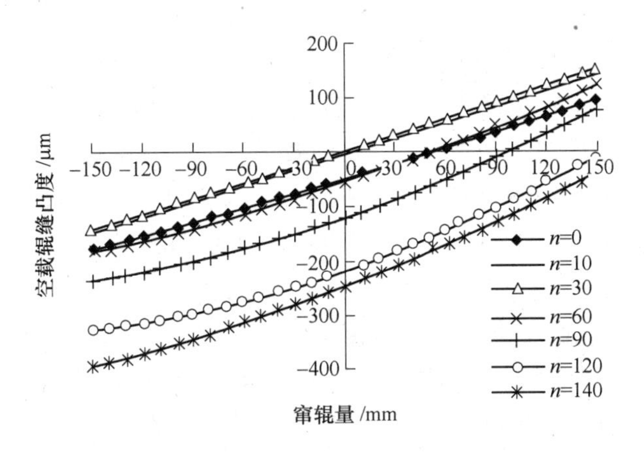

图 5-8 空载辊缝凸度随轧制带钢块数的变化曲线

在求解出空载辊缝凸度后，应用非线性最小二乘方法求解式（5-44）中的 a_1、a_2、a_3 补偿曲线拟合系数，见表 5-2。由于在轧制末期 LVC 辊形的窜辊调节能力减弱，辊缝出现复合浪的情况，因此此时不进行窜辊补偿，可以将补偿阶段应用于轧制中期即 $n \in (30, 90)$，从表 5-2 中也可看出当 $n \leqslant 30$ 时曲线拟合误差较小，在 $n \geqslant 120$ 时虽拟合效果较好，但不用于窜辊补偿。

表 5-2　常规磨损状态下的窜辊曲线补偿系数

系数项	$n=10$	$n=30$	$n=60$	$n=90$	$n=120$	$n=140$
a_1	-5.440963022	-2.488310539	-1.593261717	-1.352277280	-1.238460900	-1.318595748
a_2	0.076605335	0.050735293	0.041149505	0.034120918	0.031311631	0.065485644
a_3	1.712251409	1.132698620	1.134203050	1.137376726	1.165326039	1.155066070
res	1.096439578	0.142153654	4.962703296	8.309431093	7.065669410	2.136755222

注：*res* 为最小二乘法的目标函数值，此值越小说明拟合精度越高。

从表 5-2 中可知，对于不同的轧制阶段窜辊补偿曲线的拟合系数也不同，但其变化量较小，在 $n \in (30, 90)$ 时，系数 a_2、a_3 变化很小，系数 a_1 变化相对较大。这是因为在 $n=30$ 时窜辊曲线为直线，而在 $n=60$ 和 $n=90$ 两种情况下窜辊曲线为微抛物线，这样更接近新窜辊公式曲线。

在实际的在线应用中，为了减小新窜辊补偿公式的设定误差，对于 a_1、a_2、a_3 系数的选择可采取求平均值 $\overline{a_i}$ 的办法，如下式所示：

$$\overline{a_i} = \frac{a_{i1} + a_{i2} + \cdots + a_{in}}{n} \tag{5-45}$$

图 5-9 所示为 LVC 辊形的窜辊补偿框图。先给定进行补偿的轧制阶段（n_1，n_2）以及离线计算分析的窜辊补偿系数 a_1、a_2、a_3，计算出在某轧制阶段 n 时的空载辊缝调节能力范围（C_{w1}，C_{w2}），如果需调节的辊缝凸度在此范围，则进行窜辊补偿，否则保持在原窜辊位置不变，通过弯辊实现辊缝凸度调节。当轧制阶段超过 n_2 时，由于辊形的调节能力下降较快，可在此时取消窜辊补偿，按普通辊形窜辊使磨损均匀化。

5.1.4.3　现场应用情况

从 2006 年下半年开始，在鞍钢 2150mm 热轧带钢厂 F2 ~ F4 机架上使用 LVC 辊形，轧制过程稳定。在此基础上对板形自动控制模型进行改进，将 LVC 自动窜辊模型和窜辊补偿策略投入到板形控制模型中，取得了良好的效果。图 5-10 所示为某轧制单位内 LVC 辊形窜辊补偿策略与板形设定模型相结合时 F2 ~ F4 机架的窜辊情况。从图中可以看出，LVC 窜辊位置在轧制单位内不断调节，这是因为随着板形凸度的变化，窜辊量根据窜辊补偿策略在不断进行调整。

图 5-11 所示为该轧制单位内带钢凸度和平坦度的变化情况。从图中可以看出，带钢的凸度和平坦度变化不大，基本控制在目标凸度（50 ± 18）μm 的范围内，板形情况良好。这说明了通过 LVC 的合理窜辊，可以将轧后带钢的凸度和平坦度控制在较合理的范围内。

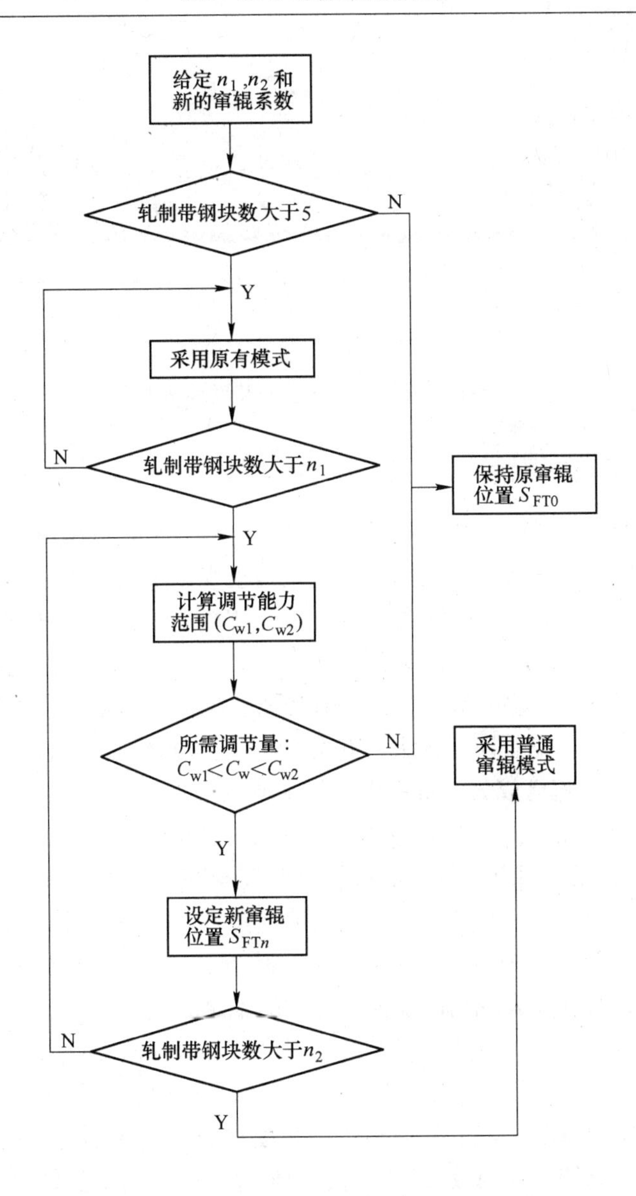

图 5-9 LVC 工作辊辊形窜辊补偿程序框图

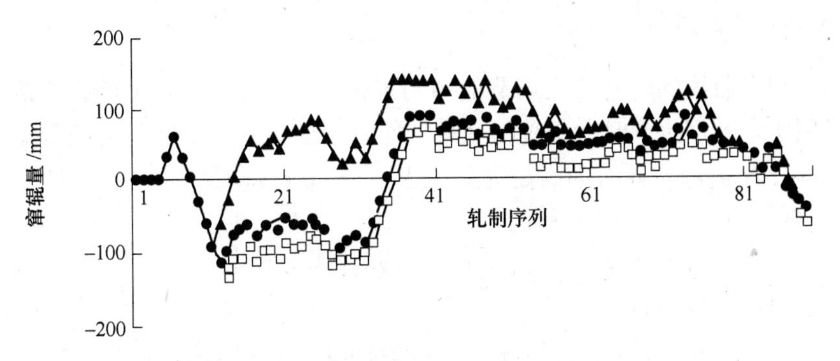

图 5-10 轧制单位内 F2 ~ F4 机架窜辊变化

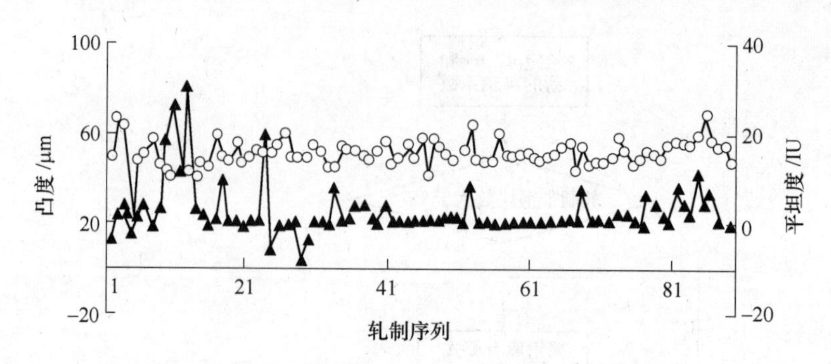

图 5-11　轧制单位内实测凸度和平坦度

5.2　MVC 连续变凸度辊形

板形控制技术是宽带钢热、冷轧机的核心技术之一，在轧机机型确定的情况下，辊形技术是板形控制中最直接、最活跃的因素。机型是机座、辊形、控制模型的统一体，国际知名的连续变凸度 CVC、SmartCrown 等机型，均在于辊形的创新。德国西马克（SMS）公司 1984 年提出的三次连续变凸度辊形是最早、最基础的变凸度工作辊辊形。此后，学者对连续变凸度技术进行了很多研究，探讨了辊形曲线的形式、辊形设计原理与凸度控制模型、辊间接触压力分布与挠曲计算方法、五次 CVC 辊形的板形控制特性等。经过近 30 年的研究与发展，CVC 轧机已成为宽带钢生产的主流机型。目前，在该机型上应用较为普遍的仍为三次 CVC 辊形。

三次 CVC 辊形有以下固有特性：二次辊缝凸度与窜辊位置呈线性关系，与带钢宽度成二次函数关系。由于三次 CVC 辊形的凸度控制能力与带钢宽度之间呈二次函数关系，因此带钢宽度越小，CVC 辊形的凸度调节能力衰减越快，使宽带钢轧机尤其是超宽带钢轧机在轧制窄规格带钢时往往表现出凸度控制能力的不足。

为克服上述缺点，本节对变凸度辊形设计理论进行深入研究，提出一种能使辊缝凸度调节能力与带钢宽度呈严格线性关系的辊形设计方法。同时，基于该方法设计了一种混合变凸度辊形，使二次辊缝凸度调节能力与带钢宽度在设计要求的宽度范围内呈线性关系，而在其他宽度范围内保持二次函数关系。通过辊形设计，达到增强轧机整体板形控制能力的目的。

5.2.1　完全线性变凸度辊形

由于高次辊形曲线的辊缝凸度调节能力与带钢宽度呈现 $n-1$ 次函数关系，高次曲线工作辊辊形用于窄带钢生产时，辊缝凸度调节能力不足。为使辊缝凸度调节能力与带钢宽度呈线性关系，取 $n=2$，同时为满足辊形关于（s_0，0）奇对称要求，设计上辊半径辊形函数如下：

$$y_t(x) = a_1(x - s_0) + a_2\mathrm{sgn}(x - s_0)(x - s_0)^2$$

对应下辊辊形函数为：

$$y_b(x) = -a_1(x + s_0) - a_2\mathrm{sgn}(x + s_0)(x + s_0)^2$$

（注：sgn 返回一个整型变量，指出参数的正负号。语法：sgn（number），number 参

数是任何有效的数值表达式。返回值如果数字大于0，则 sgn 返回1；数字等于0，则返回0；数字小于0，则返回 -1。数字参数的符号决定了 sgn 函数的返回值。)

因此，可得辊缝函数为：

$$G(x) = \delta + 2a_1 s_0 - a_2 \mathrm{sgn}(x - s_0)(x - s_0)^2 + a_2 \mathrm{sgn}(x + s_0)(x + s_0)^2$$

由于 $G(-x) = G(x)$，故辊缝函数同样满足偶函数要求。式中，s_0为较小数值，通常 $|s_0| < s_m$，因此满足$|s_0| < 0.5L$，故有：

$$G(0) = \delta + 2a_1 s_0 + 2a_2 \mathrm{sgn}(s_0)(s_0)^2$$

$$G\left(\frac{L}{2}\right) = \delta + 2a_1 s_0 - 2a_2 s_0 L$$

当窜辊位置为 s 时，辊身长度范围内的二次辊缝凸度为：

$$C_w = 2a_2[\mathrm{sgn}(s_0 + s)(s_0 + s)^2 - (s_0 + s)L]$$

可以看出，二次辊缝凸度 C_w与带钢宽度 b 呈线性关系，与窜辊位置 s 呈非线性关系。然而，常规板带轧机的窜辊位置 s 在 [-150mm，150mm]，所以 $s < L$，上式中 $(s_0 + s)L$ 项将呈主导项，因此二次辊缝凸度 C_w将与窜辊位置 s 呈近似线性关系。以参数 $a_2 = 9.77834 \times 10^{-7}$，$L = 2550$mm，$s_0 = -45$mm 为例，二次辊缝凸度 C_w与带钢宽度、窜辊位置的关系分别如图 5-12 和图 5-13 所示。

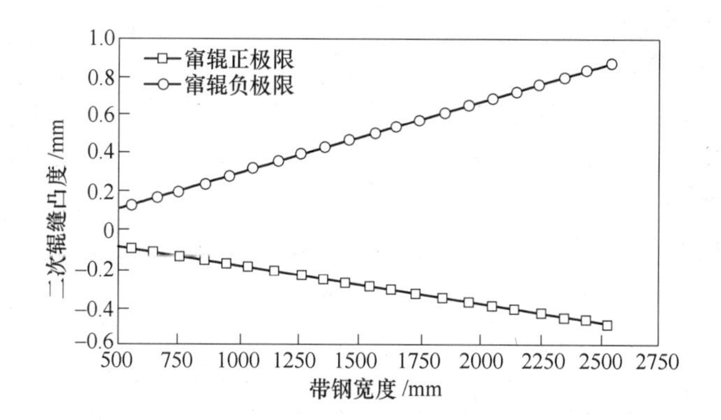

图 5-12 完全线性变凸度辊形二次辊缝凸度与带钢宽度的关系

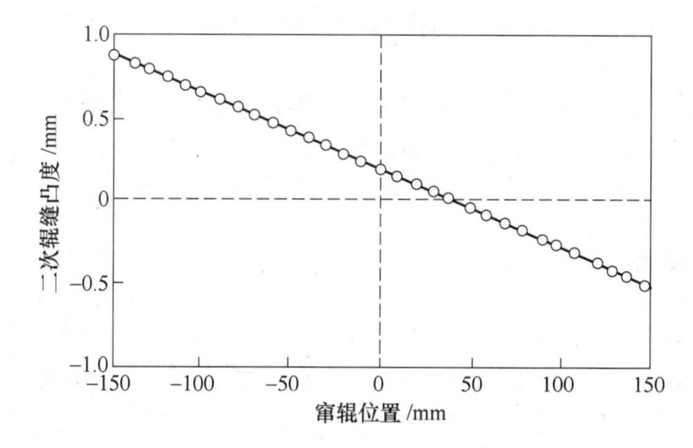

图 5-13 完全线性变凸度辊形二次辊缝凸度与窜辊位置的关系

综上，该辊形所形成的二次辊缝凸度与板宽呈线性关系，同时保持与窜辊位置也呈线性关系。根据辊缝凸度与带钢宽度之间的关系，将该辊形命名为完全线性变凸度（Completely Linearly Variable Crown，CLVC）辊形。

辊形设计时，给定窜辊区间［$-s_m$，s_m］和对应的辊缝凸度调节范围［C_1，C_2］，由于 $s_0 < s_m$，根据上式有：

$$\begin{cases} C_1 = 2a_2[(s_0 + s_m)^2 - (s_0 + s_m)L] \\ C_2 = -2a_2[(s_0 - s_m)^2 + (s_0 - s_m)L] \end{cases}$$

可得关于 s_0 的二次方程：

$$as_0^2 + bs_0 + c = 0$$

$$a = C_1 + C_2$$

$$b = (2s_m - L)(C_1 - C_2)$$

$$c = (C_1 + C_2)(s_m^2 - Ls_m)$$

可以看出，当 $a = 0$ 时，$C_1 = -C_2$，则 $s_0 = 0$；当辊形一次项系数 a_1 与辊缝凸度无关，可由最小辊径差或最小轴向力等准则来确定。由于 CLVC 辊形的二次辊缝凸度与板宽呈线性关系，因此辊缝呈线性变化。以负窜辊极限位置为例，辊缝形状如图 5-14 所示。

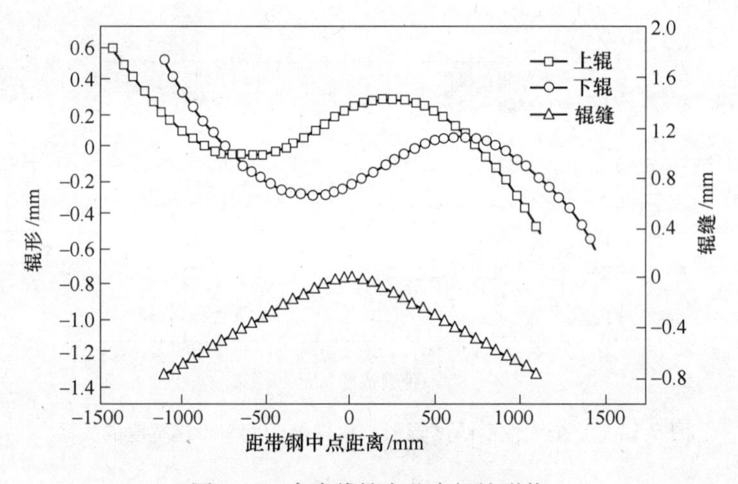

图 5-14　完全线性变凸度辊缝形状

可以看出，采用二次多项式曲线的 CLVC 辊形，使辊缝形状呈线性变化，进而使空载辊缝凸度调节能力与带钢宽度呈严格线性关系。然而，该辊形的使用可能导致下游用其他辊形时，带钢出现复杂浪形或截面形状不规则的板形缺陷。

5.2.2　混合变凸度辊形

实际生产中要求辊形使辊缝在所关注的宽度区间［L_c，L_q］内呈线性化，而在其他宽度区间内辊缝平滑呈二次函数分布。若辊形采用图 5-15 所示的分段函数曲线，在指定宽度范围［L_c，L_q］内使用二次多项式曲线，其他范围使用三次曲线，可达到以上要求。

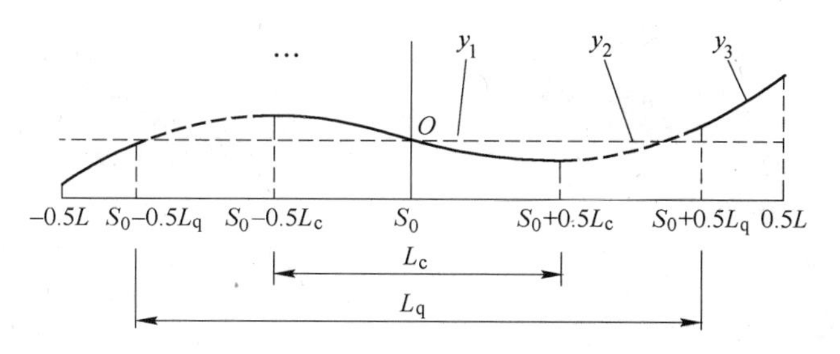

图 5-15 混合变凸度辊形分段函数示意图

根据上述分析，设计分段函数的定义域为：

$$X_1 = \left[s_0 - \frac{L_c}{2}, s_0 + \frac{L_c}{2}\right]$$

$$X_2 = \left[s_0 - \frac{L_q}{2}, s_0 - \frac{L_c}{2}\right) \cup \left(s_0 + \frac{L_c}{2}, s_0 + \frac{L_q}{2}\right]$$

$$X_3 = \left[-\frac{L}{2}, s_0 - \frac{L_q}{2}\right) \cup \left(s_0 + \frac{L_q}{2}, \frac{L}{2}\right]$$

在 X_1 与 X_3 段，辊形采用三次曲线；在 X_2 段，辊形采用二次曲线。因此，辊形曲线的分段函数表达式为：

$$y = \begin{cases} a_1(x - s_0) + a_2(x - s_0)^3 & x \in X_1 \\ a_3(x - s_0) + a_4 \mathrm{sgn}(x - s_0)(x - s_0)^2 & x \in X_2 \\ a_5(x - s_0) + a_6(x - s_0)^3 & x \in X_3 \end{cases}$$

以上辊形关于（s_0，0）中心对称。根据辊缝形成机理，该辊形的三次函数部分将形成二次辊缝，而二次曲线部分形成线性辊缝，辊缝示意图如图 5-16 所示。因此，带钢宽度在区间［L_c，L_q］范围内，辊缝凸度与带钢宽度呈线性关系，其他宽度范围内的辊缝凸度与带钢宽度保持二次函数关系。

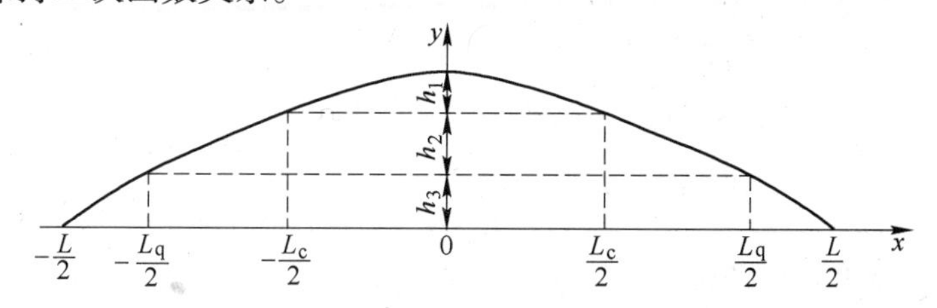

图 5-16 混合变凸度辊缝形状示意图

根据图 5-16 所示辊缝形成示意图，辊身长度范围内的辊缝凸度：

$$C_w(s) = h_1(s) + h_2(s) + h_3(s)$$

其中

$$h_1(s) = -\frac{3}{2}a_2(s + s_0)L_c^2$$

$$h_2(s) = 2a_4(s + s_0)(L_c - L_q)$$

$$h_3(s) = \frac{3}{2}a_6(s + s_0)(L_q^2 - L^2)$$

根据辊缝凸度与带钢宽度之间的关系，将上述辊形定义的工作辊辊形命名为混合变凸度（Mixed Variable Crown，MVC）辊形，其辊缝凸度与带钢宽度、窜辊位置的关系分别如图 5-17 和图 5-18 所示。

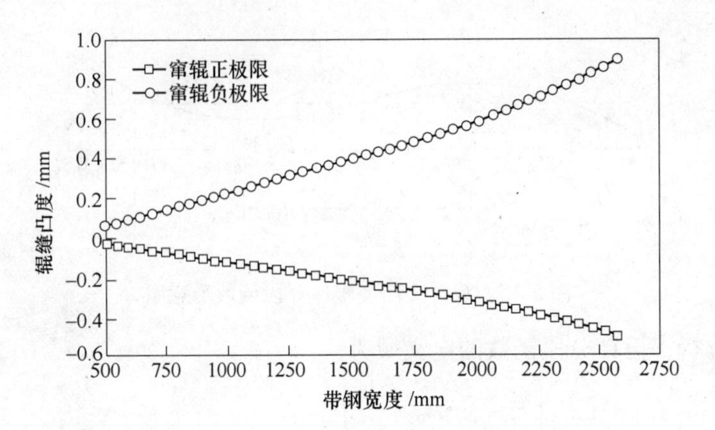

图 5-17　MVC 辊形辊缝凸度与带钢宽度的关系

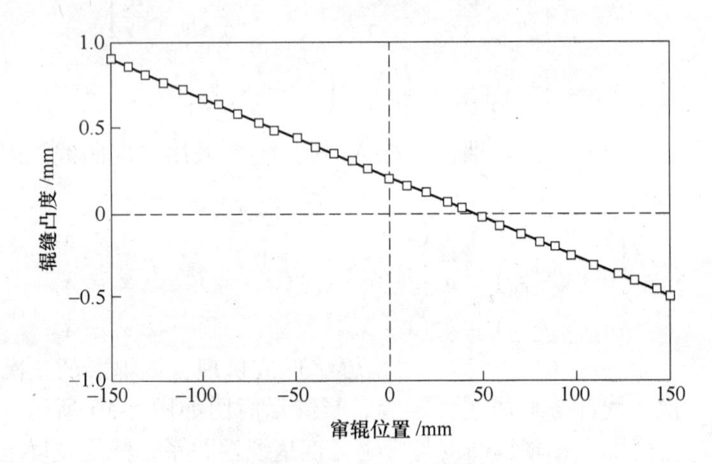

图 5-18　MVC 辊形辊缝凸度与窜辊位置的关系

辊形设计时，给定工作辊长度 L、线性化宽度范围 $[L_c, L_q]$、窜辊极限 s_m 及相应的辊缝凸度调节范围 $[C_1, C_2]$，根据凸度调节特性可得：

$$\begin{cases} C_1 = C_w(s_m) \\ C_2 = C_w(-s_m) \end{cases} \tag{5-46}$$

根据辊形在分段点的连续性，可得：

$$\begin{cases} y_1(s_0 + 0.5L_c) = y_2(s_0 + 0.5L_c) \\ y'_1(s_0 + 0.5L_c) = y'_2(s_0 + 0.5L_c) \end{cases} \tag{5-47}$$

$$\begin{cases} y_2(s_0 + 0.5L_q) = y_3(s_0 + 0.5L_q) \\ y'_2(s_0 + 0.5L_q) = y'_3(s_0 + 0.5L_q) \end{cases} \tag{5-48}$$

工程设计中，以主轧宽度 b 的辊形高度相等，引入等式：

$$y(0.5b) = y(-0.5b) \tag{5-49}$$

式（5-46）~式（5-49）为关于辊形系数 s_0、a_1、a_2、a_3、a_4、a_5、a_6 的 7 个等式组成的非线性方程组，通过非线性方程组的数值求解方法可得所有辊形系数，辊形曲线确定。MVC 辊形在工作辊指定位置采用二次多项式曲线，使相应位置的辊缝形状呈线性变化，因此使空载辊缝凸度调节能力与相应的带钢宽度呈严格线性关系，而其他位置的辊形则使用三次曲线，使辊缝凸度与宽度成二次函数关系；同时，空载辊缝凸度调节能力与工作辊窜辊量呈近似线性关系，便于在工程控制过程中的应用。

5.2.3 设计与对比

辊形设计参数见表 5-3。

表 5-3 辊形设计参数 (mm)

参 数	数 值
辊身长度 L	2550
线性宽度起点 L_c	1100
线性宽度终点 L_q	2000
窜辊极限 S_m	150
等效凸度 C_w	[-0.5, 0.9]

根据表 5-3 所示参数，分别设计 CVC、CLVC 及 MVC 辊形，如图 5-19 所示。辊缝凸度调节范围与带钢宽度关系如图 5-20 所示。

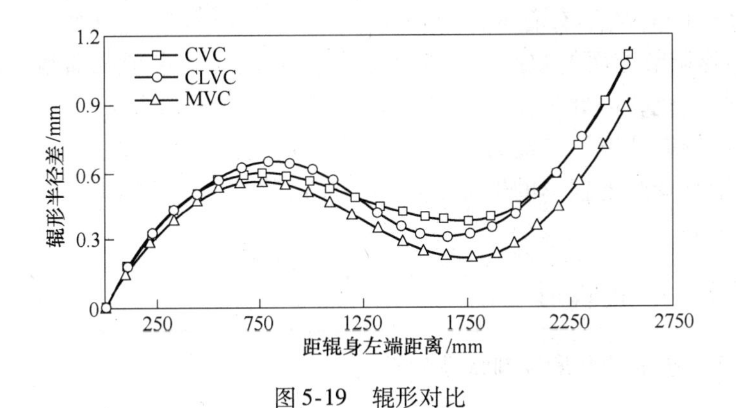

图 5-19 辊形对比

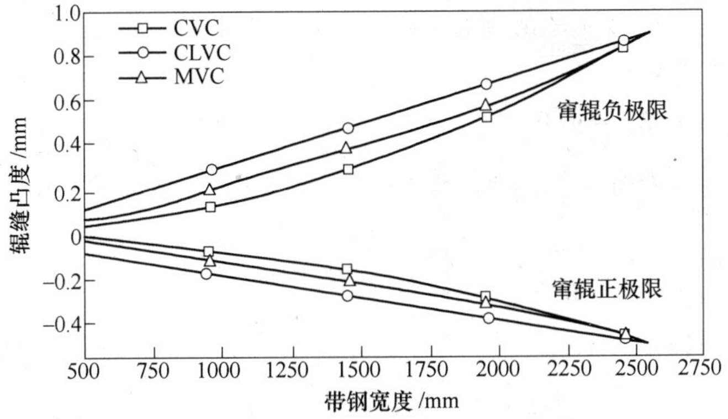

图 5-20 辊缝凸度调节范围与带钢宽度的关系

从图 5-19 中可以看出，同样的辊缝凸度调节能力，MVC 辊形差最小。因此，在相同辊形差条件下，MVC 辊形的辊缝凸度调节能力最大。从图 5-20 中可以看出，在 $L_c \sim L_q$ 宽度范围内，凸度与宽度呈线性关系，凸度调节能力下降缓慢；其他宽度范围内，凸度与宽度呈二次方关系。

图 5-21 所示为 MVC 辊形形成的辊缝与二次辊缝之间的偏差。可以看出，MVC 辊形具有高次辊缝凸度调节能力。

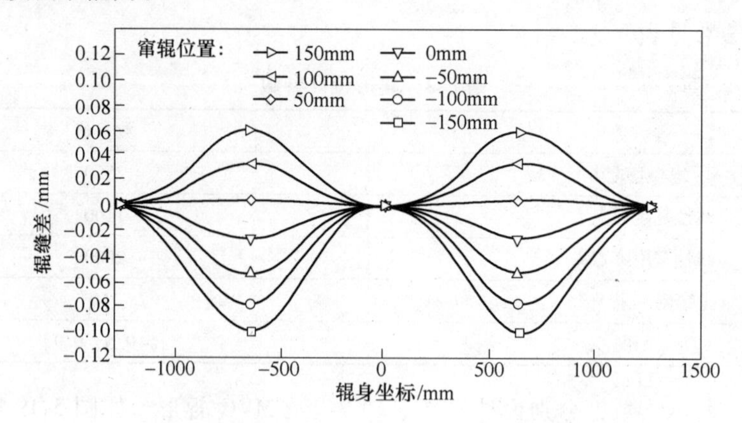

图 5-21　MVC 辊形形成的辊缝与二次辊缝之间的偏差

MVC 辊形与 CVC 辊形有着紧密的联系，它不仅具有 CVC 工作辊的优点，同时也克服了 CVC 在板形调节方面的缺点。其在指定位置采用二次多项式曲线，使相应位置的辊缝形状呈线性变化，因此使空载辊缝凸度调节能力与相应的带钢宽度呈严格线性关系。同时，空载辊缝凸度调节能力与工作辊窜辊量呈近似线性关系。与现有的连续变凸度辊形相比，混合变凸度辊形的辊径差小，凸度调节能力大，增强了轧机的整体板形控制能力。

5.3　AVC 连续变凸度辊形

5.3.1　五次 CVC 辊形的凸度控制特性分析

对于轧机的上工作辊，五次 CVC 辊形函数（半径函数）$y_{t0}(x)$ 可用通式表示为：

$$y_{t0}(x) = R_0 + a_1x + a_2x^2 + a_3x^3 + a_4x^4 + a_5x^5 \tag{5-50}$$

辊缝凸度 C_w 则为：

$$\begin{aligned} C_w &= g(L/2) - g(0) \\ &= \frac{1}{2}a_2L^2 + \left(\frac{3}{4}a_3L^3 - \frac{3}{2}a_3L^2s\right) + \left(\frac{7}{8}a_4L^4 - 3a_4L^3s + 3a_4L^2s^2\right) + \\ &\quad \left(\frac{15}{16}a_5L^5 - \frac{35}{8}a_5L^4s + \frac{15}{2}a_5L^3s^2 - 5a_5L^2s^3\right) \end{aligned} \tag{5-51}$$

高次凸度 C_h 则为：

$$C_h = g(L/4) - \frac{3}{4}g\left(\frac{L}{2}\right) - \frac{1}{4}g(0) = \frac{3}{128}a_4L^4 + \left(\frac{15}{256}a_5L^5 - \frac{15}{128}a_5L^4s\right) \tag{5-52}$$

由式（5-50）和式（5-51）可以看出，五次 CVC 辊形的二次凸度与窜辊量呈三次函数关系，而四次凸度与窜辊量呈线性关系。以 2250mm 轧机为例，当辊缝二次凸度和四次凸度的调控范围分别为［0.5mm，-0.5mm］和［-0.15mm，0.15mm］时，设计出五次

CVC 辊形曲线如图 5-22 所示。计算其不同窜辊位置的辊缝凸度如图 5-23 所示，可以看出，五次 CVC 辊形的二次凸度与窜辊量近似呈线性关系，这主要是由于式（5-50）中 s^2 和 s^3 项的系数与 s 项系数相比数量级较低。所以，五次 CVC 辊形的二次凸度和四次凸度均与窜辊量呈线性关系，这对实际生产中的板形控制是十分有利的。

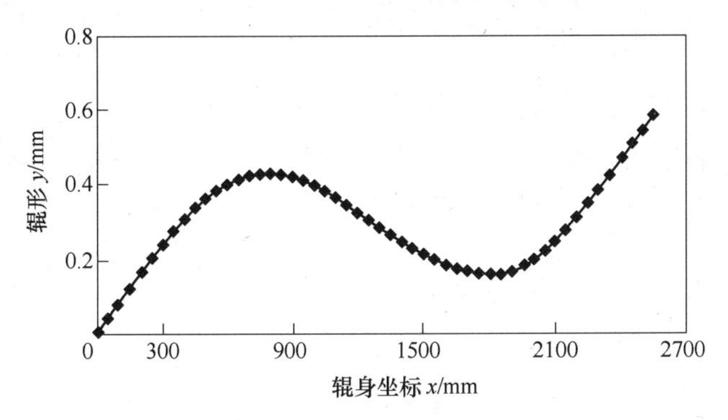

图 5-22　2250mm 轧机五次 CVC 辊形曲线

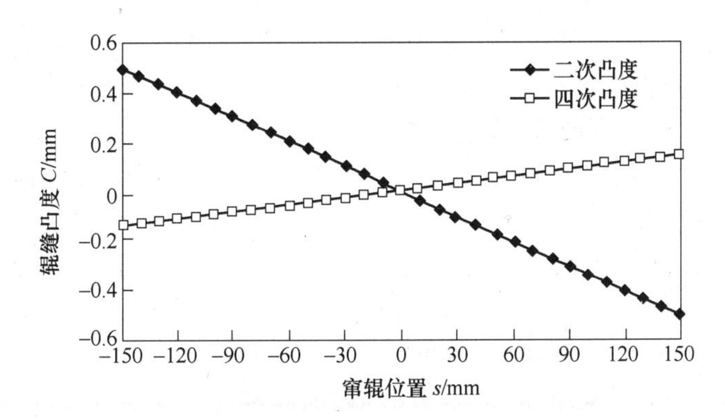

图 5-23　五次 CVC 辊形曲线的辊缝凸度

与三次 CVC 辊形相比，五次 CVC 辊形的二次凸度控制能力随着带钢宽度变窄而下降的趋势明显放缓，同理分析五次 CVC 辊形在不同宽度时的四次凸度调控能力，求得四次凸度调控能力：

$$\Delta C_{\mathrm{hb}} = \frac{C_{\mathrm{h2}} - C_{\mathrm{h1}}}{L^4} b^4$$

计算图 5-22 所示的五次 CVC 辊形在不同宽度下的二次和四次凸度调控能力，结果如图 5-24 所示。可以看出，对五次 CVC 辊形，四次凸度调控能力随带钢宽度减小呈四次方曲线下降，说明对宽带钢（1650mm 以上），曲线可表现出一定的四次凸度控制能力；而对于较窄带钢（1650mm 以下），四次凸度控制能力相对较弱，甚至消除（对 1050mm 以下带钢）。这与 2250mm 超宽带钢轧机的板形控制需求完全相符，当轧制较宽带钢时，四次凸度缺陷，如边中复合浪、1/4 浪等成为板形控制的主要难点，要求轧辊具有较强的四次凸度控制能力；而对于窄带钢，二次凸度缺陷，即中浪和边浪为控制的主要目标，并不需要四次凸度控制能力。因此，五次 CVC 辊形十分适合宽带钢轧机尤其是超宽带钢轧机的板形控制需求。由图 5-23 可知，对于四次凸度的调整不可避免地要改变辊缝的二次凸度，为避免四次凸度的控制导致二次凸度缺陷的产生，一方面应在辊形设计时结合生产现场板形控制特点和常见板形缺陷对凸度调控范围进行合理的选择；另一方面应充分发挥弯辊力在二次凸度控制中的作用，使得窜辊和弯辊有效结合，实现对板形的良好控制。

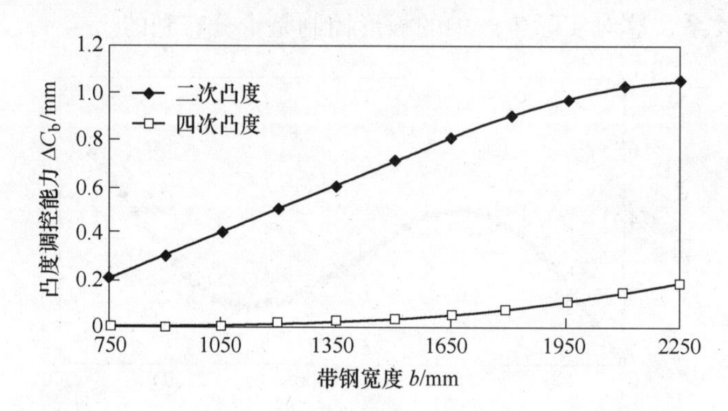

图 5-24 五次 CVC 辊形在不同带钢宽度下的凸度调控能力

特别地，当五次 CVC 辊形表达式（5-50）中的 $a_5=0$ 时，CVC 辊形曲线表现为四次多项式形式，由式（5-52）可知，C_h成为一常量。因此，四次 CVC 辊形在提供了固定的四次凸度控制效果的同时，并未改变窜辊过程中二次凸度的控制效果，这种情况适用于生产现场长期出现固定的四次凸度控制缺陷。进一步当 a_4 也等于零时，辊形即为三次 CVC 辊形，辊缝四次凸度恒为零。所以，可以认为三次 CVC 与四次 CVC 均为五次 CVC 辊形的特殊形式。

5.3.2 先进变凸度辊形

先进变凸度（Advanced Variable Crown，AVC）辊形是一种新的变凸度工作辊辊形，其主要目的是解决三次 CVC 辊形二次凸度控制能力随带钢宽度减小而快速下降的问题。AVC 辊形曲线可表示为：

$$y(x)=R_0+a_1x+a_2x^2+a_3x^3+a_4\sin\left[\frac{4\pi}{L}\left(x-\frac{L}{2}\right)\right]$$

AVC 辊形提供的是对称的四次凸度控制范围 $[-C_{hm}, C_{hm}]$，当给定不同的四次凸度调控范围时，其辊缝实际二次凸度控制能力与带钢宽度之间的关系如图 5-25 所示，可以看出，随着四次凸度控制能力的增强，其二次凸度调控能力也有所增大，这一特性与五次

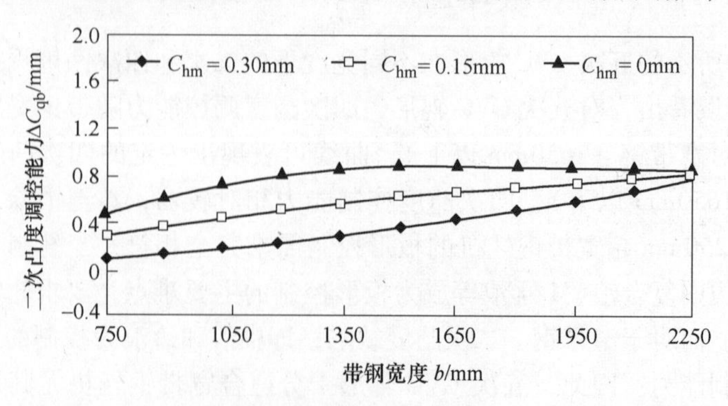

图 5-25 AVC 辊形在不同带钢宽度下的实际二次凸度调控能力

CVC 辊形相同。这说明 AVC 辊形在设计过程中同样需要对四次凸度的调控能力进行限制，以避免出现轧辊在窜辊过程中形成类似图 5-26 所示的非规则辊缝。

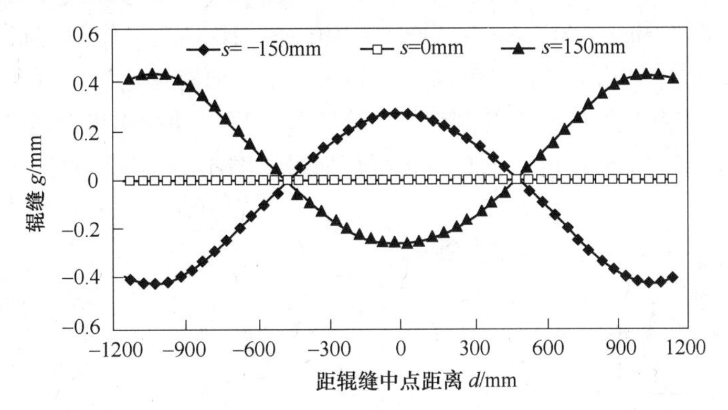

图 5-26　五次 CVC 辊形在不同窜辊位置形成的辊缝（高次凸度差为 -0.6mm）

当 C_{hm} 分别为 0.05mm、0.10mm 和 0.15mm 时，设计 AVC 辊形（$L=2550$mm，二次凸度调控范围为［0.5mm，-0.5mm］）与采用最小二乘法拟合得到的五次曲线的半径差如图 5-27 所示。可以看出，当 $C_{hm}=0.05$mm 时，AVC 辊形与五次曲线之间的半径差约为 8μm，可近似认为是五次 CVC 辊形；而随着 C_{hm} 的增大，AVC 辊形与五次曲线之间的半径差越来越大，而此时 AVC 辊形所形成的辊缝在四分之一处附近变化也较为剧烈（图 5-28），设计时一般应慎重考虑。

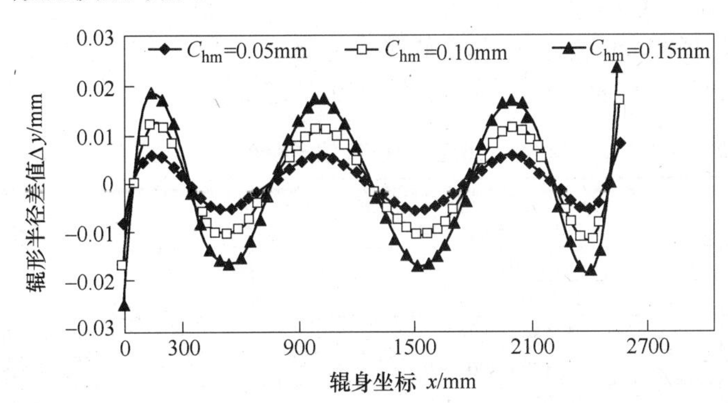

图 5-27　AVC 辊形与五次曲线的半径差

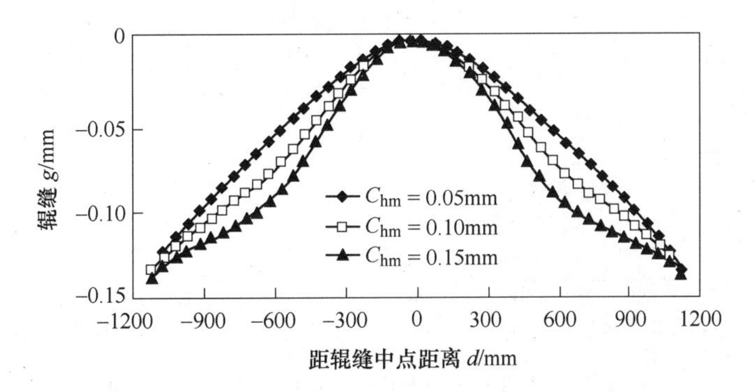

图 5-28　不同四次凸度调控能力的 AVC 辊形形成的辊缝

5.4　HVC 高性能变凸度辊形

高性能变凸度（High-performance Variable Crown，HVC）工作辊辊形是在完全吸收和消化 CVC 的基础上由“北京科技大学高效轧制国家工程研究中心”自主设计的，具有线性调节辊缝凸度的特点和良好的板形控制性能。将其与板形自动控制模型相结合应用在实际生产中，可以提高板形的控制精度，明显改善板形质量。图 5-29 所示为 HVC 板形控制原理。

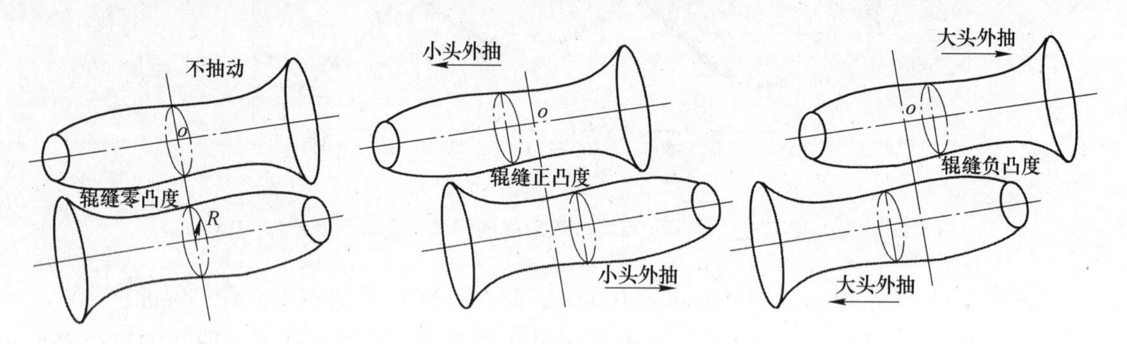

图 5-29　HVC 板形控制原理

5.4.1　HVC 辊形曲线

HVC 辊形（半径辊形）曲线为：

$$f(x) = a_0 + a_1x + a_2x^2 + a_3x^3 + a_4x^4 + a_5x^5$$

表 5-4 为日钢 1580mm 热连轧 HVC 辊形参数数值。图 5-30 为 HVC 工作辊辊形曲线，可以看出，HVC 辊形呈现明显的一头大，一头小的辊形。

表 5-4　日钢 1580mm 热连轧 HVC 辊形参数（辊身长度 1830mm）

系　数	上　辊	下　辊
a_0	$7.623886623 \times 10^{-1}$	$1.037453563 \times 10^{-4}$
a_1	$-1.260133627 \times 10^{-3}$	$1.240293507 \times 10^{-3}$
a_2	$1.432148579 \times 10^{-6}$	$-1.300967082 \times 10^{-6}$
a_3	$-5.634032126 \times 10^{-10}$	$4.318841949 \times 10^{-10}$
a_4	$1.781005300 \times 10^{-14}$	$1.812410485 \times 10^{-14}$
a_5	$3.432260380 \times 10^{-20}$	$-3.432260865 \times 10^{-20}$

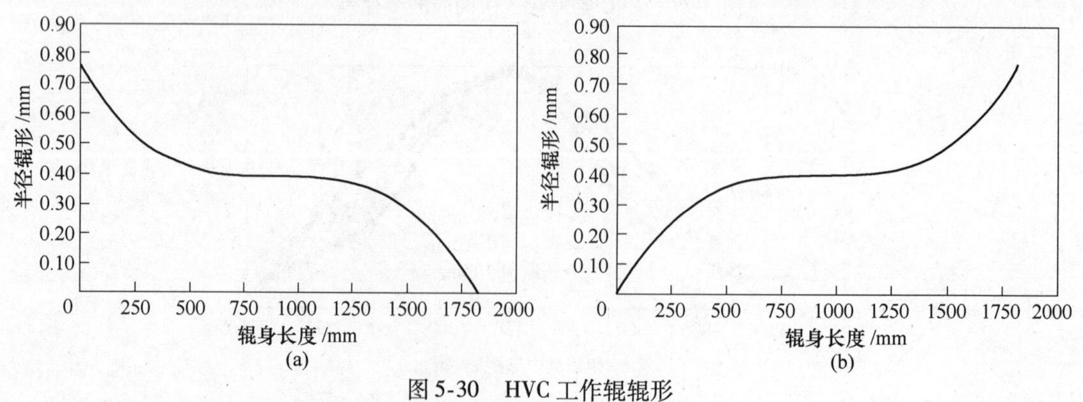

图 5-30　HVC 工作辊辊形

（a）上工作辊 HVC；（b）下工作辊 HVC

5.4.2 HVC 辊形工作原理

众所周知，CVC 技术最早是由德国西马克公司开发的标志性板形控制技术，目前在热轧和冷轧中均有许多成功的应用实例。这种辊形技术的板形控制特性为：

（1）空载辊缝的二次凸度与轧辊的窜动量呈线性关系，这种特性对于简化辊形的上机使用、实现模型自动控制非常有利。

（2）空载辊缝的二次凸度与所轧带钢的宽度呈平方关系，这意味着在轧制宽的带钢时，其凸度调节能力较大，而轧制窄的带钢时，凸度调节能力呈平方下降，变得较小。在实际生产中，当生产窄而薄的带钢时，经常会出现 CVC 工作辊的轴向窜动位置达到极限而失去板形调节能力的情况。

为了增加莱钢 1500mm 精轧机组的板形控制能力，充分利用连续变凸度工作辊辊形的优势，在精轧机组的上游机架采用高性能变凸度工作辊辊形（简称 HVC）技术。其工作辊反对称放置，且窜辊方向相反，若上工作辊的辊径小头抽出，则得到正的空载辊缝凸度；若上工作辊的辊径大头抽出，则得到负的空载辊缝凸度。从理论上讲，该辊形克服了 CVC 中辊缝凸度调节与板宽呈平方关系的缺点，实现了辊缝凸度调节随板宽呈线性化变化，使得在轧制窄料时凸度控制能力下降比 CVC 缓慢，其板形调控性能有一定程度上的提高。

5.4.3 HVC 辊形技术理论分析

5.4.3.1 空载辊缝凸度调节能力

当所轧板宽 B 在 900～1550mm 变化时，HVC 和 CVC 的空载辊缝凸度（二次凸度）调节能力对比如图 5-31 所示。$u(B)$ 的表达式如下：

$$u(B) = \frac{C_{B} - C_{max}}{C_{max}}$$

式中，$u(B)$ 为板宽变化时的空载辊缝凸度调节能力变化率；C_{max} 为最大板宽时的空载辊缝凸度；C_{B} 为板宽为 B 时的空载辊缝凸度。

可以看出，当板宽由宽变窄时，CVC 的空载辊缝调节能力下降较大，接近 70%；而 HVC 空载辊缝调节能力下降相对缓慢，接近 50%。说明 HVC 辊形的板形调控性能比 CVC 辊形有了一定的提高。另外，经研究发现 HVC 辊形不仅具有二次空载辊缝凸度，它还具有高次空载辊缝凸度，从改变板形浪形方面来看，这使得 HVC 具有了消除边中复合浪的能力。

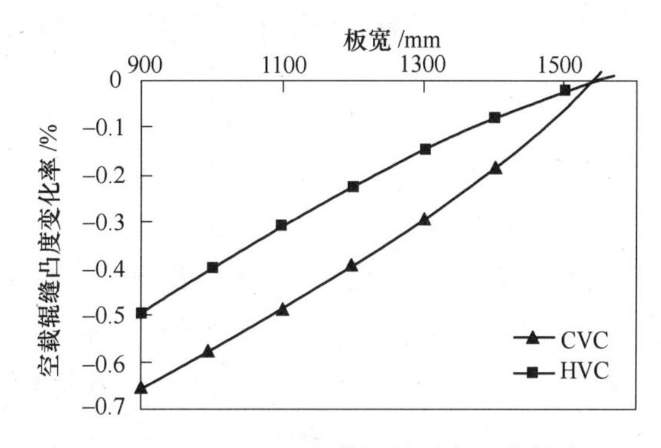

图 5-31 CVC 和 HVC 空载辊缝凸度调节能力对比

5.4.3.2　承载辊缝横向刚度

承载辊缝横向刚度反映承载辊缝抵抗轧制波动的能力，即承载辊缝横向刚度越大，轧制力波动对承载辊缝形状的影响越小，轧后带钢的板形质量越稳定。承载辊缝横向刚度可用下式表示：

$$K_s = \frac{\Delta Q_s}{\Delta C_w}$$

式中，K_s为承载辊缝横向刚度；ΔQ_s为单位宽度轧制力的变化，kN；ΔC_w为承载辊缝二次凸度的变化，mm。

通过实际验证和计算可知，HVC 辊形在轧制力波动时其辊缝凸度改变平缓，说明 HVC 辊形抗轧制波动的能力较强，承载辊缝横向刚度较大。

5.4.3.3　承载辊缝调节域

如果将受载后的辊缝用下式表示（考虑对称形状）：

$$g(x) = a_2x^2 + a_4x^4 + \cdots \qquad x \in \left(-\frac{B}{2}, +\frac{B}{2}\right)$$

式中，B 为带钢宽度。

承载辊缝的二次凸度 C_w和四次凸度 C_Q可分别表示为：

$$C_w = \frac{a_2}{4}B^2$$

$$C_Q = \frac{3a_4}{256}B^4$$

承载辊缝的二次凸度与带钢二次浪形（中浪、边浪）的生成和控制有关，四次凸度与四次浪形（四分之一浪、边中复合浪）的生成和控制有关。若以 C_w为纵坐标，以 C_Q为横坐标，绘成一个区域，则为承载辊缝调节域。承载辊缝调节域反映轧机板形控制能力的大小，是板形控制手段的一个追求目标。一般要求有大的承载辊缝调节域。

通过对各种工况的承载辊缝调节域的分析可知：

（1）HVC 辊形具有辊缝凸度调节与板宽呈线性化的特点。

（2）对于宽带钢轧制，HVC 轧机工作辊辊形与弯辊力配合具有较强的板形控制能力。

（3）HVC 工作辊可通过轧辊的轴向窜动来改变承载辊缝的形状，从而实现对各种板形的调节。

（4）对不同宽度的带钢，HVC 辊形的板形调节能力具有连续性。

5.4.4　HVC 现场实际应用效果

HVC 辊形应用在莱钢 1500mm 热连轧机组 F2 ~ F4 机架中，已经生产了各种钢种、厚度和宽度规格的带钢。从现场实际反映的情况来看，采用 HVC 工作辊后，轧机运行稳定，板形控制能力得到提高，比常规工作辊的轧制公里数要长，辊形自保持性能较好。

本小节取出使用 HVC 轧辊后的一个轧制单位内带钢的头部实测凸度和平坦度的数据，如图 5-32 所示。从图中可以看出，带钢的头部凸度基本控制在目标凸度（50 ± 18μm）范围内，命中率在 95% 以上，而头部平坦度 ± 10I 命中率也保持在 92% 以上。这说明了 HVC 辊形具有良好的轧制稳定性，板形控制能力强，可以较好地改善板形质量。

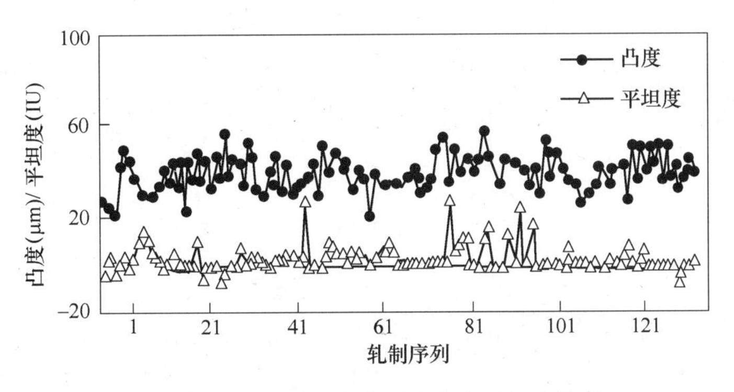

图 5-32 轧制单位内实测凸度和平坦度情况

另外，为了了解轧后 HVC 辊的磨损情况，分别对 F3 和 F4 机架下机后轧辊的磨损辊形进行测量，如图 5-33 所示。从 HVC 上机前与下机后的辊形比较可以看出，HVC 的磨损与普通的工作辊辊形没有多大差别，经过一个轧制单位后，在与带钢接触长度区内和区域外，HVC 的辊形分别得到保持，这为延长轧制单位的长度创造了条件。

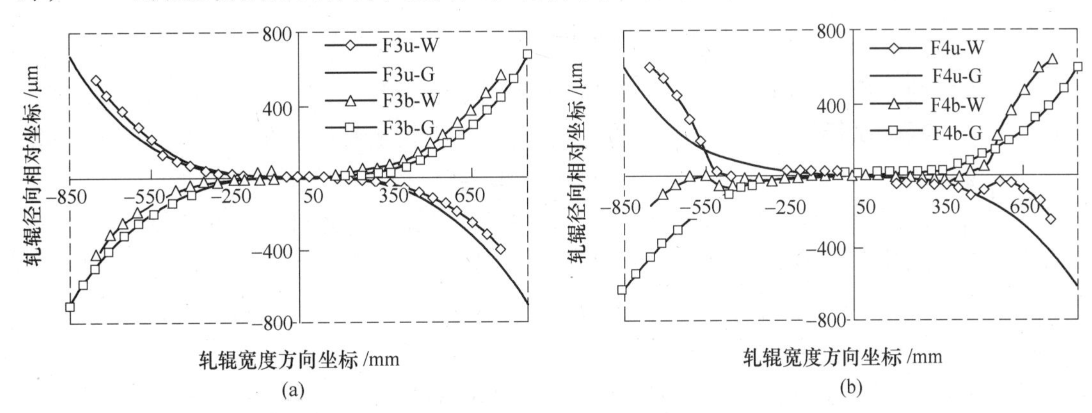

图 5-33 轧制单位后 F3（a）和 F4（b）机架工作辊的磨损情况

HVC 辊形实现了辊缝凸度调节与板宽成线性化，具有优良的板形调控性能；HVC 辊形抗轧制波动的能力较强，承载辊缝横向刚度较大。通过长时间的实际应用表明，HVC 辊形自保持性较好，可以明显改善板形质量，具有较强的实用性。

5.4.5 HVC 板形控制模块分析

图 5-34 所示为莱钢 1500mmHSM 轧机所采用的板形控制功能模块，包括 L1 级和 L2 级。可以看出，其 L1 级主要包括凸度反馈控制模块（CRFBK）、弯辊力前馈控制模块（BFFF）和平坦度反馈控制模块（FLATFBK）；L2 级主要包括板形设定单元（SSU）。其中，凸度反馈控制模块用于 F1 ~ F6 机架，弯辊力前馈控制模块用于 F1 ~ F6 机架，平坦度反馈控制模块用于 F5 ~ F6 机架，板形设定单元用于 F1 ~ F6 机架。板形设定单元的输入信息主要来自三个部分：一是原始数据输入（PDI）；二是来自换辊初始化（RPINI）、工作辊温度场计算（WRTPRO）、轧辊磨损计算（RWPRO）等信息；三是来自凸度仪和平坦度仪的信息经过板形自学习（SHML）后输给板形设定单元。凸度反馈控制模块的输入信息主要来自凸度仪的检测；平坦度反馈控制模块的输入信息主要来自平坦度仪的检测。

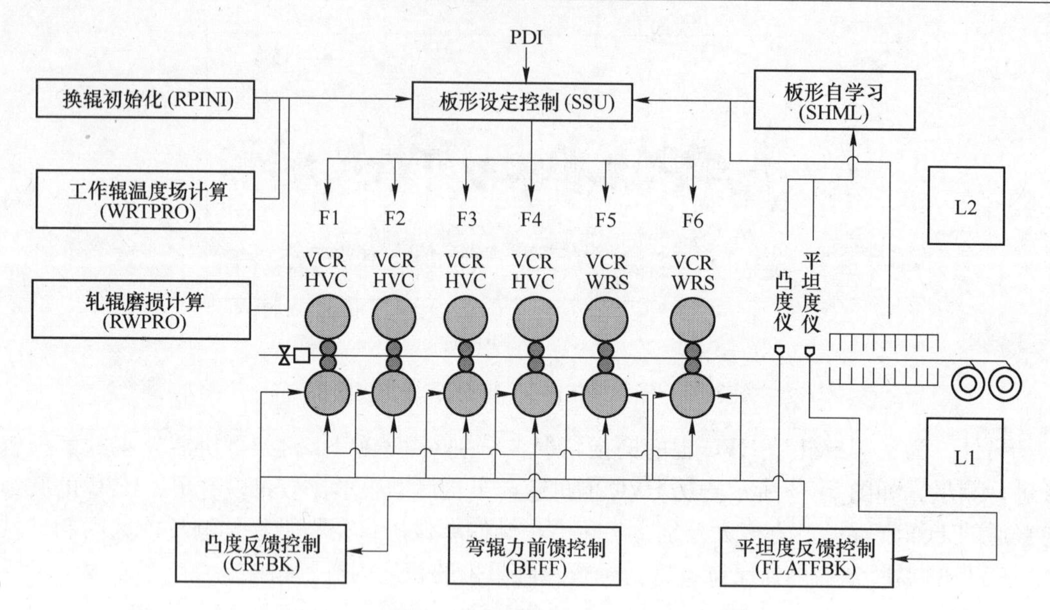

图 5-34　莱钢 1500mmHSM 板形控制功能模块

板形设定的作用是：（1）决定带钢头部板形的控制精度；（2）为 L1 板形实时控制提供好的起点，减少执行机构的调节量，提高带钢全长的板形精度。板形设定的主要任务是：（1）设定工作辊窜辊位置和弯辊力；（2）为 L1 实时控制模型提供关键参数。

弯辊力前馈控制的作用是补偿轧制力波动的影响，提高带钢全长的板形控制精度。弯辊力前馈控制的主要任务是根据各机架轧制力的波动调节本机架的弯辊力，如图 5-35 所示。

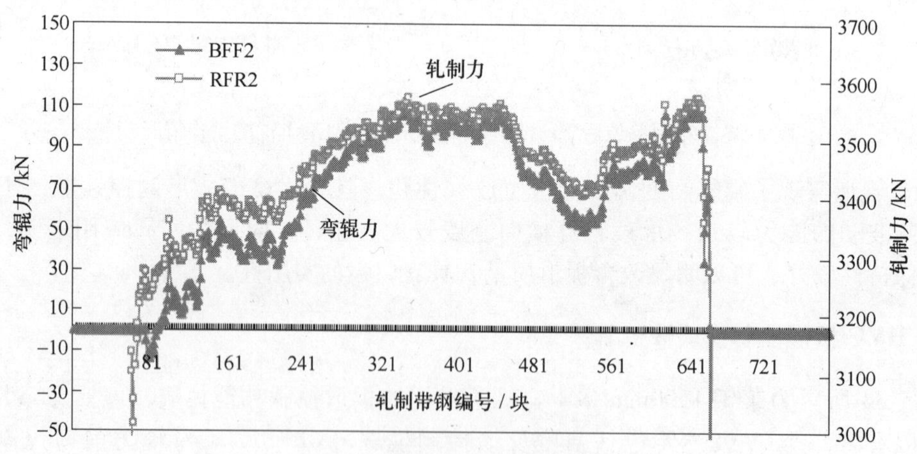

图 5-35　弯辊力前馈控制效果

凸度反馈控制的作用是提高带钢全长的凸度控制精度。凸度反馈控制的主要任务是根据凸度仪的实测结果调节上游机架的弯辊力。

平坦度反馈控制的作用是提高带钢全长的平坦度控制精度。平坦度反馈控制的主要任务是根据平坦度仪的实测结果调节末两机架的弯辊力。

图 5-36 所示为 HVC 空载辊缝凸度与窜辊量关系。可以看出，HVC 空载辊缝凸度与窜辊量呈线性关系变化。

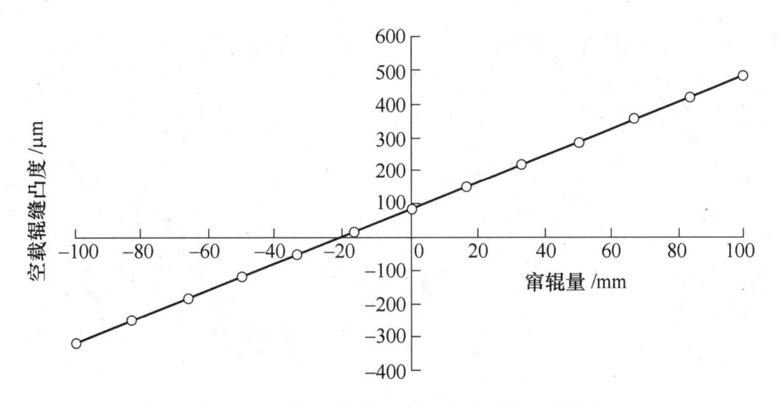

图 5-36 HVC 空载辊缝凸度与窜辊量关系

图 5-37 所示为板形设定控制模型功能流程图。可以看出，工作辊综合辊形的计算比较重要，因为工作辊与带钢直接接触，它的变化直接影响到带钢的板形。工作辊综合辊形包括工作辊初始辊形、工作辊磨损辊形和工作辊热辊形。

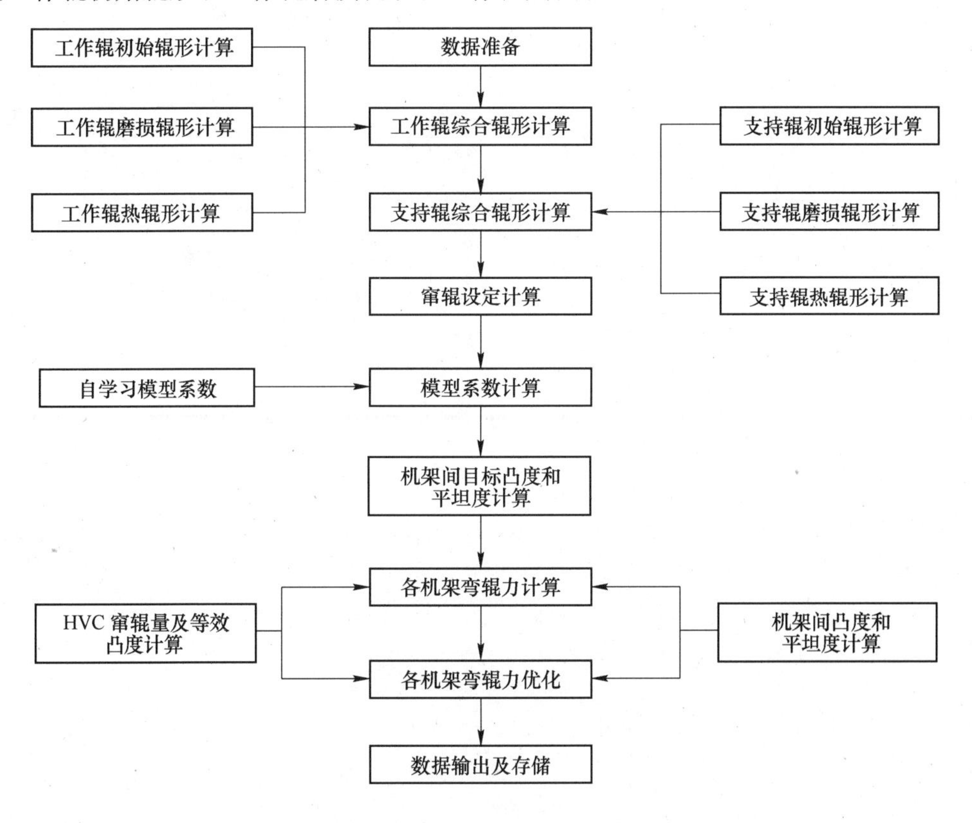

图 5-37 板形设定控制模型功能流程

工作辊所采用的窜辊策略也较为重要，其直接决定了凸度的控制精度和磨损的均匀化程度。莱钢 1500mm 热连轧机 F1 ~ F4 工作辊采用的是 HVC 辊形，即主要是控制凸度；而 F5 ~ F6 采用的是 WRS 辊形，即平辊形，主要是均匀磨损。图 5-38 所示为一个轧制单位内的不同机架窜辊位置。可以看出，HVC 的窜辊位置无太大的规律可循，主要是要根据现场生产的实际动态进行调整。而 WRS 辊形，呈现均匀窜辊，即轧制一块带钢，工作辊窜动一定的数值，窜到极限位置，往回窜辊，呈现往复直线规律。

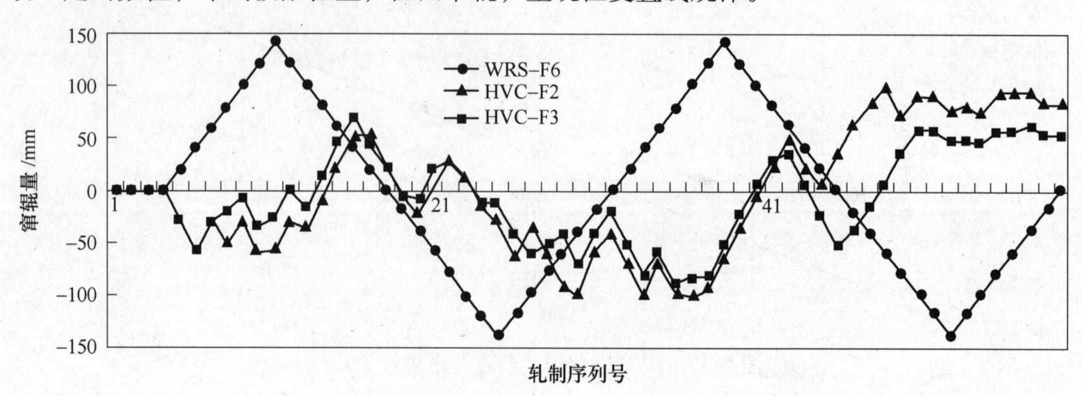

图 5-38　一个轧制单位内不同机架的窜辊位置

6 轴向移位变凸度轧机弯窜系统

机型和辊形都需要相应的轧制工艺配合才能最大限度地发挥其效能。在冷轧和热轧生产板形控制过程中，液压弯辊和液压窜辊是两个最主要的工艺控制手段。CVC 弯辊系统（图 6-1）是热轧精轧机组非常重要的一套系统，不仅实现了 CVC 轧机对凸度的无级连续调节，同时对板形的控制也起到了非常重要的作用。

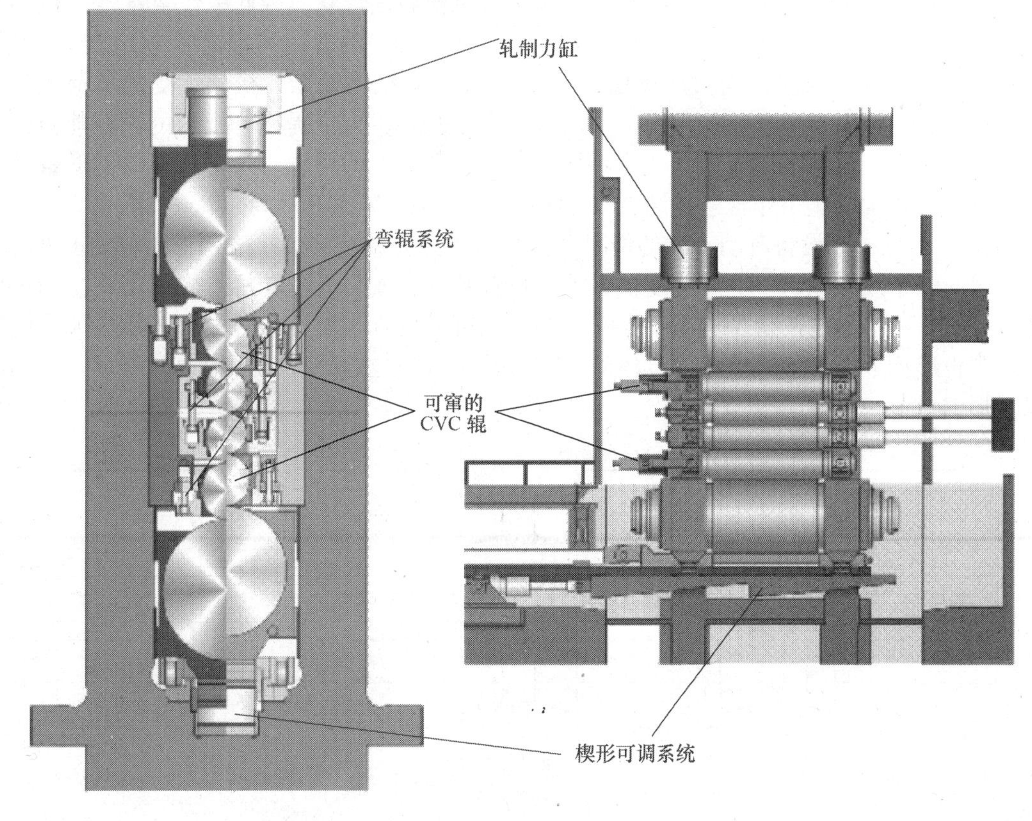

图 6-1　CVC 轧机牌坊窗口

6.1　轧制工艺控制手段

6.1.1　液压弯辊

液压弯辊是用机械力弯曲轧辊辊身，以控制带钢凸度和平坦度的技术，通常以液压为动力，故称为液压弯辊。加拿大 Aclan 公司率先于 1965 年采用液压弯辊作为调节板形的主要手段，于 1969 年配以板形检测仪构成闭环控制，大幅度提高了板带材的板形质量。液压弯辊自 20 世纪 60 年代初期出现以来，发展十分迅速，目前液压弯辊装备已成为各种板带轧机上必不可少的设备。液压弯辊最早应用于橡胶、塑料、造纸等工业部门，以后才逐步应用到金属加工中，并发展成为一种行之有效的板形控制方法。其基本原理是：通过向工作辊或支持辊辊颈施加液压弯辊力，使轧辊产生附加弯曲，来瞬时地改变轧辊的有效凸度，从而改变承载辊缝形状和轧后带钢的延伸沿横向的分布，以补偿由于轧制压力和轧辊温度等工艺因素的变化而产生的辊缝形状的变化，保证生产出高精度的产品。

液压弯辊技术可分为工作辊弯辊和支持辊弯辊两种类型。当工作辊辊身长度 L 与直径 D 之比 $L/D<3.5$ 时，常采用工作辊弯曲的方式；当 $L/D\geqslant3.5$ 时，常采用支持辊弯曲的方式。两种弯辊方式中都有正弯和负弯之分。所谓正弯是指弯辊力使轧辊产生的弯曲方向与轧制力引起的弯曲方向相反，即弯辊时工作辊凸度增大；而负弯是指弯辊力引起轧辊弯曲方向与轧制力引起的弯曲方向相同，即弯辊时工作辊凸度减小。

由于工作辊表面直接与带钢接触，构筑了带钢横截面形状，因此工作辊弯辊（包括正弯、负弯，如图 6-2（a）、（b）所示）成为生产中应用最为普遍的弯辊形式。支持辊弯辊（图 6-2（c））也是液压弯辊的一种形式，但是由于其结构复杂，机架承受的负荷大，使其应用受到一定限制，目前在生产中应用得不多。此外，为了提高弯辊力的调控能力，解决常规工作辊弯辊轴承座应力和变形不均、承受负荷较大的问题，日本石川岛播磨重工业公司开发了双轴承座工作辊弯辊装置（（Double Choock-Work Roll Bending，DC-WRB），图 6-2（d）），可在对设备改动不大的情况下提高弯辊力的调控功效，改善工作辊轴承座的受力状况。由于效果显著、响应速度快，液压弯辊装置已成为板带轧机上应用最广泛的板形调节手段，一些先进的机型如 HC 轧机、CVC 轧机等只有与液压弯辊配合才能最大限度地发挥其板形调节能力。只要根据具体的工艺条件来适当地选择液压弯辊力，就可以达到改善板形的目的。

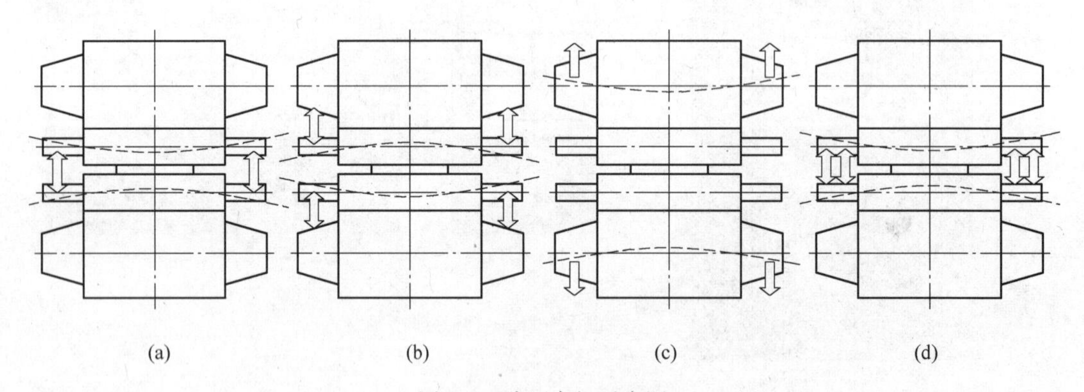

图 6-2　液压弯辊示意图

（a）工作辊正弯；（b）工作辊负弯；（c）支持辊弯辊；（d）双轴承座工作辊弯辊

由于正的弯辊力方向与轧制力方向相同，引起的轧辊弯曲与轧制力引起的弯曲方向相反。采用正弯辊后，辊缝凸度变小，借助弯辊力使轧辊弯曲，这相当于增加了工作辊的原始凸度。正的弯辊力方向与轧制力方向相反，其作用与正弯辊相反。由于正弯辊的设备简单，使用方便，因此采用得比较多。如果再增加反弯辊机构，则可以增强板形的控制范围。

不同弯辊方式的具体特点是：

（1）工作辊正弯。这种弯辊方式常将液压缸装在下工作辊轴承座上，液压弯辊力作用在上、下轴承座之间，如图 6-2（a）所示。液压缸的数目和尺寸取决于所需要的弯辊力的大小和轧辊轴承的强度。一般在每一个轴承座上装有2～4个液压缸。液压缸装在工作辊轴承座内，在更换工作辊时需要拆开高压管路接头，使用很不方便。一种比较新的结构是将上、下工作辊的液压缸安装在机架凸台上，这样不必拆卸管接头就可自如地进行换辊操作。

（2）工作辊负弯。这种弯辊方式将液压缸安装在支持辊轴承座上，弯辊力作用在工作辊轴承座与支持辊轴承座之间，如图6-2（b）所示。工作辊负弯有3个优点：弯辊力大小对板厚自动控制系统不发生干扰作用；更换工作辊时无需拆卸液压缸的高压供油回路接头；可以避免氧化铁皮、乳化液等侵入液压缸。增加负弯工作辊，可以扩大液压弯辊的调节范围。

（3）支持辊弯曲。支持辊弯曲也被广泛地应用于板形调整。支持辊弯曲虽然也有正弯和负弯两种形式，但绝大多数都是正弯（图6-2（c）），负弯应用较少。这种弯辊装置的弯辊力施加在轴承座外侧的辊端上，将轴承作为支点，对支持辊进行弯曲。它的主要优点就是可以同时调整带钢纵向和横向的厚度差。支持辊弯辊装置的弯辊力大，辊凸度变化敏感，而且可以在相当广泛的范围内调整轧辊凸度。支持辊弯辊的效果比工作辊弯辊好，因此广泛用在大型热轧厚板轧机、宽带钢热连轧机组和单机架可逆式热轧机上，甚至在带钢冷轧机上也有应用。

弯辊效果与局限性：液压弯辊对平坦度控制具有重大意义，是对板带平坦度控制的有效手段。它有如下使用效果：（1）带钢平坦度显著提高；（2）横向厚度不均匀性降低20%～25%；（3）轧辊使用寿命增加15%～20%；（4）轧机生产率提高5%～7%。但液压弯辊仍存在一些不足之处：（1）无法消除生产中出现的复合浪、局部浪等比较复杂的板形缺陷；（2）对板厚自动控制产生干扰。

液压弯辊在改善板形方面是一项基础性的工作，在板形控制方面具有重大意义，是一种有效的板形控制手段，其他方法都必须配合采用液压弯辊。

6.1.2 液压窜辊

所谓工作辊窜辊就是工作辊沿轴线方向上的水平移动（图6-3）。工作辊的窜辊是均匀工作辊磨损的优选措施，同时对提高弯辊的功效、降低工作辊的过度挠曲及减小有害接触区有一定的作用。工作辊的窜辊由四个液压缸进行控制，分别分布在上、下工作辊操作侧的入口侧和出口侧，每个液压缸上都有一个位置传感器，通过传感器检测工作辊的窜动位置，在窜动过程中必须保持上下工作辊偏离中心线的位置同步、上工作辊入口侧和出口侧两个液压缸的位置同步、下工作辊入口侧和出口侧两个液压缸的位置同步，这些都通过传感器检测的数值反馈到程序内部进行计算，并把计算的结果输出到对应的伺服阀来进行调节。工作辊的窜辊分为正窜和负窜。所谓正窜就是指上工作辊向驱动侧移动，下工作辊向操作侧移动，使辊的弯曲度增加，能有效减少边部波浪；所谓负窜是指上工作辊向操作侧移动，下工作辊向驱动侧移动，使辊的弯曲度减小，使边部波浪产生的可能性增加。

窜辊系统在不同类型的轧机中所起的作用不尽相同，大体可分为以下三类：

（1）带有特殊辊形的工作辊窜辊，如CVC等（图6-4（a）），可实现辊缝凸度的连续变化，扩大凸度调节范围。由于其良好的板形控制特性，因此在冷连轧机和热连轧机上得到了广泛应用。

（2）HC轧机的窜辊，工作辊在窜移过程中与支持辊的接触线长度与带钢宽度相适应

(图 6-4 (b))。其作用是消除带钢与轧辊接触区以外的有害接触区，提高辊缝刚度。由于 HC 轧机的优良特性，它在冷轧领域中得到了广泛的应用。大量应用于可逆轧机、平整机、连轧机等各类轧机上。它不仅可以大幅度地提高带钢的板形质量、成材率和轧机的生产效率，而且可以节约能源，减少备用辊的数目及降低轧辊消耗。

(3) WRS 轧机的工作辊长行程窜辊，工作辊在窜移过程中与支持辊的接触线长度始终保持不变（图 6-4 (c))。其作用是通过工作辊的轴向窜移使工作辊磨损分散均匀化，同时还可通过工作辊端部辊廓曲线形状的特殊设计达到打破工作辊磨损箱形、降低带钢边部减薄的目的，为实现自由规程轧制创造条件。由于其良好的磨损均匀化特性，因此在热连轧机的下游机架得到了广泛应用。

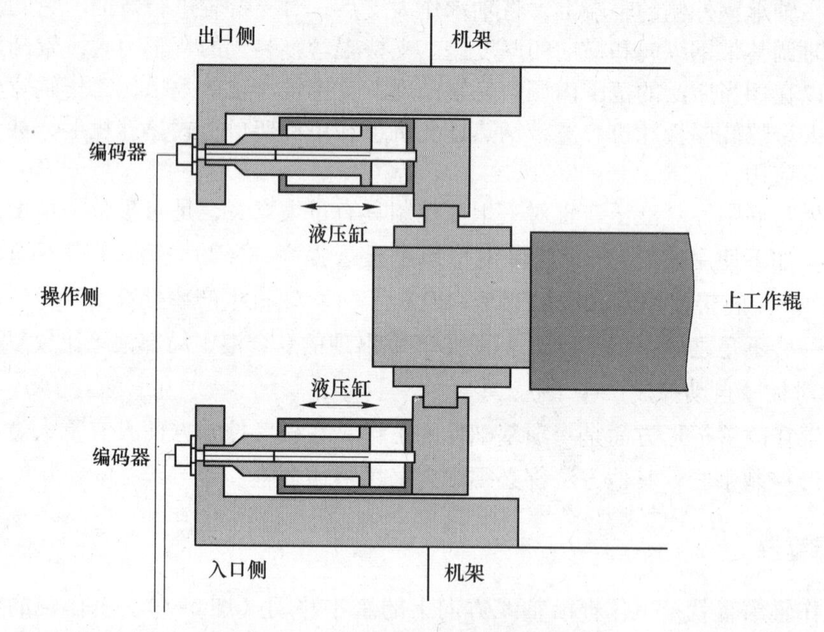

图 6-3　工作辊窜辊结构俯视示意图

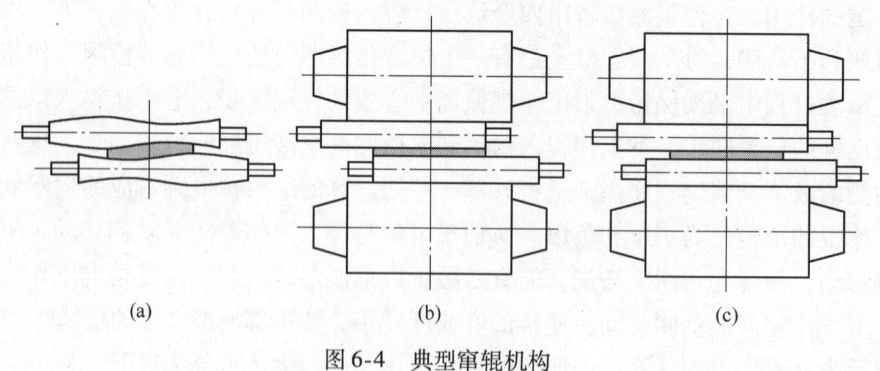

图 6-4　典型窜辊机构

(a) CVC；(b) HC；(c) WRS

6.1.3　弯辊和窜辊结构

液压弯辊和液压窜辊已成为现代板带轧机上最普遍的两种板形调节手段并在生产中得

到了广泛应用。正确地使用这两种调控手段，制定合理的弯辊工艺制度和窜辊工艺制度，将有助于板带产品质量及生产效率的提高，并为实现自由规程轧制创造条件。图 6-5 所示为窜辊和弯辊结构示意图。

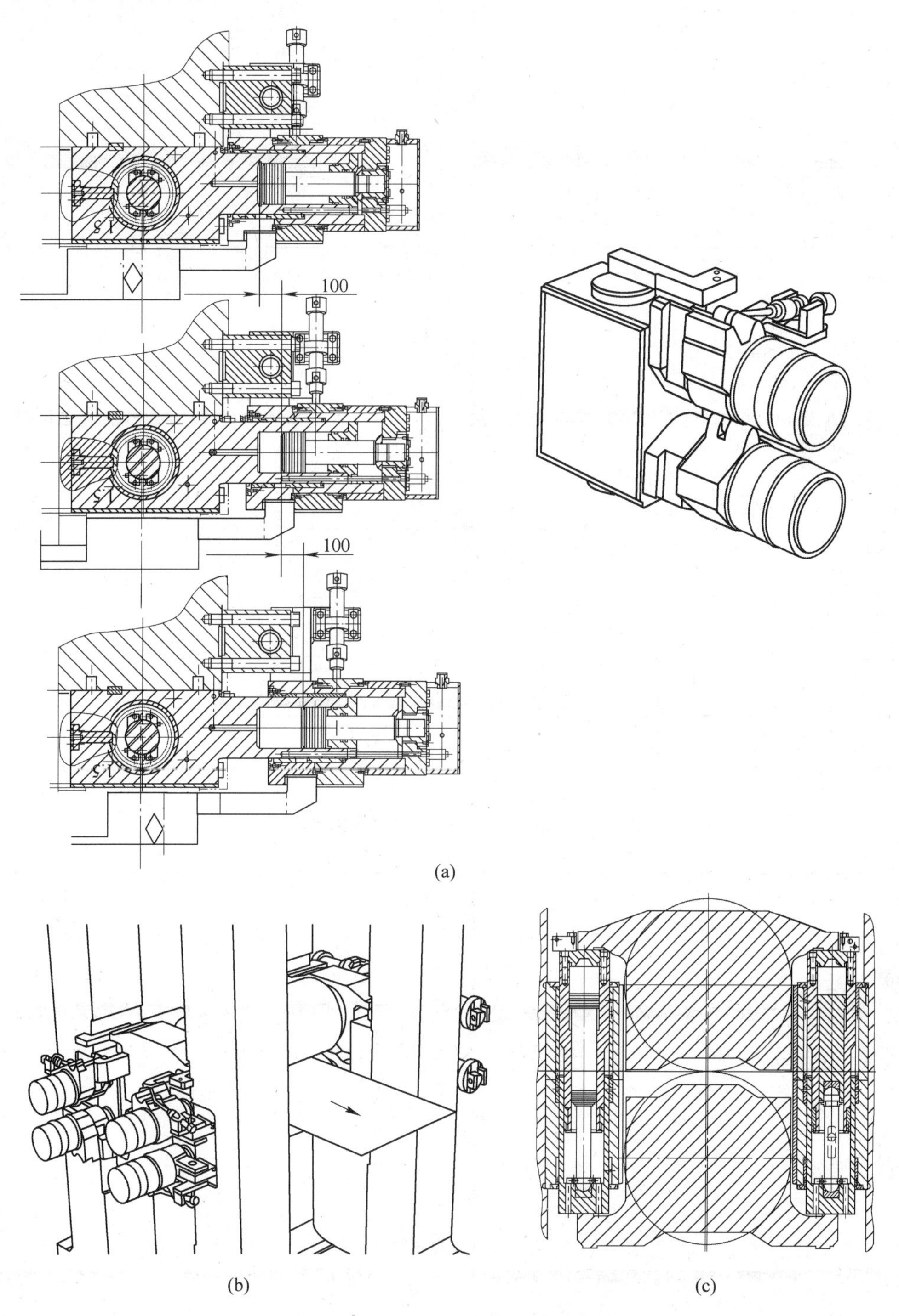

图 6-5 窜辊和弯辊结构示意图

（a）窜辊结构；（b）窜弯结构；（c）弯辊结构

图 6-6 所示为某六辊轧机中间辊窜辊与工作辊弯辊的关系，图 6-7 所示为中间辊窜辊与中间辊弯辊的关系。它们反映了窜辊和弯辊在使用过程中的实际应用情况。

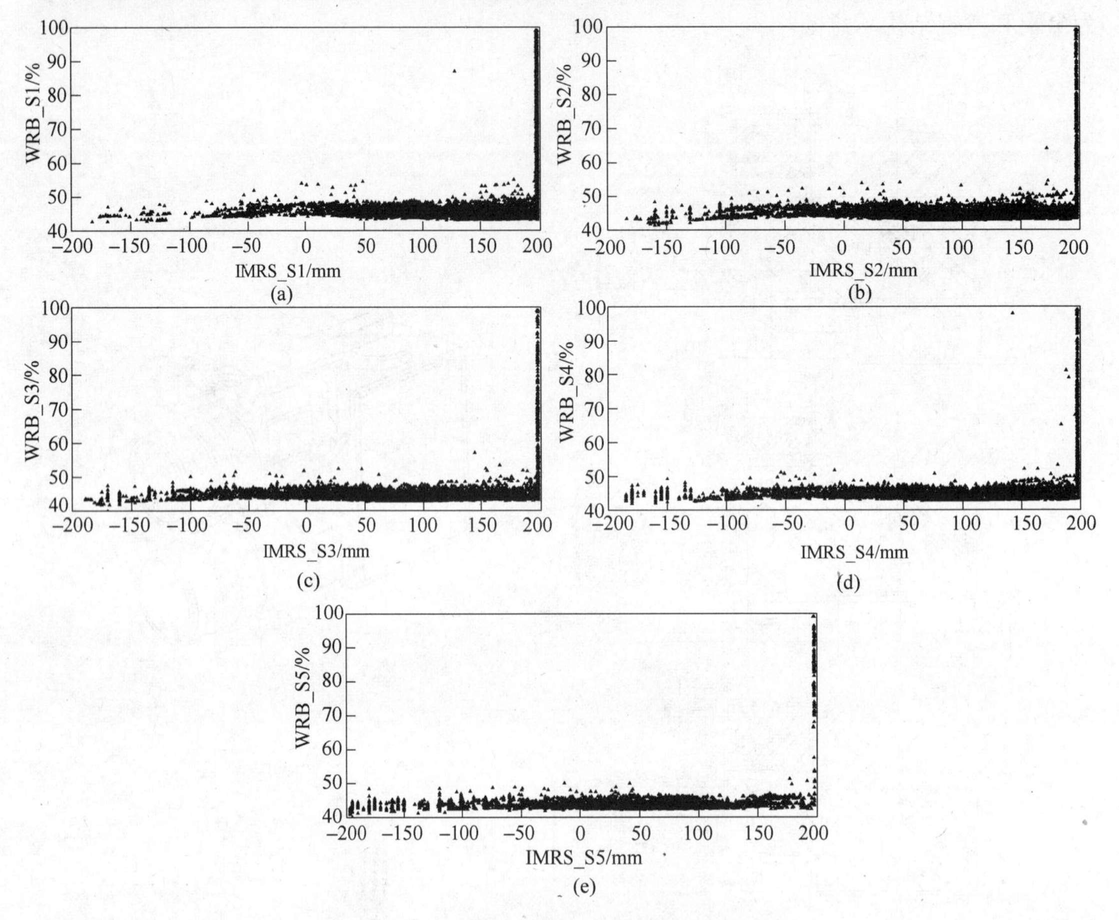

图 6-6　中间辊窜辊与工作辊弯辊的关系

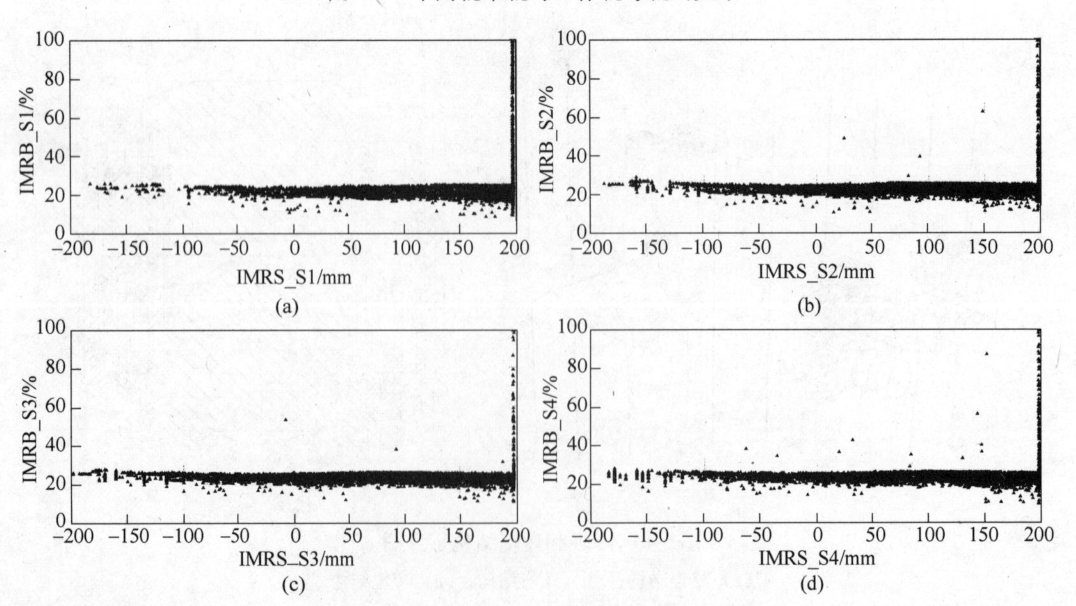

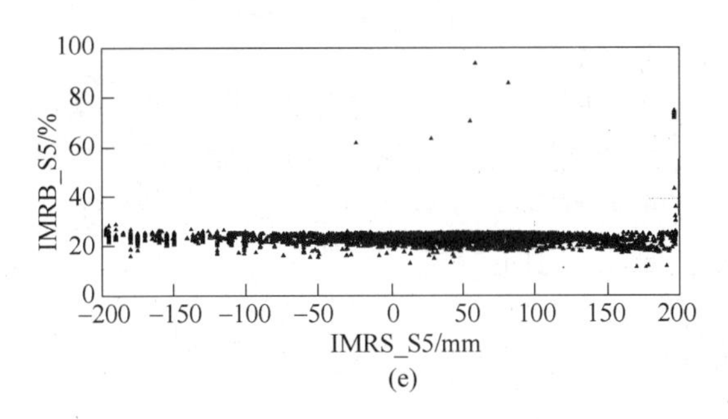

(e)

图 6-7 中间辊窜辊与中间辊弯辊的关系

6.2 弯窜系统组成

图 6-8 所示为某 2250mm 热连轧线 CVC 精轧机三维模型图，其显示了 CVC 轧机的基本构成。

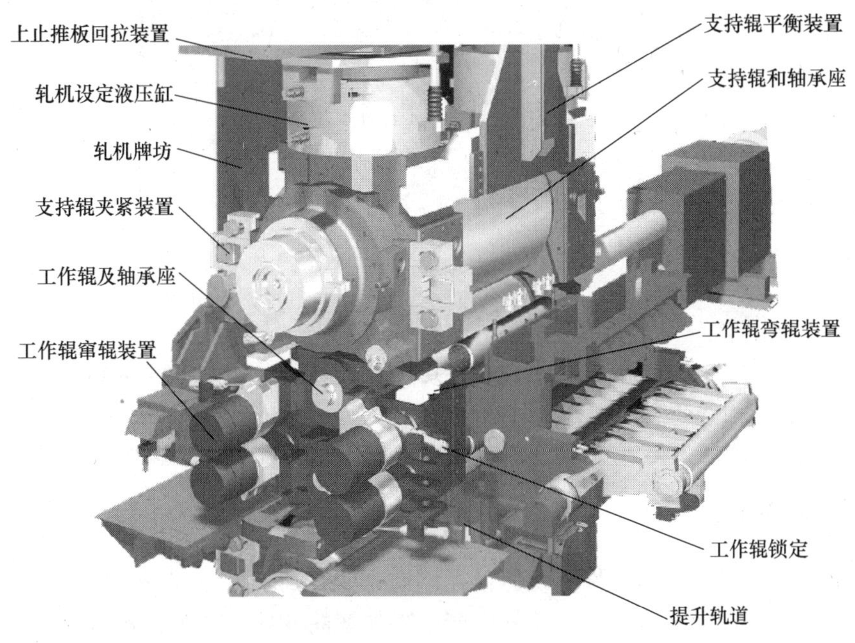

图 6-8 CVC 轧机三维模型图

弯窜装置的核心是液压缸块，弯辊和窜辊两种机构通过液压缸块紧密联系。液压缸块安装在牌坊窗口内侧的理论轧线标高位置，通过其上的键槽和 8 个螺栓，与轧机牌坊固定连接。每个机架上有 4 个液压缸块，分别安装在轧机的操作侧和传动侧的工作辊轴承座两侧，构成了两个系统：

（1）一个系统是工作辊平衡和弯辊系统，安装在机架的传动侧。这一侧的工作辊平衡系统使工作辊紧贴住支持辊，消除了工作辊和支持辊轴承组件间的间隙，并在工作辊和支持辊之间建立了可靠的摩擦锁定。

（2）另一个系统是窜辊和弯辊系统，安装在机架的操作侧。这一侧的 4 个窜辊液压缸推动轴承座，实现了 CVC 工作辊窜辊系统。

两个系统的存在使这个轧机包含了由 4 个弯辊缸构成的两侧安装单向弯辊系统和由 4

个窜辊缸构成的单侧安装双向窜辊系统。

在液压缸块内侧，安装了耐磨衬板。耐磨衬板是隔绝轴承座和液压缸块之间摩擦的零件，通过调节液压缸块之间的间距和轴承座的磨损情况，调整其厚度。图 6-9 所示为 CVC 弯窜装置的总体布局。弯窜系统主要包含以下几部分：工作辊弯辊部分、工作辊窜辊部分、工作辊轴承座、液压缸块、锁定装置和附件。

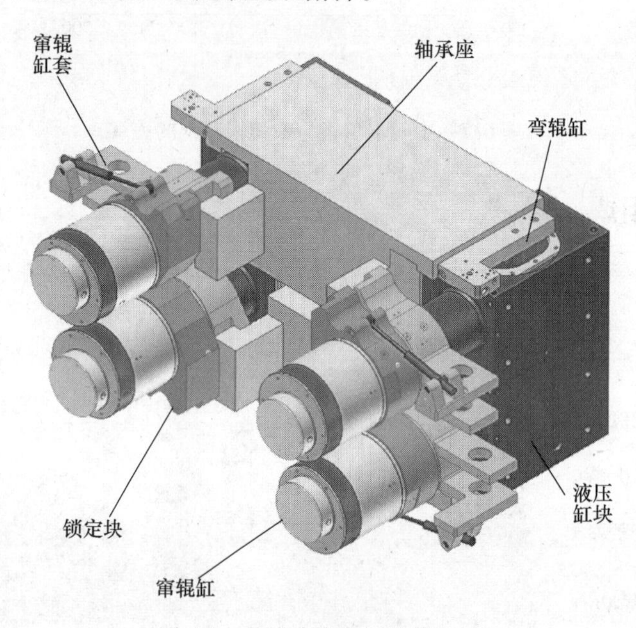

图 6-9　CVC 弯窜装置总体布局

在液压缸块内部，弯辊缸筒为上、下连通的阶梯孔，孔壁上开有油路通路；窜辊缸筒为单向有深度的光孔，孔底中心开有一个油路孔，通过孔的连接与转折，将油路引至液压缸块的面向操作侧的一侧，方便使用管线进行连接安装油路。

6.2.1　弯辊系统组成

工作辊弯辊系统以其高效性和快速性在钢铁企业得到了日益广泛的应用。弯辊系统通过向工作辊辊颈施加液压弯辊力，使轧辊产生附加弯曲变形，使上工作辊与下工作辊的形状同时发生变化，从而改变轧机辊缝的形状和轧后带材厚度沿横向的变化，由此达到控制带材板形的目的。如果没有工作辊弯辊系统，轧辊的凸度、带钢的宽度和轧制力会产生凸形的辊缝。当工作辊弯辊系统产生弯辊力时，辊缝就变成了凹形。这样，通过施加工作辊弯辊力就改变了工作辊的有效形状，从而改变了辊缝的形状。在保证带钢平坦度的基础上，CVC 辊子的辊缝和工作辊弯辊系统保证了要求的带钢凸度。

图 6-10 所示为弯辊的剖视图。弯辊系统安装在液压缸块（图 6-11）的弯辊缸筒内，与液压缸块之间隔有轴瓦。轴瓦固定在液压缸块弯辊缸筒内壁上，其上有沟槽，方便注入润滑油，以减小弯辊系统与缸壁之间的摩擦阻力。在液压缸块上、下的轴瓦外侧有密封圈盖板，防止润滑油泄漏。

图 6-12 所示为去除轴承座及液压缸块后的弯辊系统。弯辊系统主体分为上、下两个部分，弯辊钢芯由上至下安装在上弯辊缸内，通过球面垫和锁紧垫圈，以缸内立柱为过

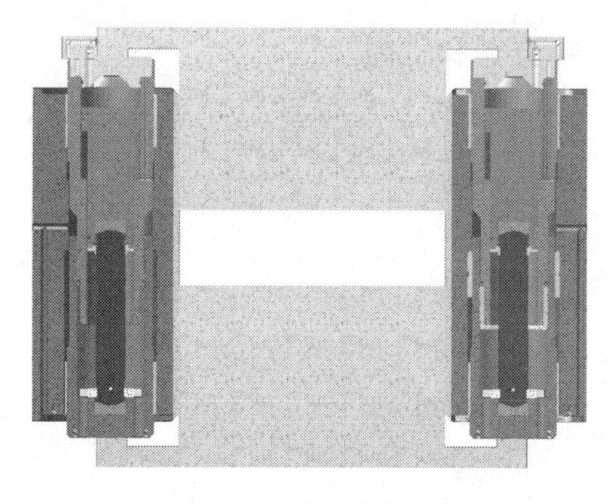

图 6-10　弯辊剖视图

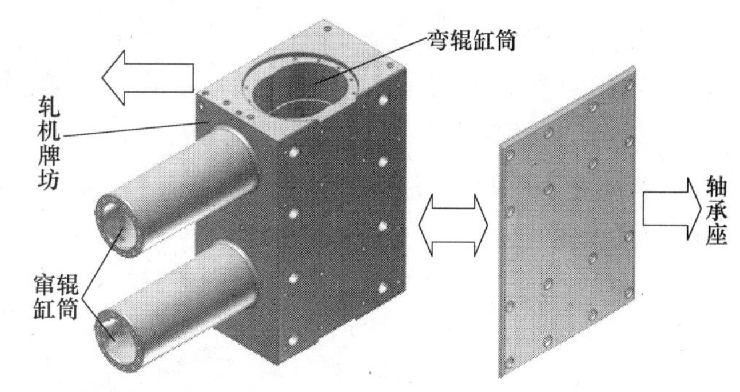

图 6-11　液压缸块和耐磨衬板

渡，连接在下弯辊缸内，即弯辊钢芯和下弯辊缸成为一体。在上弯辊缸外侧，安装了上弯辊缸盖，使弯辊钢芯上侧有压力油腔。缸盖上有油孔，用以通入高压液压油。附件安装在缸盖上，主要作用是改变油路方向，将油路引至轧机操作侧方向，并安装管线。

在本例弯辊系统中，弯辊缸的直径为 200mm，最大行程 225mm，弯辊力为 1500kN/侧。因弯辊力为单向施力，故弯辊缸芯的另一侧不需施加液压压力。同时，为了尽可能地使缸芯的轴向形变减小，缸杆的直径比较大，为 159mm。

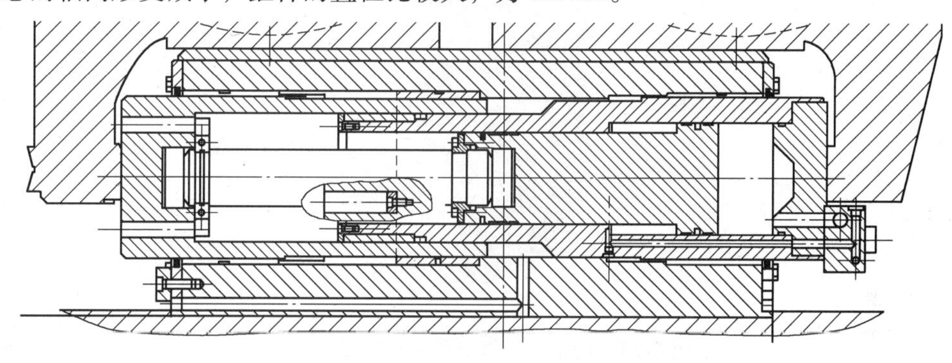

图 6-12　去除轴承座及液压缸块后的弯辊系统

图 6-13 所示为弯辊缸内部分零件的三维模型示意图，主要包括附件、球面垫、上锁

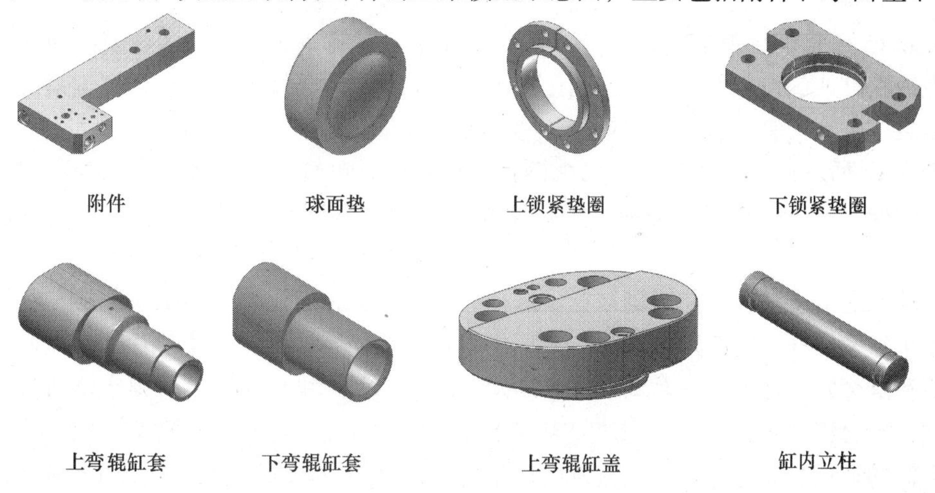

图 6-13　弯辊缸内部分零件的三维模型示意图

紧垫圈、下锁紧垫圈、上弯辊缸套、下弯辊缸套、上弯辊缸盖和缸内立柱。

图 6-14 所示为弯辊系统组成的三维模型示意图，主要包括上弯辊缸盖、弯辊缸芯、上弯辊缸、球面垫、锁紧垫圈、内轴瓦、盖板、缸内立柱、锁紧垫圈、附件、密封圈盖板、轴瓦、下弯辊缸等。

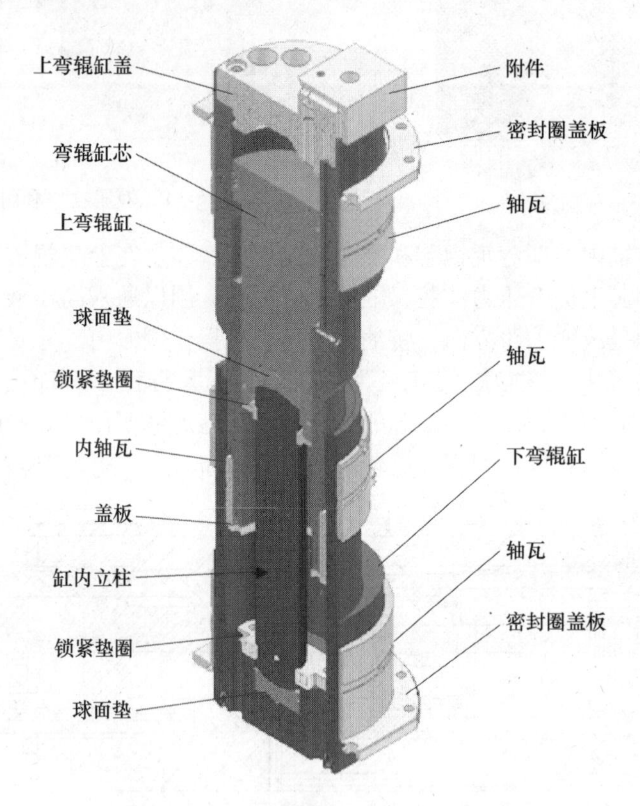

图 6-14　弯辊系统组成的三维模型示意图

6.2.2　窜辊系统组成

图 6-15 所示为窜辊系统工程图。图 6-16 所示为工作辊窜辊系统的俯视剖面图。窜辊安装在液压缸块的窜辊缸筒内外，相比于弯辊系统，窜辊系统较为复杂。窜辊系统主要包含窜辊缸、缸套、锁定块、密封罩、传感器等几部分。

图 6-17 所示为窜辊系统 3/4 剖视图。可以看出，窜辊系统包括轴瓦、锁定块、密封缸盖、缸杆、止垫圈、定位垫圈、液压缸块、缸套、垫圈、套筒、端盖、止动片、密封罩等。

窜辊系统的主要核心是窜辊缸杆。缸杆通过止垫圈和定位垫圈与端盖连接，在缸杆端部有用于锁紧缸杆、防止定位垫圈与缸杆之间发生螺纹连接松动的止动片。端盖通过螺栓与套筒和缸套定位连接。在套筒和缸套之间，套在液压缸块窜辊缸上的锁定块通过两个垫圈夹住，并可以自由转动。锁定块外侧有销孔，用以连接锁定液压缸活塞。锁定液压缸固定在套筒的液压缸座上。当锁定液压缸运动时，带动锁定块向两个方向转动。另外，在端盖上开有一个通孔，用于安装位置传感器。传感器测杆通过通孔和密封缸盖上配套的孔，

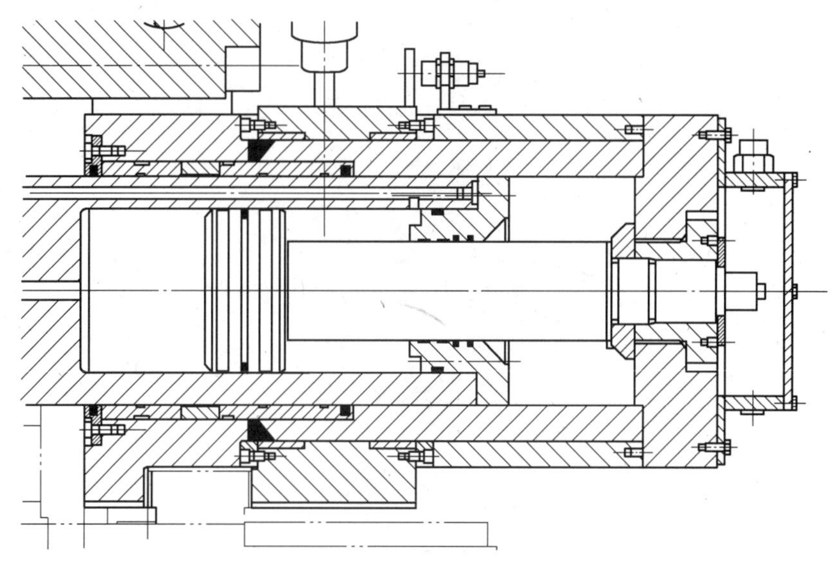

图 6-15 窜辊系统工程图

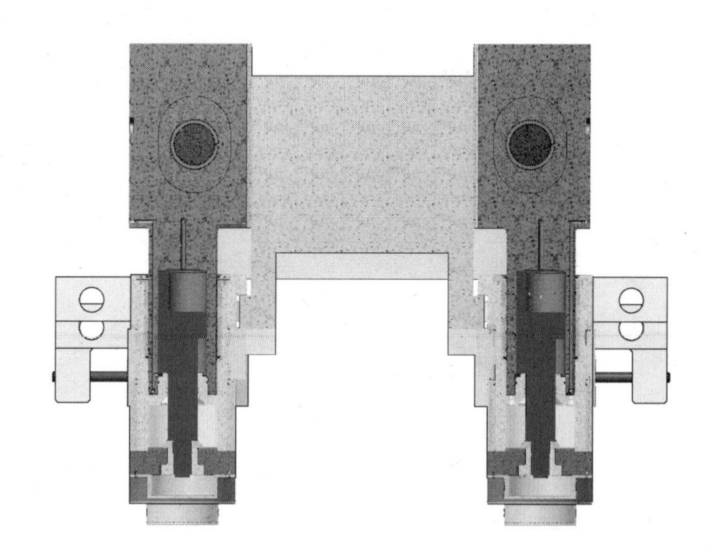

图 6-16 工作辊窜辊系统的俯视剖面图

深入至液压缸块窜辊缸筒侧壁的长孔内，以进入的深度为依据判断窜辊活塞所在位置，来判断窜辊量的值。

在窜辊系统中，由于窜辊量有正有负，因此窜辊需要双向运动。在窜辊缸杆的两侧均需要通入高压液压油，且缸杆与缸的直径差不能太小，以保证有杆腔压力不至于太大。这里的缸的直径为200mm，杆的直径为120mm。根据图纸所给出的尺寸，窜辊缸筒的长度为495mm，活塞端部的长度为100mm，密封盖深入至窜辊缸筒内的部分长度为85mm，由此计算活塞的最大运动范围为310mm。在实际的CVC轧机中，窜辊值的范围为±150mm，这部分的尺寸设计刚好能满足窜辊的设计要求。

图 6-18 所示为窜辊系统部分零件的三维模型示意图。

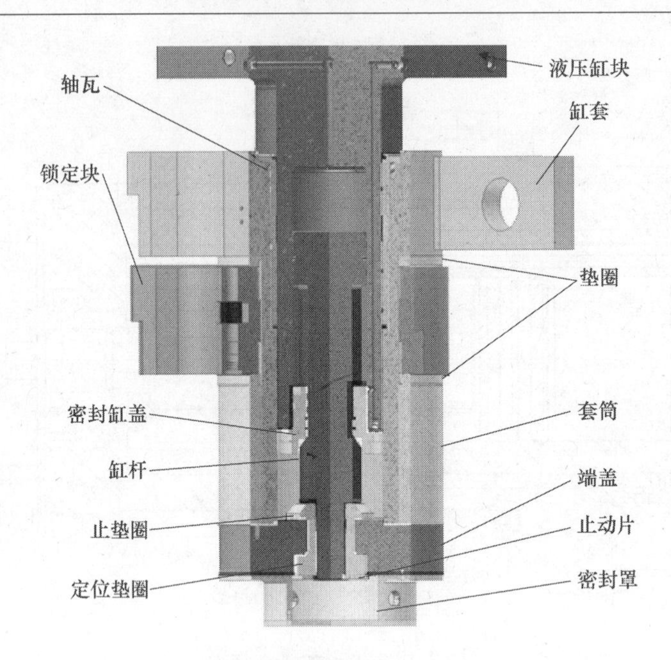

图 6-17　窜辊系统 3/4 剖视图

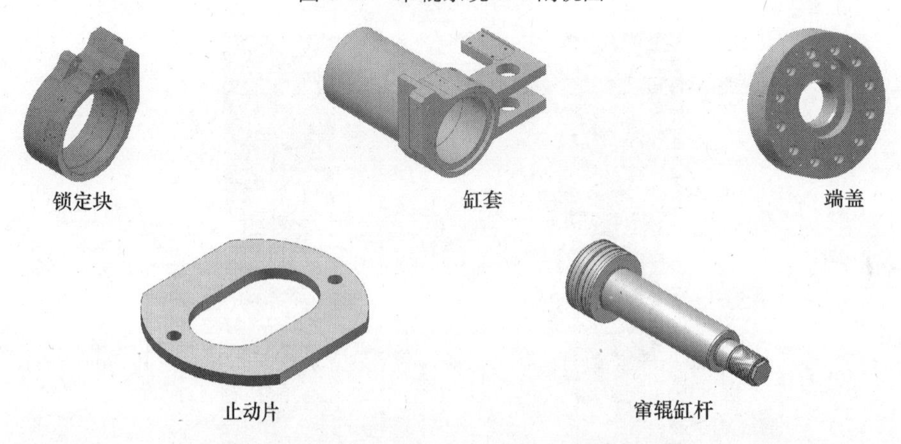

图 6-18　窜辊系统部分零件的三维模型示意图

6.2.3　窜辊锁定装置

窜辊锁定装置也称为锁门板或液压锁定，是窜辊工作比较重要的一环（图 6-19）。作为窜辊系统组成的一部分，其传递窜辊动力的同时，还负责为工作辊的更换提供便利条件。

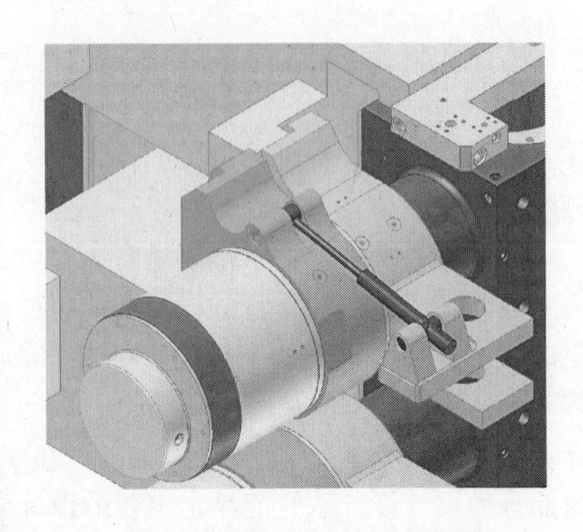

图 6-19　液压窜辊锁定装置

在窜辊缸套端部位置，向外多出一部分托架，托架上通过固定的缸座安装了一个可以在铅垂平面内旋转的液压缸，称为液压锁定缸。锁定缸杆伸出，通过销固定在锁定块外侧突起。由于锁定块是旋转套在窜辊缸套上，因此在液压锁定缸的伸缩带动下，使锁定块可以绕着窜辊缸轴线旋转。

在窜辊缸套与锁定块之间，存在宽100mm、深50mm的凹槽，这个凹槽处夹着轴承座的侧翼。窜辊缸活塞的移动带动窜辊缸套及锁定块一并移动，通过这个凹槽使轴承座在操作侧和传动侧之间移动，由此实现了窜辊功能。

另一方面，在液压锁定缸的伸缩带动下，锁定块绕着窜辊缸轴线顺时针或者逆时针旋转（图6-20）。以操作侧右侧上液压锁定为例。当液压锁定缸活塞杆伸出时，锁定块与窜辊缸套之间形成凹槽夹层，此时称为锁门板关闭状态。此时，轴承座侧翼夹在凹槽中，随着窜辊系统一并移动，因此也是轧机的工作状态。当液压锁定缸活塞杆缩回时，锁定块顺时针旋转，其与窜辊缸套之间的凹槽被打开，面向操作侧的凹槽侧壁随着锁定块转动而移动消失，锁定块失去锁定功能，轴承座也不能通过接触发生移动，此时称为锁门板打开状态。此时，工作辊可以向操作侧单方向抽出，通过换辊小车，完成工作辊的更换，因此也称为工作辊的换辊状态。

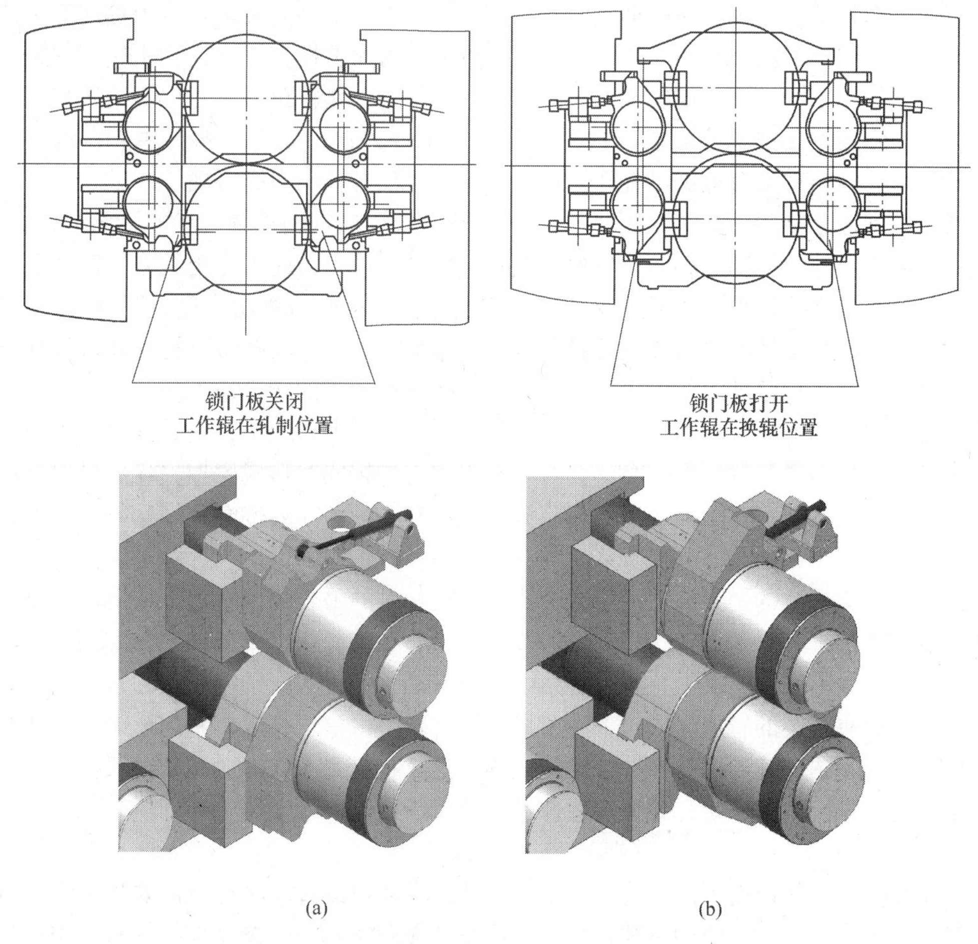

图6-20　锁门板关闭状态（a）和打开状态（b）

6.3　弯窜系统运动分析

控制带钢厚度的液压压下系统、CVC工作辊窜辊系统较大的调整范围和工作辊弯辊系统良好的动态特性构成了 CVC 精轧机完整的凸度和平坦度控制系统。其中，工作辊弯辊系统是快速响应的最终控制装置，在轧制过程中经常需要不断地调整改变；而工作辊窜辊系统则是一个低速控制系统，用来设定下一块钢的辊缝并扩大弯辊系统的操作范围。

当锁门板关闭时，轧机便进入了准备工作状态。此时，窜辊系统工作，以便遵循预先设定的窜辊策略设定，扩大 CVC 工作辊的实际使用范围，减少工作辊的局部磨损，延长每支工作辊的使用周期；弯辊系统同时工作，达到预先设定的弯辊压力，完成辊缝的凸度调节设定，使之轧制出的钢板能达到预期的板形目标曲线。

在实际的弯窜辊系统工作过程中，并不是随时随意地调整其工作位置、工作压力，而是需要一些条件才能完成弯窜系统的工作目标。

6.3.1　窜辊最小转速及窜辊力

在窜辊系统工作过程中，窜辊缸内通入高压液压油，使窜辊活塞发生移动，带动窜辊缸套及锁定块移动。通过其间的轴承座侧翼，来引导工作辊轴向窜动。由于热连轧生产不同于冷轧的全连续无间断生产，热连轧的精轧机工作为间歇性工作，在轧机轧制的过程中极少发生工作辊窜辊系统工作的情况。因此，在实际的工作辊窜动过程中，绝大多数为无轧制窜动，体现了热连轧精轧机窜辊系统的工作主要以遵循窜辊策略为主。在这种情况下，工作辊的轴向移动过程中没有轧制力的参与，也没有轴向力的出现。

然而，不能忽略的一点是，此时的工作辊仍与支持辊紧密接触。在实际的 CVC 精轧机上，工作辊受外力驱动而旋转，受窜辊系统作用而移动，因此工作辊具有转动和轴向窜动两种运动；而支持辊轴承座通过支持辊锁定装置安装在轧机牌坊内侧，不能进行移动，只能通过工作辊与支持辊之间的线接触压力产生摩擦力，带动支持辊进行旋转，因此支持辊只具有转动这一种运动。若工作辊与支持辊之间没有相对的转动速度传递，保持静止的同时进行工作辊的轴向移动，在工作辊与支持辊之间的压力作用下，尤其这种压力在很大程度上可以近似为线接触压力，必然会对工作辊和支持辊同时造成摩擦损坏。虽然这种损坏肉眼无法识别，但工作辊再次工作轧制钢板时，其上的磨损痕迹会在高达数百吨的轧制力作用下复印在钢板表面，造成产品的报废。另一方面，由于工作辊和支持辊的半径不同，经过再次旋转后的两条磨损痕迹会交错地印在相对的另外的位置上，从而使整个工作辊和支持辊直接报废。

若要避免以上的情况发生，在窜辊系统工作带动工作辊进行轴向窜动的过程中，必须要保证工作辊有一定的转速。同时，为了尽可能地减小由窜辊移动带来的影响，窜辊的移动速度和工作辊的转速要保持在一定比例之内，这个比例称为窜动速比 λ。根据每个企业不同精轧机的不同窜辊系统，此值一般在不同的范围内。

$$v_{窜} = \lambda v_{辊} \tag{6-1}$$

窜动系统的工作速度不能过高，也不能过低。窜动速度过高将导致需要的工作辊空转转速过高，将增加驱动系统的负荷；过低将使系数 λ 过大而再次产生支持辊和工作辊的摩擦损坏辊印。

文献中详细分析了宝钢五冷轧连退 CVC 中间辊窜动控制系统，可以用来做参考。在该窜辊控制系统中，中间辊轴向窜动速度与机架状态紧密相关。依据轧机处于换辊模式还是轧制模式，窜动速度分别采用高、低速度控制。在换辊模式下，机架内辊缝完全打开，各辊间互不接触，此时中间辊窜动可按油缸最高速度（20～25mm/s）窜至换辊位；在轧制模式下，机架内辊缝闭合，有一定的轧制力和轧制速度，轴向窜动时会产生一定的轴向力，当轴向力过大时对设备不利。中间辊轴向窜动速度曲线如图6-21所示。在轴向力为常量的情况下，轴向速度曲线依赖于图6-21中的曲线。

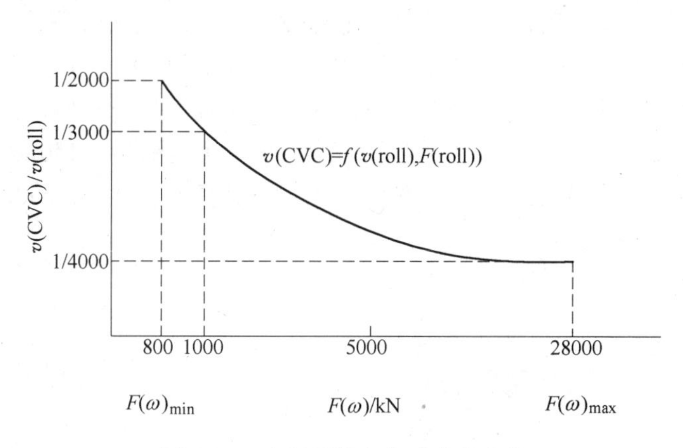

图6-21　中间辊轴向窜动速度曲线

图6-21中，v(CVC)为中间辊轴向窜动速度；v(roll)为轧制速度；$F(\omega)$为轧制力；$F(\omega)_{min}$、$F(\omega)_{max}$分别为最小、最大轧制力。将v(CVC)与v(roll)的比值进行分段线性化后，应用线性插值法计算v(CVC)与v(roll)的比值，可计算出相应的v(roll)和轧制力下的v(CVC)，用于控制回路。

在窜辊系统工作时，工作辊既要旋转带动支持辊转动，又要轴向窜动，所以工作辊相对于支持辊是一种螺旋运动，如图6-22所示。

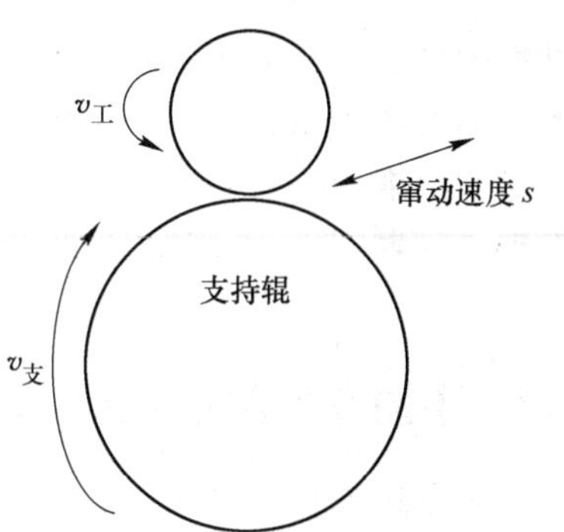

图6-22　工作辊与支持辊轴向窜动

6.3.2　弯窜系统的干涉

在上述的弯窜系统设计中，弯辊与窜辊均安装在液压缸块上，而液压缸块则通过螺栓和键固定安装在轧机的牌坊内侧，因此液压缸块是固定的。液压缸块的固定，一方面使得窜辊液压系统缸体固定，活塞移动，完成了预定的窜辊功能；另一方面，也使得弯辊系统一直存在于液压缸块的弯辊缸筒内，不会发生水平移动。

然而，由于弯辊缸下缸体与上缸盖直接作用在轴承座上，轴承座随着窜辊的移动而在操作侧与传动侧之间移动，这种现象称为弯窜系统的干涉。

这种干涉现象带来了几种坏处：

（1）弯辊力一般是比较大的，约为1500kN/侧，在这种弯辊力的作用下，由于轴承座与弯辊缸体的直接接触，必然会增大窜辊阻力。窜辊阻力增大的同时，为了使窜辊液压驱动能通过轴承座侧翼传递给工作辊，轴承座的侧翼就需要承受更大的弯矩应力。

（2）无论施加在弯辊系统与轴承座之间的弯辊力有多大，弯辊缸顶与轴承座的摩擦磨损必然存在，且随着弯辊力的增大，磨损量会上升。对于弯辊缸顶上的摩擦损耗，可以通过安装专用磨损的垫片来消除磨损，但由于轴承座上一般不会安装磨损垫片，故对轴承座的磨损是不可逆转的。虽然可以采用同样的安装垫片的方式来避免磨损，但频繁地更换垫片，也会使轴承座的寿命大大降低，从而降低工作辊的使用寿命。

（3）由于轴承座在弯辊系统的两端进行相反方向的窜动，在窜动的过程中，就会产生由在弯辊两侧的摩擦力 f 而引起的弯矩 M，使弯辊系统出现偏载（图 6-23）。在弯辊系统中，由于摩擦力的产生，而导致弯辊系统缸芯有出现倾斜的趋势，而这种趋势会作用在轴瓦上，不仅会对轴瓦有损坏，缩短了其寿命，同时也导致了受压一侧润滑出现干摩擦等现象，加剧了磨损效果。该 CVC 轧机窜辊系统的窜辊移动范围为 ±150mm，合计总移动量为 300mm。而弯辊系统的上缸盖及下缸体零件上的可作用长度为 364mm，满足设计要求。

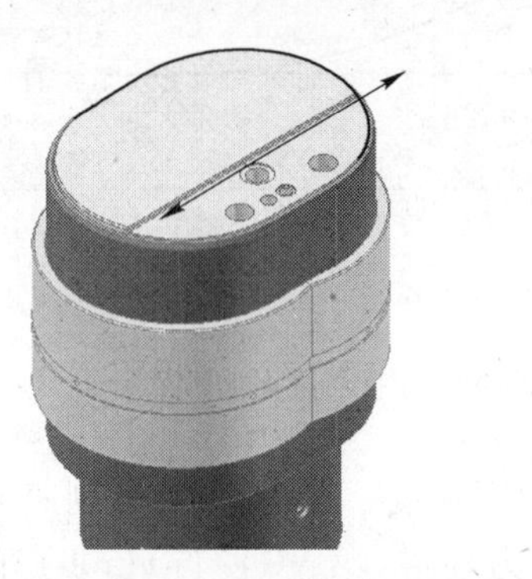

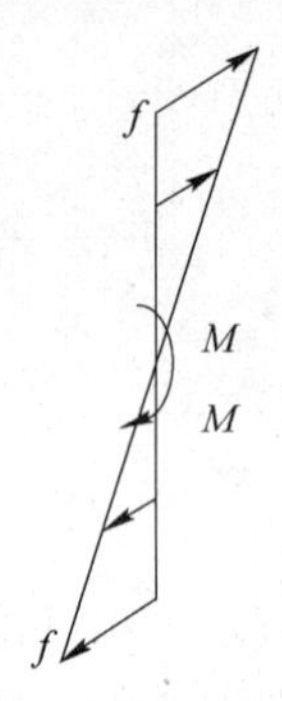

图 6-23　弯辊缸摩擦弯矩示意图

当然，这种摩擦的产生并不一定是全部有害的。在另一方面，当轧机在轧制钢板的过程中，必然会因为种种原因产生轴向力，轴向力通过工作辊传递至轴承座，再通过轴承座侧翼传给窜辊装置。而在弯辊与窜辊的互相干涉产生的摩擦力下，会减小这种轴向力对于窜辊系统稳定性的影响。基于以上弯窜系统干涉的分析，通过查阅其他文献，收集到了一些其他的弯窜装置设计思想和概念，在下节里，将对不同的弯窜系统进行分析。

6.4　不同弯窜系统对比分析

从最简单的平辊轧机的出现开始，窜辊就作为一种非常实用的技术应用在轧机上。1972 年的六辊 HC 轧机上，首次应用了窜辊技术，并且应用在中间辊上。随后，在 HC 轧机上，加入了弯辊装置，成为了 UC 轧机，配合窜辊技术，大大增强了轧机对板形的控制能力和适用范围。弯窜装置的配合使用，也成为任何轧机设计的主流，CVC 辊形精轧机应运而生。

6.4.1　不同种类的弯窜系统

不同国家、不同企业都在弯窜装置部分有所设计与开发，希望能设计出复合弯窜装置，满足工作需要，适应工作环境，经久耐用，更经济，更有效益的弯窜组合系统。

6.4.1.1　济钢热轧机窜辊系统

济钢热连轧厂精轧机组设置 6 架精轧机（F1 ~ F6）。其中 F2 ~ F6 采用工作辊轴向窜动式轧机，可实现带钢自由宽度轧制，并延长换辊周期。上、下工作辊在窜辊缸作用下轴向窜动，工作辊窜辊量为 ±150mm。图 6-24 所示为济钢热连轧生产线精轧机窜辊装置结构示意图。

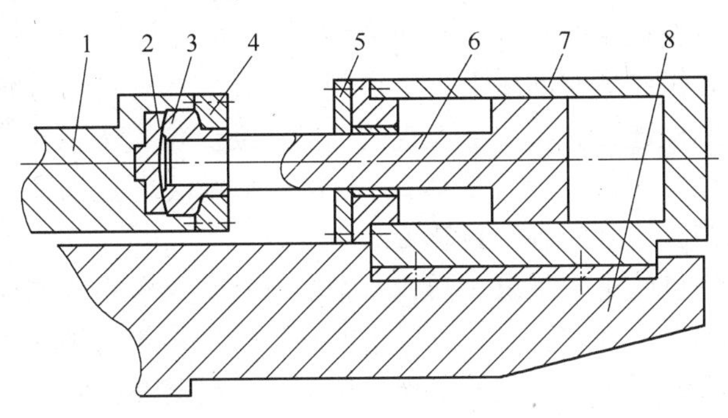

图 6-24　济钢热连轧生产线精轧机窜辊装置结构示意图

1—固定块；2—球面垫；3—调心头；4—端盖；5—窜辊缸端盖；
6—窜辊缸活塞杆；7—窜辊缸缸体；8—移动块

在这一例的窜辊机构中，窜辊缸活塞连接在固定块上，其端部的调心头通过球面垫和端盖锁在固定块上，因此活塞是固定的。当窜辊液压缸发生压力变化时，活塞不动，则缸体必须移动。因此缸体在移动的同时，由缸体连接着移动块，带动轴承座进行窜辊移动工作。

6.4.1.2　八钢 1750 热轧机弯窜系统

八钢 1750 热轧 2006 年建成投产，为了适应市场需要，增大板形控制能力，实现自由程序轧制技术，精轧板形控制采用先进的弯辊窜辊组合控制技术。设计最大弯辊力 3000kN，窜辊量为 ±125mm。

弯窜系统安装在牌坊窗口内侧表面，主要由弯辊缸、窜辊缸、固定座、移动座、操作侧的工作辊锁紧装置及传动侧的连接缸等组成（图 6-25）。工作辊窜辊和弯辊装置控制带钢板形，即平坦度和凸度。工作辊窜辊系统与工作辊弯辊系统配合，就会在保持良好的平坦度的同时得到合乎要求的板形轮廓截面形状。

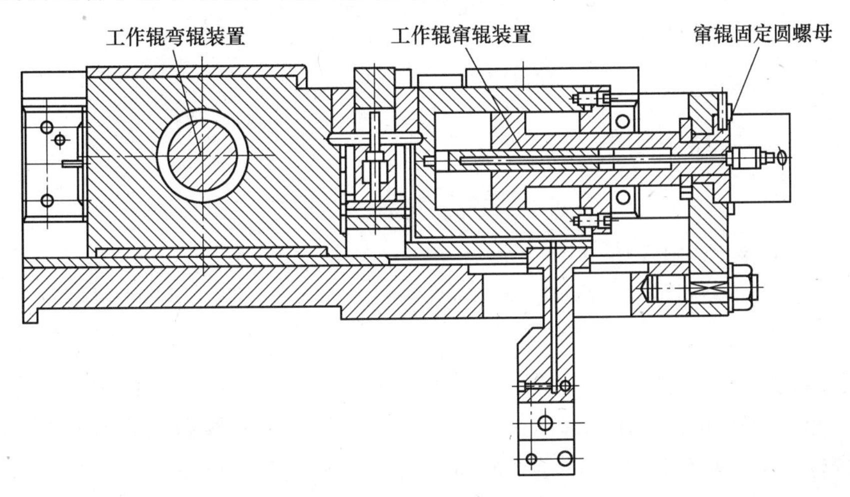

图 6-25　八钢 1750 热轧机弯窜辊装置图

固定座固定在牌坊窗口的内侧，带可更换的滑板，用螺钉及楔键固定，用于支撑移动座。移动座为弯辊和窜辊装置的关键部位，每个移动块装有垂直作用的弯辊和平衡液压缸、工作辊窜辊缸及工作辊锁紧缸，它们与固定座、工作辊轴承座之间也带有可更换的滑板。工作辊锁紧系统为液压锁紧，水平布置在操作侧，夹持上、下工作辊轴承座并将轴向窜动量传递给工作辊，在换辊时打开，方便换辊。

窜辊油缸体安装在操作侧移动座上，操作侧与传动侧的移动座分别与工作辊轴承座连接，通过工作辊形成刚性连接，实现工作辊的轴向窜动。位置传感器装在窜辊油缸上，用来测量上、下工作辊位置（轴向位置偏移）。弯辊和平衡液压缸以移动座为缸体。活塞杆与液压盖之间、活塞与缸体之间有密封装置。

同济钢热轧线精轧机的窜辊系统一样，八钢的精轧机窜辊系统同样为活塞固定，缸体移动的方式设计。当加上弯辊装置时，可以很明显地看到弯辊随轴承座一起移动。在固定座上，巧妙地开了一个矩形槽，以方便窜辊机构突出的侧臂在固定座的另一端带动轴承座移动。

6.4.1.3　一重设计的一种弯窜系统

一重的这种弯窜系统的设计不同于以往的操作侧窜辊，而是将工作辊窜动装置设置在轧机的传动侧，与传动轴及托架设计为一体（图6-26）。传动轴设计为随动式，与工作辊同时做轴向窜动。这种四辊冷轧机的开发历时两年，于2006年在鞍钢投入生产。

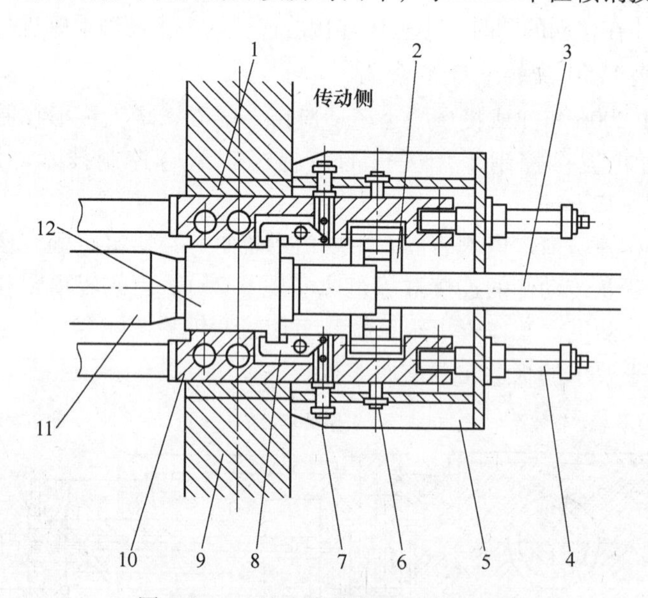

图6-26　一重工作辊窜辊系统平面图

1—E型导向块；2—传动轴托架；3—传动轴；4—窜辊液压缸；5—窜辊框架；6—传动轴托架摆动液压缸；7—液压锁紧缸；8—窜辊锁紧钩；9—轧机牌坊；10—弯辊缸块；11—工作辊；12—工作辊轴承座

工作辊窜辊时，由两个窜辊液压缸拉动弯辊缸块，弯辊缸块与工作辊轴承座经窜辊锁紧钩锁在一起。由窜辊液压缸的移动带动工作辊沿工作辊中心线做轴向窜动。窜辊液压缸固定在窜辊框架上，而窜辊框架固定在轧机牌坊上。窜辊力由窜辊液压缸提供，最终传到轧机牌坊上。窜辊量的大小根据生产工艺确定，由位移传感器负责检测。传动轴设计为可伸缩结构，可随着工作辊的窜动伸长或缩短。换辊时，由液压锁紧缸打开窜辊锁紧钩，窜辊装置和工作辊完全脱开。

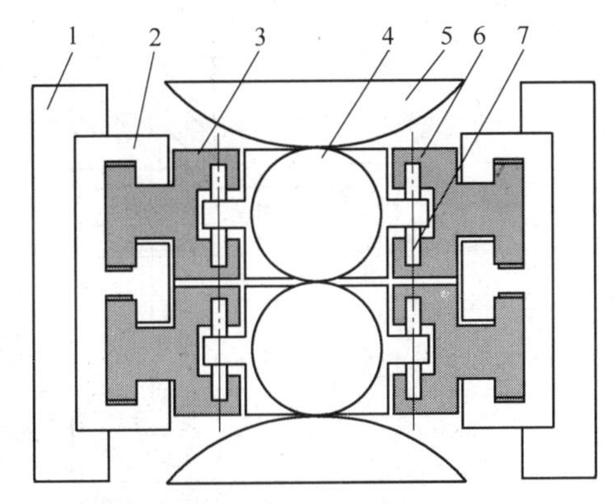

图6-27 一重工作辊弯辊系统装置
1—轧机牌坊；2—E形导向块；3—弯辊块；
4—工作辊及轴承座；5—支持辊；
6—负弯辊缸；7—正弯辊缸

另外一项核心技术是工作辊弯辊系统，需要实现在工作辊做轴向窜动的同时完成弯辊功能（图6-27）。其中弯辊块需要与工作辊轴承座一同窜动，保证弯辊缸与轴承座无相对位移。由窜辊液压缸拉动工作辊和弯辊块同步移动，满足了工作辊既窜辊又弯辊的要求。

如图6-27所示，缸块设计为分体结构，分为E形导向块、弯辊块。E形导向块起导向作用，固定在轧机牌坊上，T形结构的弯辊块在E形导向块内移动。弯辊块内设置正弯辊缸和负弯辊缸，正负弯辊缸各自独立，由两套液压系统分别控制，可以实现正负弯辊力的连续转换。轧制时弯辊缸伸出，按轧制工艺要求提供需要的弯辊力。更换工作辊时弯辊缸缩回，工作辊轴承坐落在换辊轨道上，由换辊车将工作辊拉出轧机窗口。

6.4.1.4 一重全国产弯窜系统

一重开发的另外一种弯窜系统，是一重为某钢铁公司设计制造的1780mm热连轧精轧机的工作辊窜辊和弯辊系统，是依靠国内力量首次自行设计和制造的，具有世界先进水平，机械、电气、液压全部为国内自主知识产权，填补了国内空白。

图6-28（a）中的4个固定块（1、4、8、10）呈“T”字形，在机架上通过机架的上下及左右止口定位，通过螺栓分别固定在传动侧和操作侧机架窗口内侧的4个表面上，在工作中主要起到支承移动块和承受弯辊力的作用。操作侧固定块和窜辊缸的一端相连，传动侧固定块伸出外支撑，用于固定换辊时轧辊侧接轴头部的接轴夹紧装置。移动块通过压板附在固定块上，在移动块滑面上镶有自润滑滑板，使移动块能相对固定块进行滑动。

移动块分为操作侧移动块（3、9、12、16，共4个）和传动侧移动块（5、7、19、21，共4个），在移动块内部设有弯辊缸（23、24）（图6-28（b））。操作侧移动块和窜辊缸（2、15）通过锁紧（联结）销轴（11）连在一起，锁紧（联结）销轴有两种作用：一是联结窜辊缸与移动块，二是如果不需要窜辊时，将此销轴连在固定块与移动块上。在操作侧移动块内部设有操作侧上、下工作辊轴承座锁紧装置，通过轴向固定缸把工作辊和操作侧移动块连在一起或分开。

在传动侧移动块内部设有传动侧上、下工作辊轴承座锁紧装置（6、23），用于窜辊时通过工作辊轴承座锁紧装置把传动侧移动块和传动侧工作辊轴承座连在一起，换辊时把它们分开。操作侧移动块和传动侧移动块中，上移动块里的弯辊缸也叫上工作辊平衡缸，下移动块里的弯辊缸也叫下工作辊压紧缸。上移动块放在固定块上支撑面上，下移动块通过压板贴在固定块上。

窜辊缸的动作是由液压伺服系统和位移传感器（25）来控制的。整个机构的动作过程是由4个窜辊缸带动操作侧4个移动块，实现轧辊的窜辊过程。

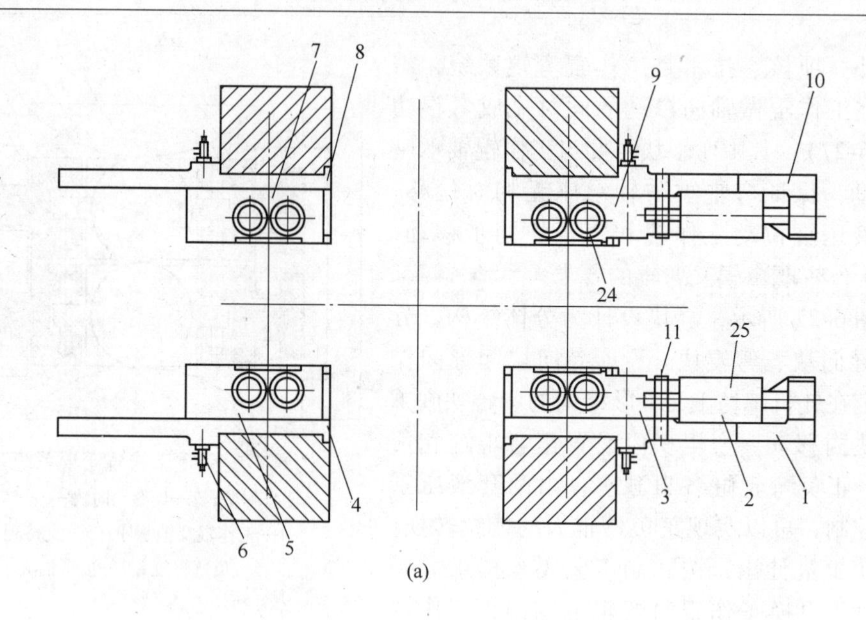

(a)

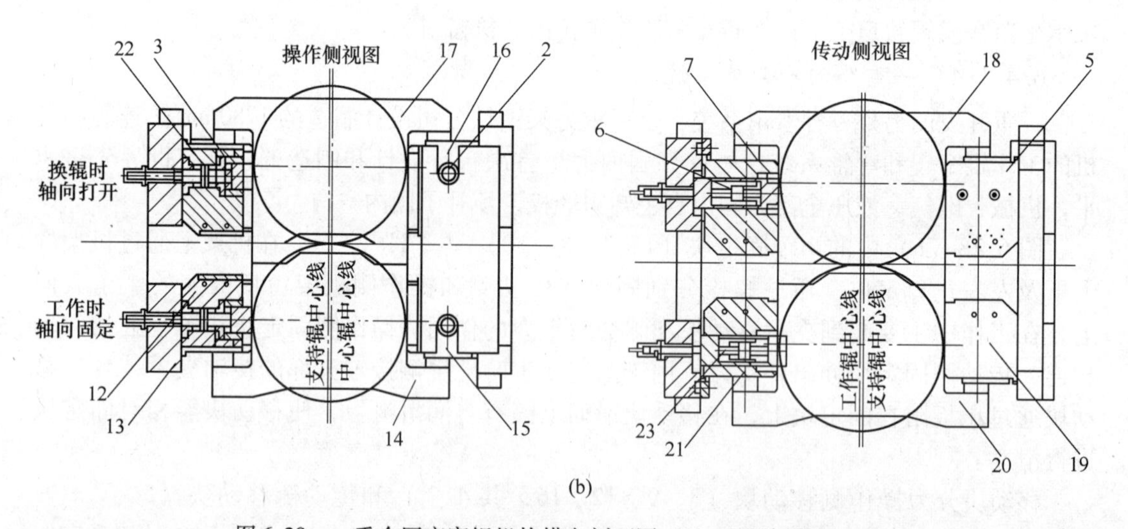

(b)

图 6-28　一重全国产窜辊机构横向剖面图（a）和两侧视图（b）

1—操作侧入口固定块；2—上窜辊缸；3—操作侧入口上移动块；4—传动侧入口固定块；5—传动侧入口上移动块；6—传动侧上工作辊轴承座锁紧装置；7—传动侧入口下移动块；8—传动侧出口固定块；9—操作侧出口上移动块；10—操作侧出口固定块；11—锁紧（联结）销轴；12—操作侧出口下移动块；13—操作侧下工作辊轴承座锁紧装置；14—操作侧下工作辊轴承座；15—下窜辊缸；16—操作侧出口上移动块；17—操作侧上工作辊轴承座；18—传动侧上工作辊轴承座；19—操作侧入口下移动块；20—传动侧下工作辊轴承座；21—传动侧出口下移动块；22—操作侧上工作辊轴承座锁紧装置；23—传动侧下工作辊轴承座锁紧装置；24—弯辊缸；25—位移传感器

6.4.2　不同弯窜机构的对比分析

不同弯窜机构的对比分析见表 6-1。由表 6-1 可以看出：鞍钢的冷轧机窜辊安装在轧机的传动侧，其余的热轧机窜辊均安装在操作侧。由于冷轧与热轧的工艺过程不同，因此可以推断热轧的窜辊机构一般均设置在操作侧。由于窜辊工作需要两侧运动，而以上分析的 4 种弯窜装置均为平辊，因此活塞和缸体一动一不动的布局可以较为随意地布置。但考虑到由于有杆腔和无杆腔不同的面积而导致在相同的作用力下不同的液压压力，以及由于CVC辊正窜和负窜不同的窜辊力，在一定程度上，需要详细计算如何布置窜辊才能更有效地降低液压压力，更好地完成窜辊动作。除太钢的2250mm热轧线精轧机弯窜系统中，液压缸块固定在轧机牌坊上，使弯辊不会随窜辊共同移动外，其余的热轧机均在液压缸块和轧机牌坊之间安装液压滑板，使液压缸块能随着窜辊共同移动，从而避免了在弯辊系统缸顶部和底部由于与轴承座的直接滑动接触而发生摩擦损耗。

表6-1　不同弯窜系统对比分析

弯窜系统	窜辊安装位置	窜辊移动/固定件	液压是否随动
太钢（热轧）	操作侧	活塞/缸体	否
济钢（热轧）	操作侧	缸体/活塞	—
八钢（热轧）	操作侧	缸体/活塞	是
鞍钢（冷轧）	传动侧	活塞/缸体	是
一重自主（热轧）	操作侧	均可	是

综合比较5种弯窜装置的示意图或装配图，可以发现，太钢2250mm热轧精轧机和八钢1750mm热轧精轧机使用了液压缸块，弯辊系统的刚度较高，但窜辊使用的分别是夹轴承座侧翼的结构，刚度较低。而济钢和鞍钢的窜辊机构使用的均是钢架结构，液压缸块为多弯结构；一重自主设计的弯窜系统使用的是可以容纳整个窜辊缸及其移动范围的悬臂梁结构，刚度比较低。

参考文献

[1] 赵海山，王程. CSP 轧机工作辊辊形设计研究 [J]. 冶金设备，2007 (4)：6 ~ 10.

[2] 马叶红，郭继友. 热连轧支持辊剥落的原因分析 [J]. 甘肃冶金，2007，29 (1)：19 ~ 20, 27.

[3] 王晓东，李飞，李本海，等. 2250mm 宽带钢热连轧生产线凸度控制优化 [J]. 钢铁，2012，47 (5)：39 ~ 44.

[4] 王晓东，李飞，李本海，等. 宽带钢热连轧机组均压支持辊辊形开发与应用 [J]. 钢铁，2012，47 (7)：44 ~ 48.

[5] 李洪波，张杰，曹建国，等. CVC 轧机支持辊力学有限元分析及新辊形 [J]. 塑性工程学报，2010，17 (2)：84 ~ 89.

[6] 郝刚刚，邵健，何安瑞，等. CSP 末机架支持辊辊形研究 [J]. 钢铁研究学报，2010，22 (11)：15 ~ 18, 33.

[7] 郭德福，邵健，何安瑞，等. CVC 热连轧机支持辊倒角的工作性能研究 [J]. 轧钢，2010，27 (6)：5 ~ 10.

[8] 沈一鸣. 宝钢支持辊的使用技术 [J]. 轧钢，2004，21 (1)：55 ~ 58.

[9] 黄浩东，杨荃，何安瑞，等. 一种连续变凸度工作辊及利用其进行的板形控制方法 [P]. 2014：200410021046. 8.

[10] 苏艳萍，王仁忠，何安瑞，等. LVC 工作辊辊形窜辊补偿研究与应用 [J]. 冶金自动化，2008，32 (6)：17 ~ 21.

[11] 孔繁甫，何安瑞，邵健，等. 板带轧机工作辊混合变凸度辊形研究 [J]. 机械工程学报，2012，48 (22)：87 ~ 92.

[12] 李洪波，张杰，曹建国，等. 五次 CVC 工作辊辊形与板形控制特性 [J]. 机械工程学报，2012，48 (12)：24 ~ 30.

[13] 臧元国，张霖，张艳艳，等. HVC 辊形在莱钢 1500 热连轧机组的应用 [J]. 山东科学，2009，22 (3)：80 ~ 82.

[14] 娄燕雄. UPC 轧机轧辊辊面曲线的探讨 [J]. 中南工业大学学报，1995，26 (6)：771 ~ 775.

[15] CVC PLUS Work Roll Grinds. SMS-DEMG 技术交流资料 [C]. 2002.

[16] 马钢冷热轧板带材板形质量控制技术研究 [R]. 北京科技大学阶段报告，2006.

[17] 邹家祥. 冶金机械的力学行为 [M]. 北京：科学出版社，1999.

[18] 王国栋. 板形控制和板形理论 [M]. 北京：冶金工业出版社，1986.

[19] Tellman J G, Steden G, Lingen F. Shape control with CVC in a cold strip mill-development and operational results [C]. Proceedings of 5th International Steel Rolling Conference, UK, 1990：260.

[20] 陈杰，周鸿章，钟掘. CVC 四辊铝冷轧机工作辊辊形设计 [J]. 轻合金加工技术，2000，28 (3)：12.

[21] 张杰，陈先霖，徐耀寰，等. 轴向移位变凸度四辊轧机的辊形设计 [J]. 北京科技大学学报，1994，16 (S2)：98 ~ 101.

[22] 王殿刚，杨和林. 铸铁轧辊生产 [M]. 北京：冶金工业出版社，1988.

[23] 郑建华，王川. 轧辊生产使用与维护专题情报 [R]. 成都华冶信息研究所，1991，07.

[24] 太钢轧辊公司. 全国热轧工作辊使用管理研讨会资料 [C]. 太原，2003，08.

[25] 本书编委会. 轧钢新技术 3000 问——板带暨轧辊分册 [M]. 北京：中国科学技术出版社，2005.

[26] 曹建国，张杰，陈先霖，等. 宽带钢热连轧机选型配置与板形控制 [J]. 钢铁，2005，40 (6)：40 ~ 43.

[27] 刘宏民，郑振忠，彭艳，等. 六辊 CVC 宽带轧机轧辊接触压力横向分布特性的计算机仿真 [J].

机械工程学报，2000，36（8）：69～73.

[28] Cheng Lu, Tieu A K, Jiang Zhengyi. A design of a third-order CVC roll profile [J]. Journal of Material Processing Technology, 2002 (125～126): 645～648.

[29] 曹建国，张杰，陈先霖，等．1700mm 冷连轧机连续变凸度辊形的研究［J］．北京科技大学学报，2003，25（增刊）：1～4.

[30] 翁宇庆．轧钢新技术 300 问（中）［M］．北京：中国科学技术出版社，2005.

[31] 孙蓟泉，张慧霞，王向荣．四辊 CVC 轧机支持辊倒角形状优化［J］．鞍钢技术，2008（3）：1～5.

[32] 何安瑞．宽带钢热轧精轧机组辊型的研究［D］．北京：北京科技大学，2000.

[33] 李洪波．CSP 热连轧机辊型及板形控制特性研究［D］．北京：北京科技大学，2008.

[34] 孙一康．带钢热连轧的模型与控制［M］．北京：冶金工业出版社，2002.

[35] 王仁忠．何安瑞，杨荃，等．LVC 工作辊辊形窜辊优化策略研究及应用［J］．冶金自动化，2006，30（6）：15～18.

[36] Guo Renmin. Computer model simulation of strip and shape control [J]. Iron and Steel Engineer, 1986, 11 (21): 35～38.

[37] 赵昆，袁建光．宝钢热轧厂新 CVC 板形控制模型的应用［J］．宝钢技术，1995（3）：5～9.

[38] Chen Xianlin, Zou Jiaxiang. A specialized finite element model for investigating controlling factors affecting behavior of rolls and strip flatness [C]. Proceedings of 4th International Steel Rolling Conference, Deauville, 1987: 41～43.

[39] 王仁忠．宽带钢热连轧机工作辊辊形研究［D］．北京：北京科技大学，2008.

[40] Wang Xiaodong, Yang Quan, He Anrui et al. Comprehensive contour prediction model of work roll used in on-line strip shape control model during hot rolling [J]. Iron Making and Steel Making, 2007, 34 (4): 303～311.

[41] Feldmann H, Hollmann F, Beisemann G, et al. Rolling stand with noncylindrical rolls [P]. U. S. Patent, 4440012, 1984.

[42] Bald W, Beisemann G, Feldmann H, et al. Continuously variable crown (CVC) rolling [J]. Iron and Steel Engineer, 1987, 64 (3): 32～40.

[43] Seilinger A, Mayrhofer A, Kainz A. SmartCrown- a new system for improved profile & flatness control in strip mills [J]. Steel Times International, 2002, 26 (10): 11～12.

[44] 娄燕雄．辊凸度连续可调（CVC）轧机的轧辊辊面曲线［J］．中南工业大学学报，1995，26（3）：357～361.

[45] 何安瑞，杨荃，陈先霖，等．热带钢轧机线性变凸度工作辊的研制及应用［J］．机械工程学报，2008，44（11）：255～259.

[46] 姜正连，朱红斌，王国栋，等．CVC 轧机辊型设计原理和控制模型的探讨［J］．钢铁研究学报，1990，2（1）：25～30.

[47] Lu Cheng, Tieu A K, Jiang Zhengyi. A design of a third-order CVC roll profile [J]. Journal of Material Processing Technology, 2002 (125～126): 645～648.

[48] 孔繁甫，何安瑞，邵健．快速辊系变形在线计算方法研究［J］．机械工程学报，2012，48（2）：121～126.

[49] 魏钢城，曹建国，张杰，等．2250 CVC 热连轧机工作辊辊形改进与应用［J］．中南大学学报，2007，38（5）：937～942.

[50] Xu Guang, Liu Xianjun, Zhao Jiarong, et al. Analysis of CVC roll contour and determination of roll crown [J]. Journal of University of Science and Technology Beijing, 2007, 14 (4): 378～380.

[51] 闫沁太，张杰，贾生晖，等．冷轧机板形调节能力分析方法的研究与应用［J］．机械工程学报，

2011，47（4）：77～81.

[52] 张杰 . CVC 轧机辊形及板形的研究［D］. 北京：北京科技大学，1990.

[53] Jiang Zhenglian，Wang Guodong，Zhang Qiang. Shifting roll profile and control characteristics［J］. Journal of Materials Processing Technology，1993（37）：53～60.

[54] 何伟，邸洪双，夏晓明，等. 五次 CVC 辊型曲线的设计［J］. 轧钢，2006，23（2）：12～15.

[55] 李洪波，张杰，曹建国，等. 五次 CVC 辊形曲线的分析与设计［J］. 机械设计与制造，2008（12）：41～43.

[56] 夏小明，张清东，戴杰涛，等. 梅钢 1422 热连轧机组上游机架工作辊辊形研究［J］. 钢铁，2009，44（3）：49～51.

[57] 杨光辉，曹建国，张杰，等 . SmartCrown 四辊冷连轧机工作辊辊形［J］. 北京科技大学学报，2006，28（7）：669～671.

[58] Li Hongbo，Zhang Jie，Cao Jianguo，et al. Analysis of crown control characteristics for SmartCrown work roll［J］. Advanced Material Research，2011（156～157）：1261～1265.

[59] 王仁忠，何安瑞，杨荃，等 . LVC 工作辊辊型的板形控制性能研究［J］. 钢铁，2006，41（5）：41～44.

[60] 李洪波，张杰，曹建国，等. 一种板带材轧制用变凸度工作辊：中国，200910086183［P］. 2009-06-15.

[61] 何安瑞，张清东，曹建国，等. 宽带钢热轧支持辊辊形变化对板形的影响［J］. 北京科技大学学报，1999，21（6）：565.

[62] 杨荃，陈先霖，徐耀寰，等. 应用变接触长度支持辊提高板形综合调控能力［J］. 钢铁，1995，30（2）：48.

[63] 何安瑞，曹建国，吴庆海，等. 热轧精轧机组变接触支持辊综合性能研究［J］. 上海金属，2001，23（1）：14.

[64] 曹建国，陈先霖，张清东，等. 宽带钢热轧机轧辊磨损与辊形评价［J］. 北京科技大学学报，1999，21（2）：188.

[65] 王祝堂 . CVC 轧机（1）［J］. 轻金属，1995（3）：47～50.

[66] 陈奎，张晓伟 . 六辊 CVC 轧机的结构原理及优点［J］. 一重技术，2006（5）：11～12.

[67] 李勇华 . CVC4HS 和 CVC4 冷轧机辊系变形研究［C］//2012 年全国轧钢生产技术会，宁波，2012.

[68] 刘峰，徐光，范进 . CVC 轧辊辊形参数的确定［J］. 武汉科技大学学报，2012，35（3）：182～185.

[69] 王祝堂 . CVC plus 六辊冷轧机［J］. 轻合金加工技术，2014，42（11）：14.

[70] 何安瑞，邵健，杨荃 . 板形控制技术"明星"［J］. 金属世界，2010（5）：20～25.

[71] 干勇，仇圣桃 . 先进钢铁生产流程进展及先进钢铁材料生产制造技术［J］. 中国有色金属学报，2004，14（z1）：25～29.

[72] Stephan Kramer. Latest Developments in Hot Rolling Technology［C］//技术创新与循环经济——第二届宝钢学术年会，2006：116～125.

[73] 武其俭，刘振玺 . 热轧板带生产设备的发展［J］. 钢铁，2000，35（8）：67～70.

[74] 李智慧，曾庆亮 . 电动 APC 系统在中板轧机压下装置中的应用［J］. 轧钢，2004，21（4）：46～47.

[75] 杨永刚 . 轧钢机压下装置的设计新理念［J］. 商品与质量 · 学术观察，2011（7）：88.

[76] 王邦文 . 新型轧机［M］. 北京：冶金工业出版社，1994.

[77] 周国盈 . HC 轧机在轧机技术改造中的应用［J］. 冶金设备，1984（05）：42～48.

[78] 施东成 . 轧钢机械理论与结构设计（上册）［M］. 北京：冶金工业出版社，1993.

[79] 朱晓燕 . CVC 板形控制技术的研究［J］. 新疆有色金属，2011，34（z1）：138～140.

[80] 首钢总公司. 一种CVC工作辊辊形及其控制方法：中国，CN201210205031.1 [P]. 2012-10-17.
[81] 上海梅山钢铁股份有限公司. 一种成套精轧工作辊辊型配置方法：中国，CN200810043041.3 [P]. 2009-07-22.
[82] V. B. 金兹伯格. 高精度板带材轧制理论与实践 [M]. 北京：冶金工业出版社，2000.
[83] 刘健，胡小江，王振南，等. 热连轧窜辊装置改造计算及热装工艺 [J]. 中国重型装备，2009 (2)：20~21，26.
[84] 刘建中，邸睿. 八钢热轧弯窜辊控制系统改进 [J]. 新疆钢铁，2012 (1)：31~33.
[85] 尹海元，张杰，曹建国，等. 1800mmCVC热轧机辊缝凸度影响特性研究 [J]. 冶金设备，2007 (1)：1~4.
[86] 郝建伟，陈曦，胡典章，等. 2250 CVC热连轧机工作辊磨损模型及参数的研究 [J]. 冶金设备，2008 (4)：13~17.
[87] 阳玉平，王东红，谭爱国，等. 宝钢五冷轧连退CVC中间辊窜动控制系统 [J]. 自动化仪表，2011，32 (3)：42~43，46.
[88] 杨澄. 热轧工作辊窜辊系统的应用 [J]. 武钢技术，2005，43 (2)：13~18.
[89] 杜雪飞，彭燕华，吴俊杰，等. 基于TDC的工作辊窜辊控制 [J]. 自动化技术与应用，2008，27 (11)：105，115~117.
[90] 王国栋，吴迪，刘振宇，等. 中国轧钢技术的发展现状和展望 [J]. 中国冶金，2009 (12)：1~14.
[91] 翁宇庆，康永林. 近10年中国轧钢的技术进步 [J]. 中国冶金，2010 (10)：11~23，27.
[92] Masui T，Kaseda Y，Isaka K. Basic examination on strip wandering in processing plants [J]. ISIJ International，2000，40 (10)：1019~1023.
[93] Kaseda Y，Masui T，Hirooka E，et al. Development of pinch rolls to control strip wandering in strip processing lines [J]. ISIJ International，2001，41 (11)：1366~1372.
[94] 福島丈雄，柳謙一，三原一正，等. ロールによる鋼帯の蛇行現象の解析 [J]. 日本機械学會論文集·B編，1993，59 (558)：585~592.
[95] 中国金属学会，中国钢铁工业协会. 2011~2020年中国钢铁工业科学与技术发展指南 [M]. 北京：冶金工业出版社，2012.
[96] 牛琳霞. 近几年我国冷轧板带生产装备分析 [J]. 冶金管理，2011 (05)：18~21.
[97] 连家创，段振勇，芦盛江. 带材轧后失稳大挠度屈曲变形的研究 [J]. 东北重型机械学院学报，1985 (02)：1~10.
[98] 杨荟，张清东，陈先霖. 冷轧带钢翘曲形状分析与浪形函数 [J]. 钢铁，1993，28 (6)：41~45.
[99] 林振波，连家创. 冷轧带材板形判别模型的分析与讨论 [J]. 钢铁，1995，30 (8)：39~43.
[100] Mucke G，Karhausen K F，Putz P. Methods of describing and assessing shape deviations in strips [J]. MPT Metallurgical Plant and Technology International，2002，25 (3)：58~65.
[101] Mucke G，Karhausen K F，Putz P. Shape deviations in strips：Classification，development，measuring and elimination as well as methods of quantitative assessment [J]. Stahl und Eisen，2002，122 (2)：33~39.
[102] 王军生，彭艳，张殿华，等. 冷轧机板形控制技术研发与应用：2012年全国轧钢生产技术会，宁波，2012.
[103] 周诗伟. 带钢冷连轧的残余应力模型与板形在线识别的研究 [D]. 北京：北京科技大学，1990.
[104] 戴江波. 冷轧宽带钢连续退火生产线上瓢曲变形的研究 [D]. 北京：北京科技大学，2005.
[105] 常铁柱. 薄宽带钢板形斜向和横向瓢曲变形行为研究 [D]. 北京：北京科技大学，2009.
[106] 戴杰涛. 薄宽带钢板形翘曲与纵向瓢曲变形行为研究 [D]. 北京：北京科技大学，2010.

[107] Ginzburg V B. High-quality steel rolling: theory and practice [J]. New York, the United States of American, 1993: 166~169.
[108] Andrei C, Bogdan M, Georgian N, et al. Cold rolling shape defects of stainless steel wide strips, Puerto de la Cruz, Tenerife, Spain, 2010 [C]. World Scientific and Engineering Academy and Society, 2010.
[109] 张清东. 宽带钢冷连轧机板形自动控制系统的研究 [D]. 北京: 北京科技大学, 1994.
[110] 徐金梧, 张清东, 陈先霖. 板形缺陷模式识别方法的研究 [J]. 钢铁, 1996 (S1): 57~60.
[111] 杨光辉, 张杰, 曹建国, 李洪波. 冷连轧带钢板形控制与检测 [M]. 北京: 冶金工业出版社, 2015.
[112] 杨光辉, 张杰, 曹建国, 李洪波. 热带钢板形控制与检测 [M]. 北京: 冶金工业出版社, 2015.

冶金工业出版社部分图书推荐

书　名	定价（元）
轧钢工艺学	58.00
轧制工程学	32.00
轧制测试技术	28.00
轧钢机械（第3版）	49.00
轧钢机械设备	28.00
轧钢车间机械设备	32.00
轧钢生产基础知识问答（第3版）	49.00
型钢生产知识问答	29.00
热轧钢管生产知识问答	25.00
钢管连轧理论	35.00
高精度轧制技术	40.00
高精度板带材轧制理论与实践	70.00
钢材的控制轧制和控制冷却（第2版）	32.00
轧制过程自动化（第3版）	59.00
轧制工艺参数测试技术（第3版）	30.00
板带轧制工艺学	79.00
板带铸轧理论与技术	28.00
板带连续轧制	28.00
板带冷轧生产	42.00
冷轧生产自动化技术	45.00
板带冷轧机板形控制与机型选择	59.00
冷轧带钢生产	41.00
冷轧深冲钢板的性能检测和缺陷分析	23.00
冷轧薄钢板生产（第2版）	69.00
国外冷轧硅钢生产技术	79.00
中国中厚板轧制技术与装备	180.00
冷连轧带钢板形控制与检测	56.00
热轧带钢板形控制与检测	59.00